中文版

Blender 三维设计入门教程

来阳 编著

人 民 邮 电 出 版 社
北 京

图书在版编目（CIP）数据

中文版Blender三维设计入门教程 / 来阳编著. --
北京 : 人民邮电出版社, 2024.7
ISBN 978-7-115-64054-3

Ⅰ. ①中… Ⅱ. ①来… Ⅲ. ①三维动画软件－教材
Ⅳ. ①TP391.414

中国国家版本馆CIP数据核字(2024)第063056号

内 容 提 要

Blender 是一款功能强大、应用广泛的三维动画软件，在广告设计、室内表现、建筑表现及影视动画等领域深受从业者的青睐。本书合理安排知识点，运用简洁、流畅的语言，结合丰富的案例，由浅入深地讲解 Blender 的基本操作方法和实际操作步骤。

本书共有 9 章，第 1～8 章介绍软件的操作界面、建模方法、灯光技术、摄像机技术、材质与纹理、渲染技术、动画技术等内容；第 9 章主要通过综合案例，应用前面介绍的知识，让读者了解商业设计过程。本书附赠学习资源，内容包括课堂案例、课后习题和综合案例的工程文件及在线教学视频，以及专供教师使用的 PPT 课件。

本书适合对 Blender 感兴趣的初学者和想要从事广告设计、室内表现、建筑表现及影视动画等相关领域工作的读者学习使用，也适合作为相关院校和培训机构的教材。

◆ 编　　著　来　阳
责任编辑　张丹丹
责任印制　陈　犇
◆ 人民邮电出版社出版发行　　北京市丰台区成寿寺路 11 号
邮编　100164　　电子邮件　315@ptpress.com.cn
网址　https://www.ptpress.com.cn
廊坊市印艺阁数字科技有限公司印刷
◆ 开本：700×1000　1/16
印张：13　　2024 年 7 月第 1 版
字数：299 千字　　2025 年 3 月河北第 7 次印刷

定价：69.80 元

读者服务热线：(010)81055410　印装质量热线：(010)81055316
反盗版热线：(010)81055315

前言

Blender是由Blender基金会开发并维护的一款免费三维动画软件，该软件集造型、渲染和动画制作于一身，被广泛应用于动画广告、影视特效、多媒体制作、建筑表现、游戏等多个领域，深受广大从业人员的喜爱。

为了帮助读者更轻松地学习并掌握 Blender三维动画制作的相关知识和技能，本书合理安排知识点，运用简洁、流畅的语言，结合丰富的案例，由浅入深地讲解Blender的基本操作方法。

下面就本书的相关情况做一个简要的介绍。

内容特色

入门轻松： 本书从Blender的基础知识入手，逐一讲解软件的常用工具，力求让“零基础”读者能轻松入门。

由浅入深： 本书内容翔实、图文并茂、案例丰富、讲解细致、深入浅出，使得读者学习起来更加轻松。

随学随练： 本书合理安排课堂案例和课后习题，读者学完案例之后，可以继续做课后习题，以巩固相关知识点。同时，本书还安排了综合案例帮助读者了解商业案例的制作过程。

版面结构

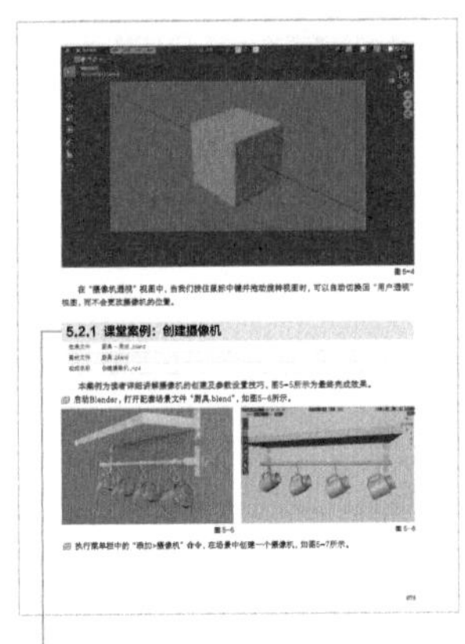

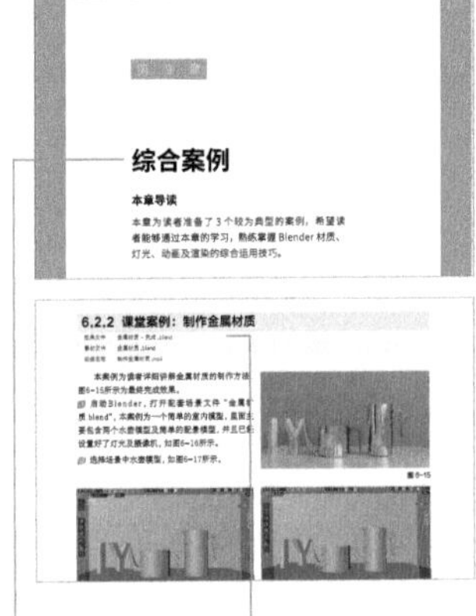

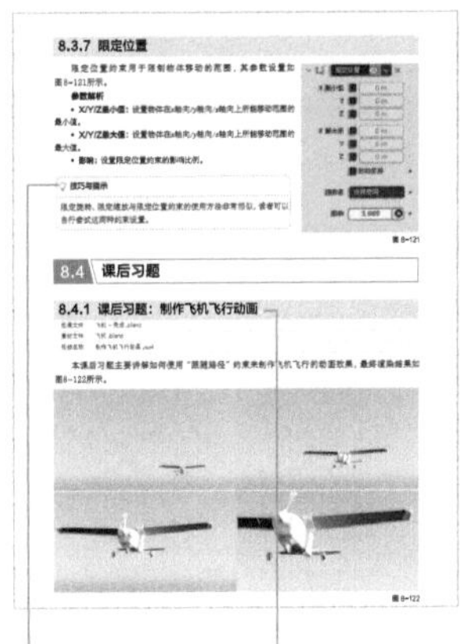

课堂案例： 对操作性较强又比较重要的知识点通过案例进行讲解，可以帮助读者快速学习软件相关功能的使用方法。

综合案例： 针对本书内容做综合性的操作练习，比课堂案例更加完整，操作步骤更加复杂。

案例位置： 列出了案例的效果文件和素材文件在学习资源中的位置。

技巧与提示： 对软件的实用操作技巧、制作过程中的难点和注意事项进行分析和讲解。

课后习题： 针对该章某些重要内容的巩固练习，用于提高读者独立完成设计的能力。

资源与支持

本书由“数艺设”出品，“数艺设”社区平台（www.shuyishe.com）为您提供后续服务。

配套资源

◆ 课堂案例、课后习题和综合案例的工程文件

◆ 课堂案例、课后习题和综合案例的在线教学视频

◆ 教师专享PPT课件

资源获取请扫码

（提示：微信扫描二维码关注公众号后，输入51页左下角的5位数字，获得图书资源的领取方法。）

“数艺设”社区平台，为艺术设计从业者提供专业的教育产品。

与我们联系

我们的联系邮箱是szys@ptpress.com.cn。如果您对本书有任何疑问或建议，请您发邮件给我们，并请在邮件标题中注明本书书名及ISBN，以便我们更高效地做出反馈。

如果您有兴趣出版图书、录制教学课程，或者参与技术审校等工作，可以发邮件给我们。如果学校、培训机构或企业想批量购买本书或“数艺设”出版的其他图书，也可以发邮件联系我们。

关于“数艺设”

人民邮电出版社有限公司旗下品牌“数艺设”，专注于专业艺术设计类图书出版，为艺术设计从业者提供专业的图书、视频电子书、课程等教育产品。出版领域涉及平面、三维、影视、摄影与后期等数字艺术门类，字体设计、品牌设计、色彩设计等设计理论与应用门类，UI设计、电商设计、新媒体设计、游戏设计、交互设计、原型设计等互联网设计门类，环艺设计手绘、插画设计手绘、工业设计手绘等设计手绘门类。更多服务请访问“数艺设”社区平台www.shuyishe.com。我们将提供及时、准确、专业的学习服务。

目录

第3章 曲线建模 043

第4章 灯光技术 059

第5章 摄像机技术 073

第9章 综合案例 161

第 1 章

初识 Blender

本章导读

本章带领大家学习 Blender 4.0 的界面组成及基本操作，通过案例的方式让大家在具体的操作过程中对 Blender 的常用工具及使用技巧有一个基本的认知和了解，并熟悉该软件的应用领域及工作流程。

学习要点

- 熟悉 Blender 的应用领域
- 掌握 Blender 的工作界面
- 掌握 Blender 的视图操作
- 掌握对象的基本操作方法
- 掌握常用快捷键的使用技巧

1.1 Blender 4.0概述

随着科技的发展和时代的不断进步，计算机已经渗透至各个行业中，它们无处不在，俨然已经成了人们工作和生活中无法取代的重要电子产品。多种多样的软件技术配合不断更新换代的计算机硬件使得越来越多的可视化数字媒体产品飞速地融入人们的生活中。越来越多的艺术专业人员也开始使用数字技术来开展工作，诸如绘画、雕塑、摄影等传统艺术学科也都开始与数字技术融会贯通，形成了一个全新的学科交叉创意工作环境。

Blender 4.0软件是一款专业的三维动画软件，该软件旨在为广大三维动画师提供功能丰富、强大的动画工具来制作优秀的动画作品。当安装好Blender 4.0并第一次启动该软件时，系统会自动弹出启动界面，可以在此设置软件的“语言”为“简体中文（简体中文）”，“主题”为“Blender Light”，如图1-1所示。单击“下一个”按钮后，转到下一页，再单击“常规”，如图1-2所示，即可新建一个常规场景文件。

图1-1

图1-2

1.2 Blender 4.0的应用范围

计算机图形技术始于20世纪50年代早期，被用于计算机辅助设计与制造等专业领域，到了90年代，计算机图形技术开始被越来越多的视觉艺术专业人员所关注、学习。Blender作为一款旗舰级别的动画软件，可以为产品、建筑、园林景观、游戏、电影和运动图形的设计人员提供一套全面的3D 建模、动画、渲染及合成的解决方案，应用领域非常广泛。图1-3和图1-4所示为笔者使用该软件制作出来的一些三维图像作品。

图1-3

图1-4

1.3 Blender 4.0的工作界面

学习使用Blender时，首先应熟悉软件的操作界面与布局，为以后的创作打下基础。图1-5所示为打开Blender 4.0之后的工作界面。

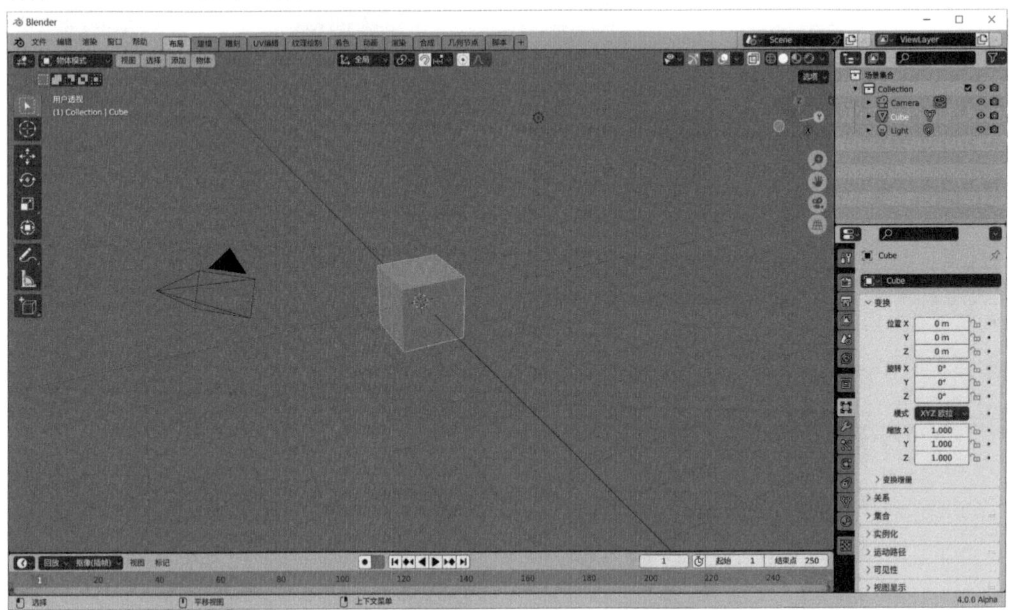

图1-5

1.3.1 课堂案例：主题设置

效果文件	无
素材文件	无
视频名称	主题设置 .mp4

这一节主要为读者讲解如何更改Blender的主题。

01 启动Blender，在启动界面上单击“常规”，如图1-6所示。即可进入Blender的工作界面。

图1-6

02 在默认状态下，Blender的主题为Blender Dark，该主题界面颜色较暗，如图1-7所示。

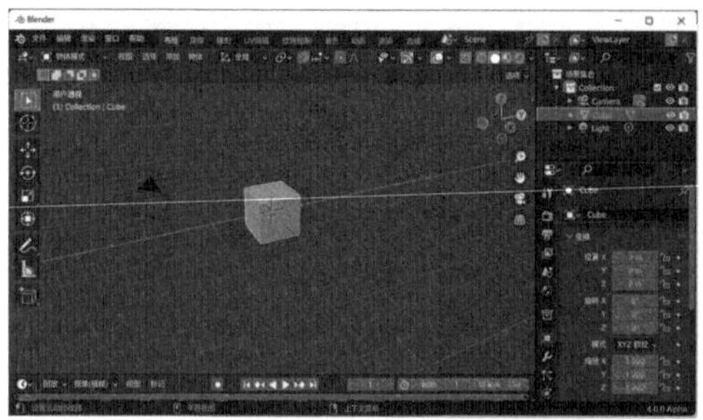

图1-7

03 执行菜单栏中的“编辑>偏好设置”命令，如图1-8所示。

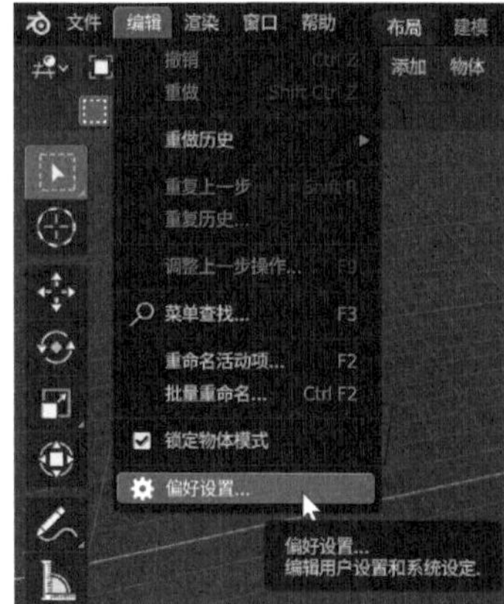

图1-8

04 在“Blender偏好设置”窗口中，选择“主题”，设置“加载预设”为Blender Light，如图1-9所示。此时Blender界面显示如图1-10所示。

图1-9

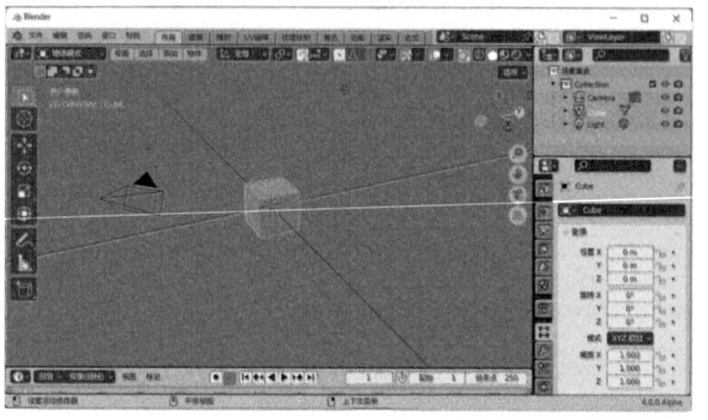

图1-10

05 在“Blender偏好设置”窗口中，设置“加载预设”为Deep Grey，如图1-11所示。此时Blender界面显示如图1-12所示。

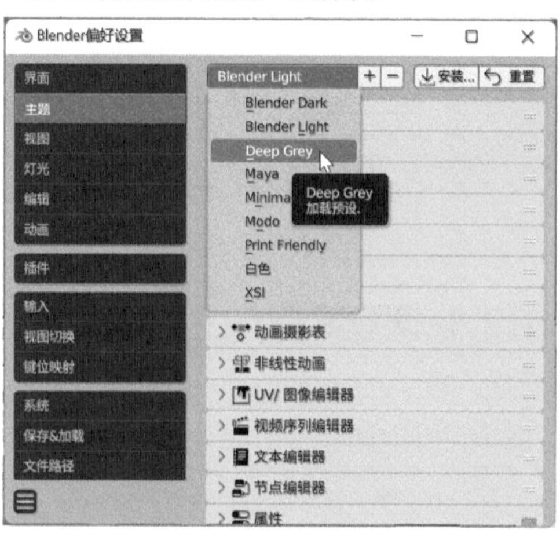

图1-11

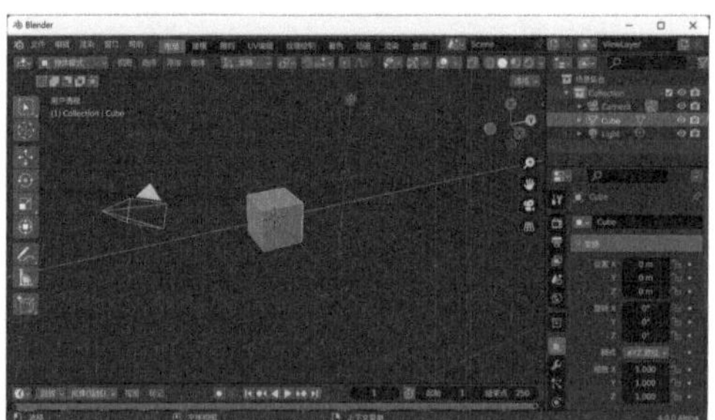

图 1-12

06 在“Blender偏好设置”窗口中，设置“加载预设”为Maya，如图1-13所示。此时Blender界面显示如图1-14所示。

图 1-13

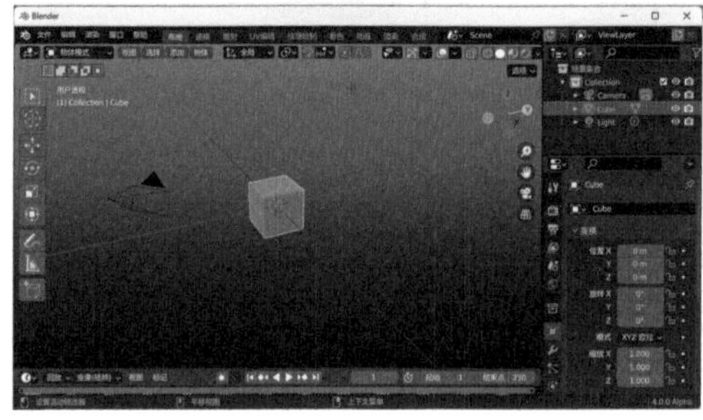

图 1-14

07 在“Blender偏好设置”窗口中，设置“加载预设”为Minimal Dark，如图1-15所示。此时Blender界面显示如图1-16所示。

08 在“Blender偏好设置”窗口中，设置“加载预设”为Modo，如图1-17所示。此时Blender界面显示如图1-18所示。

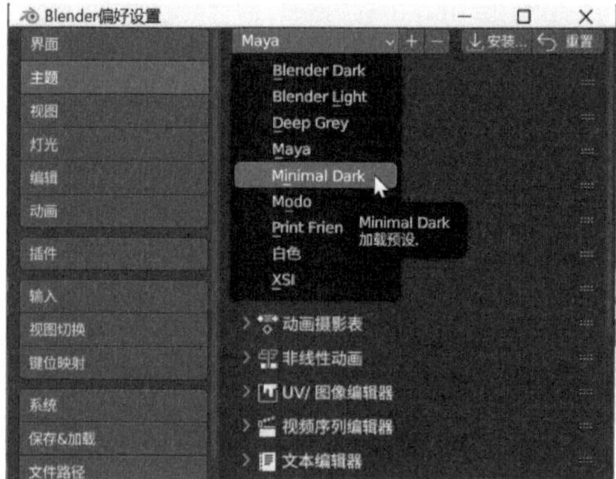

图 1-15

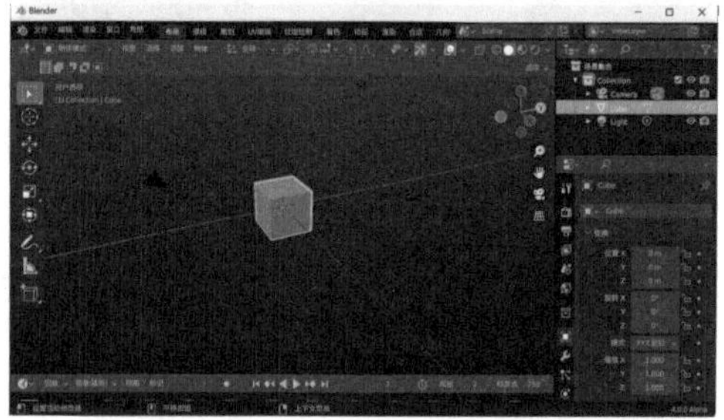

图 1-16

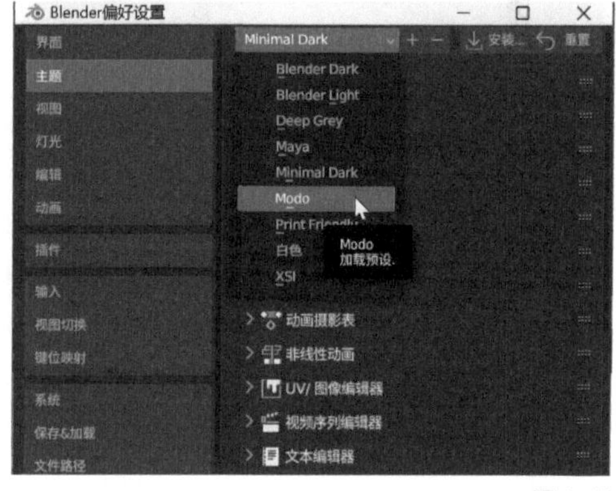

图 1-17

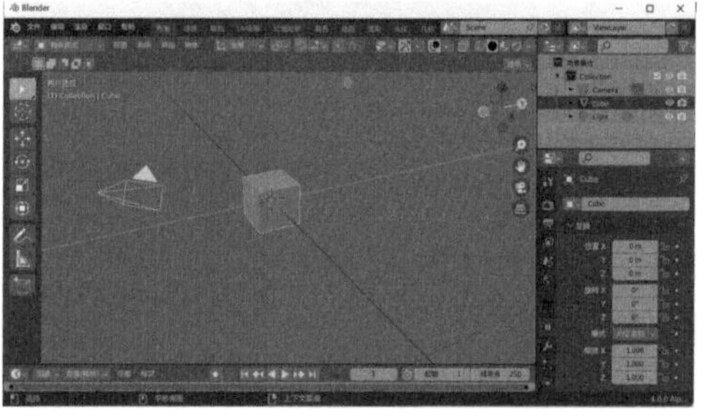

图 1-18

09 在“Blender偏好设置”窗口中，设置“加载预设”为Print Friendly，如图1-19所示。此时Blender界面显示如图1-20所示。

图1-19

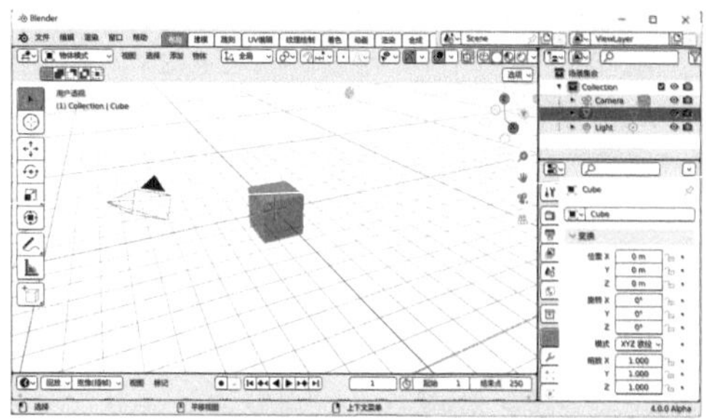

图1-20

10 在“Blender偏好设置”窗口中，设置“加载预设”为“白色”，如图1-21所示。此时Blender界面显示如图1-22所示。

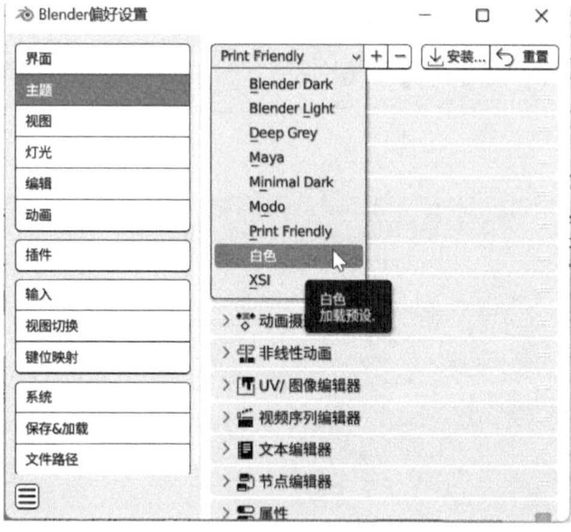

图1-21

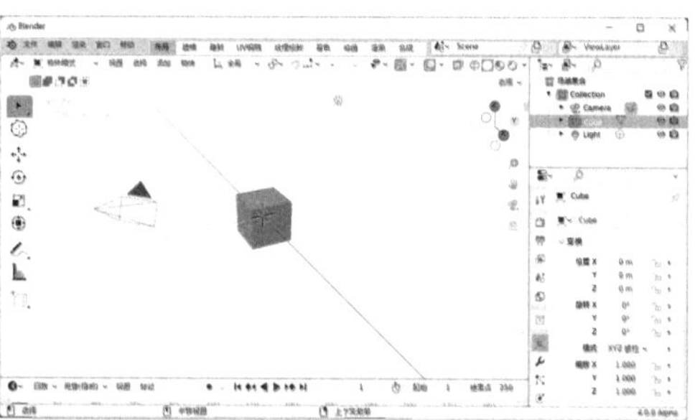

图1-22

11 在“Blender偏好设置”窗口中，设置“加载预设”为XSI，如图1-23所示。此时Blender界面显示如图1-24所示。

图1-23

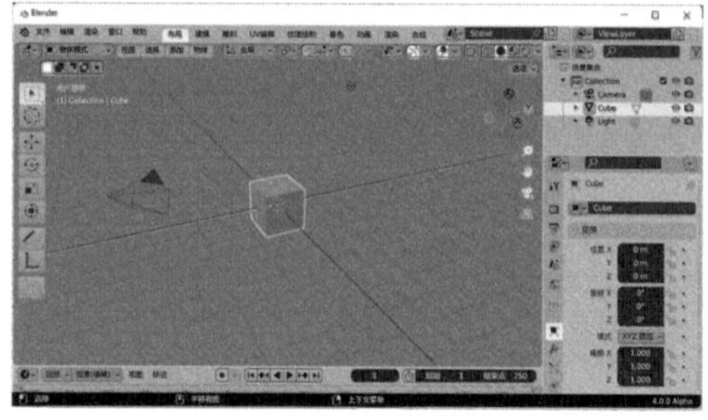

图1-24

技巧与提示

由于在实际的教学工作过程中，Blender Light主题使用较多，且印刷效果较好，故本书采用该主题来进行软件的讲解。

1.3.2 工作区

Blender为用户提供了多个不同的工作区以帮助用户得到更好的操作体验，这些工作区有“布局”“建模”“雕刻”“UV编辑”“纹理绘制”“着色”“动画”“渲染”“合成”“几何节点”“脚本”等。需要读者注意的是，可以通过单击软件界面上方中心位置处这些工作区的名称来进行工作区的切换，图1-25～图1-35所示为不同工作区的软件界面布局。

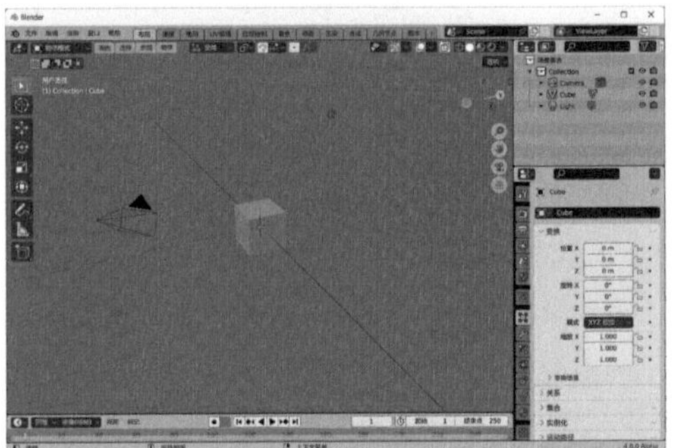
图1-25

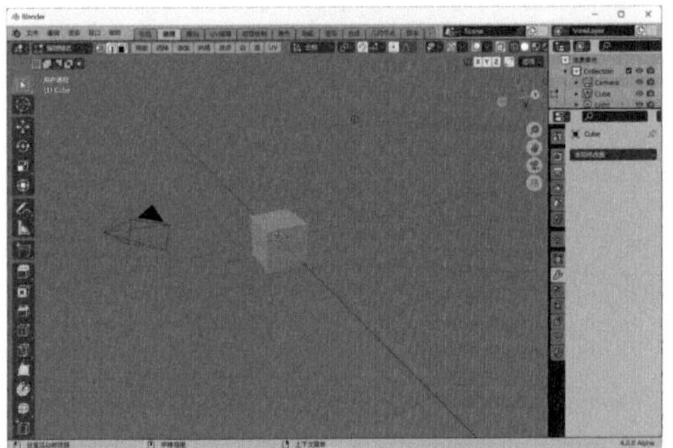
图1-26

图1-27

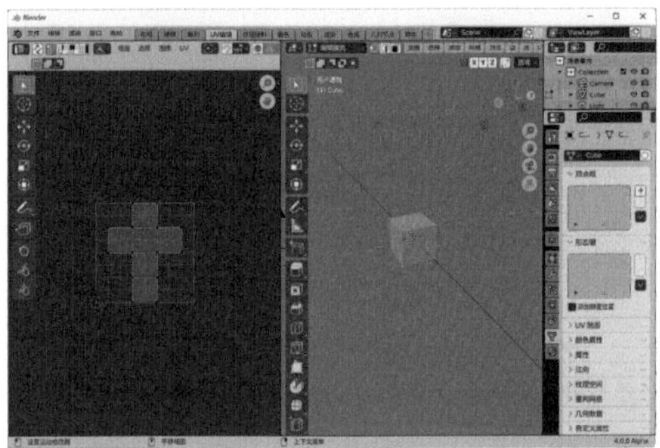
图1-28

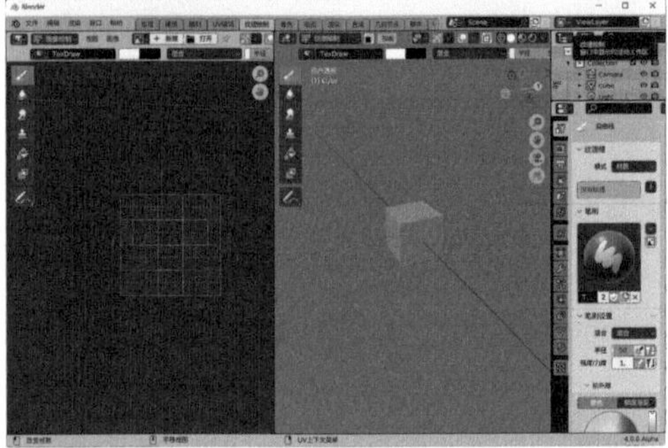
图1-29

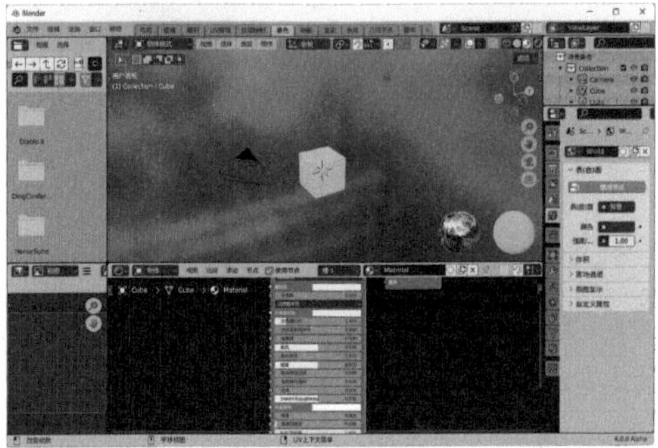
图1-30

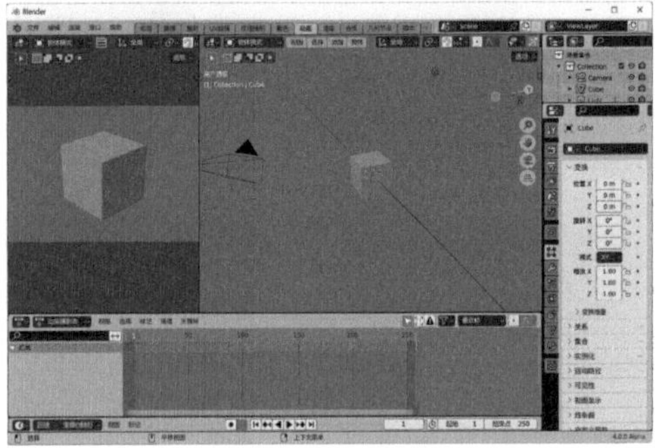
图1-31

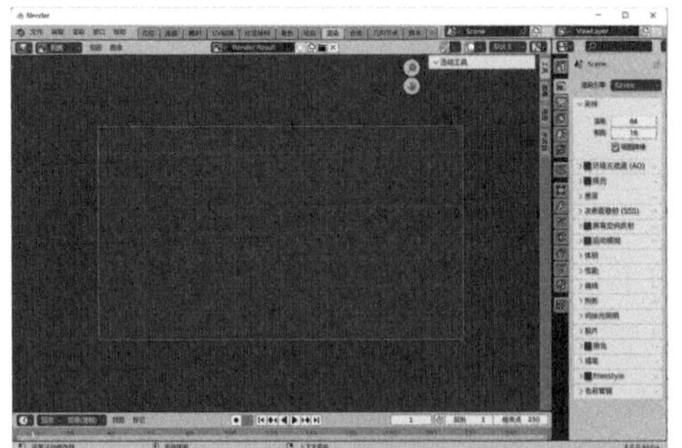

图1-32

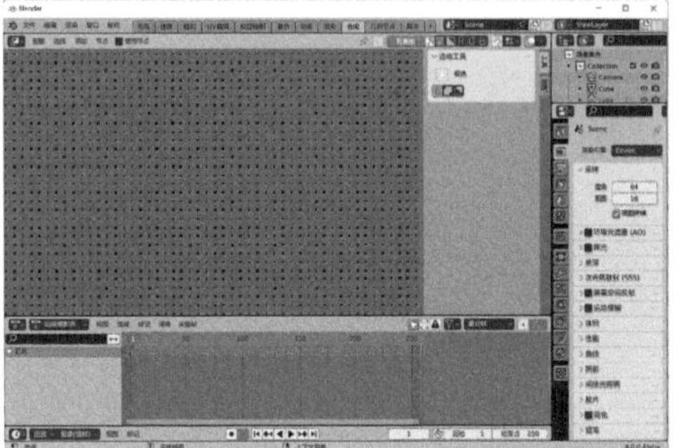

图1-33

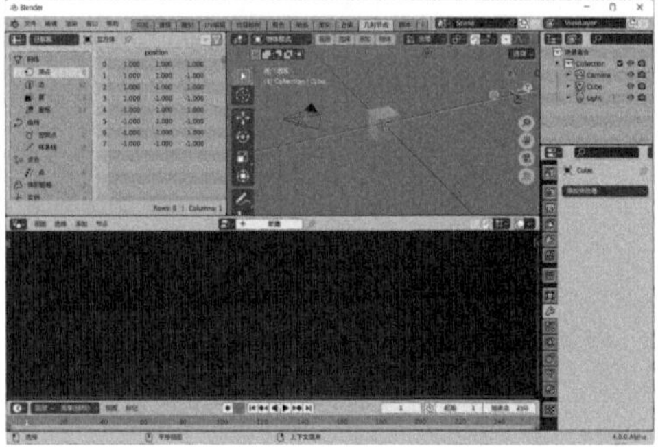

图1-34

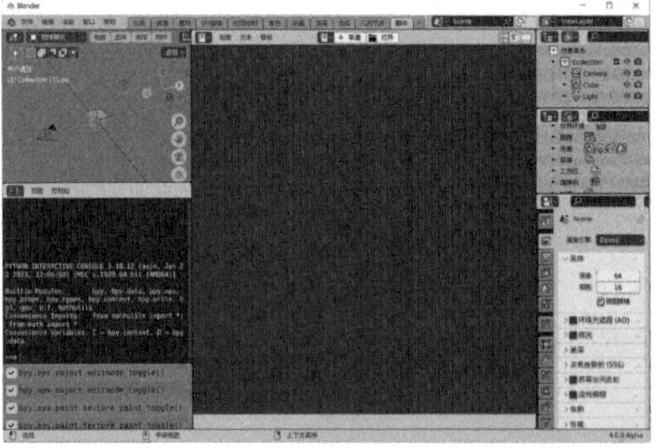

图1-35

1.3.3 菜单

Blender为用户提供了多行菜单命令，这些菜单命令有一部分固定位于软件界面上方左侧，如图1-36所示，一部分则分别位于不同的工作区界面中。

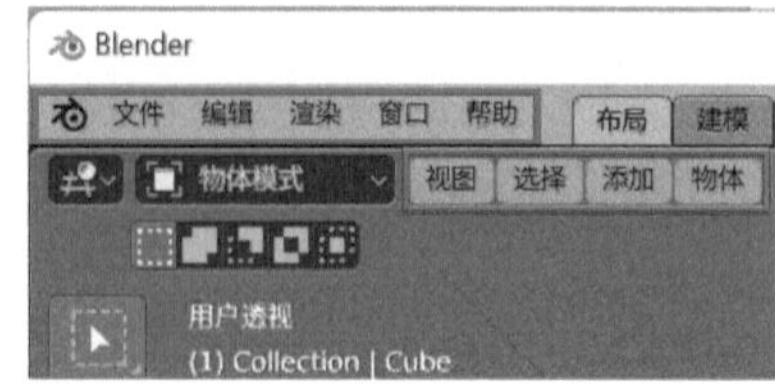

图1-36

1.3.4 视图

◆ 1. 视图切换

在默认状态下，打开Blender后，软件所显示的视图为透视视图。可以执行菜单栏中的“视图>视图>左”命令，如图1-37所示。将透视视图切换至左视图，如图1-38所示。或者使用同样的方法切换至其他视图。

用户还可以通过单击“旋转视图”按钮上的“预设观察点”进行视图切换，如图1-39所示。

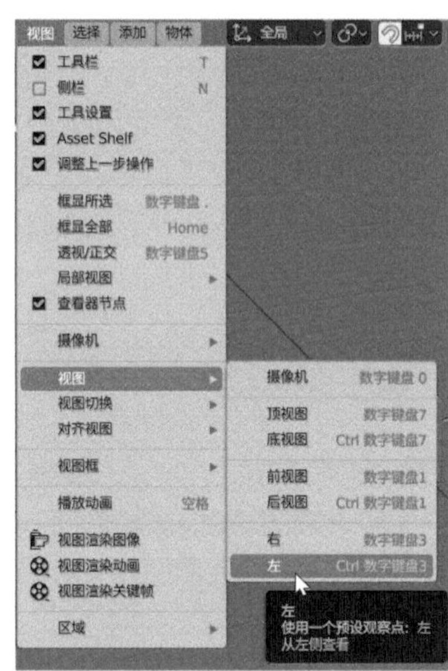

图1-37

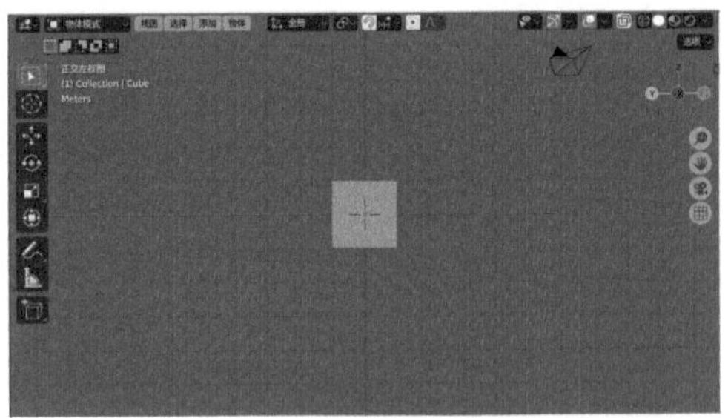

图 1-38

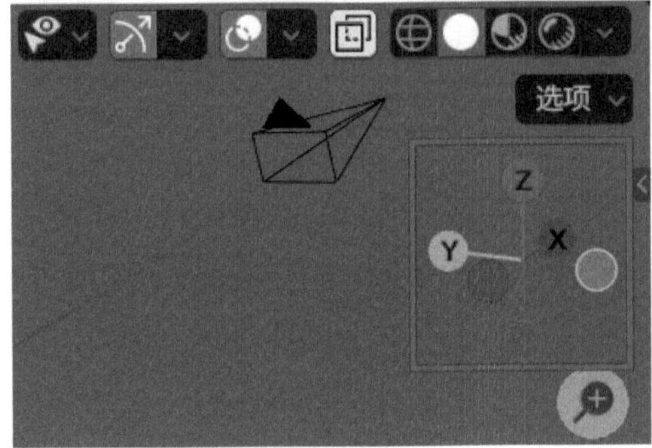

图 1-39

技巧与提示

按Alt+鼠标中键，可以将透视视图切换至正交视图。还可以按Ctrl+“+”快捷键/Ctrl+“-”快捷键来放大或缩小操作视图。

◆ 2. 视图显示

Blender提供了“线框模式”“实体模式”“材质预览”“渲染预览”这4种视图显示模式。单击视图右侧上方对应的按钮即可进行这些视图显示模式的切换，如图1-40所示。图1-41～图1-44所示分别为4种不同的视图显示模式。

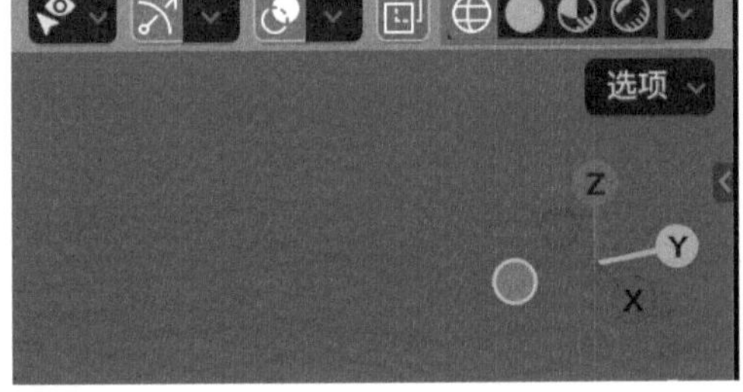

图 1-40

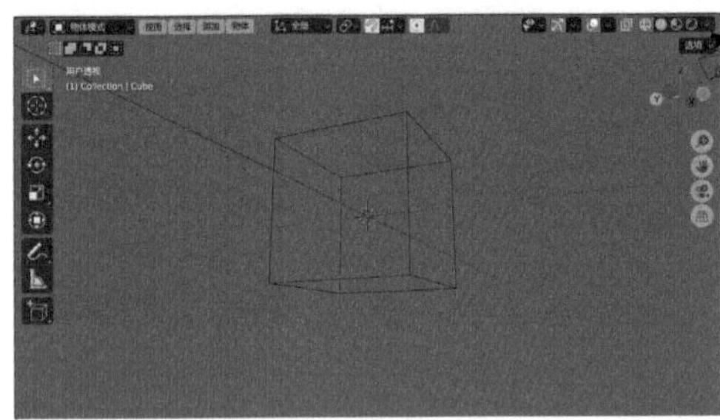

图 1-41

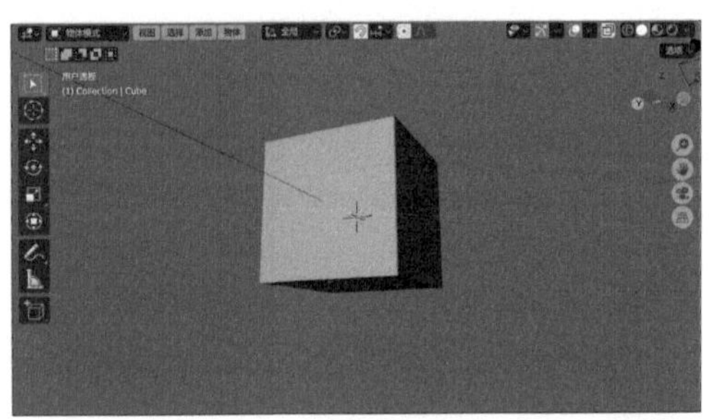

图 1-42

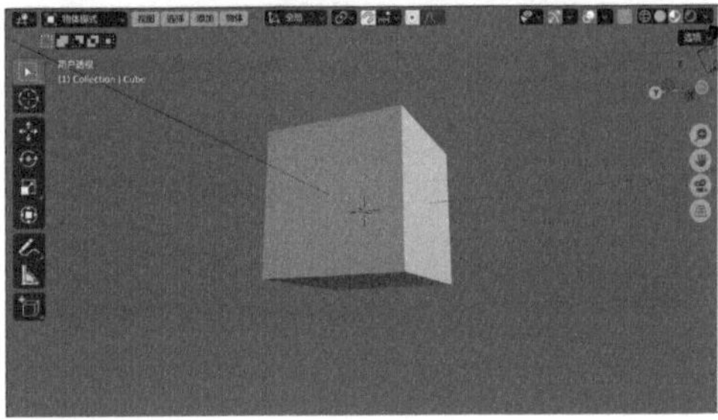

图 1-43

图 1-44

当进入模型的“编辑模式”后，视图还会显示出模型的边线结构，如图1-45所示。

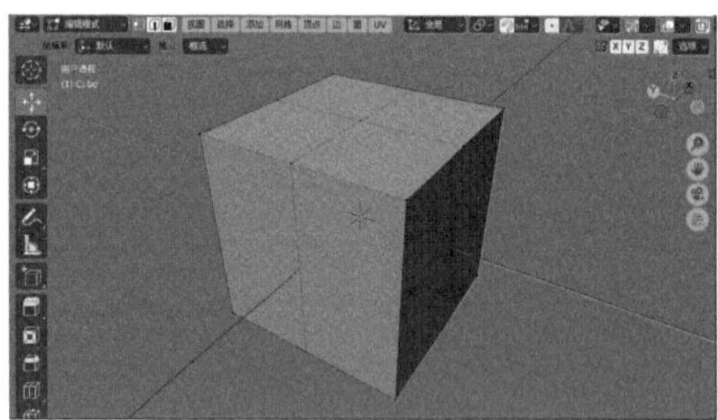

图1-45

> **技巧与提示**
>
> 按Shift+Z快捷键，视图可以在线框模式与实体模式之间进行切换。按快捷键Z，则可以弹出菜单，执行菜单中的命令切换视图显示模式，如图1-46所示。

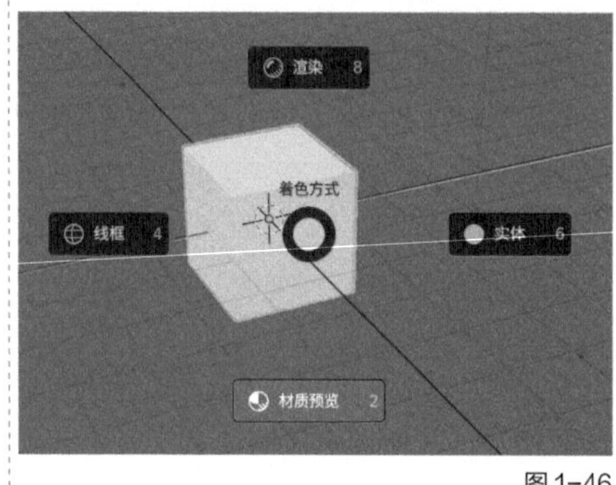

图1-46

◆ 3. 视图调整

用户可以通过滚动鼠标滚轮来调整视图的推近拉远，按住Ctrl+鼠标中键并拖动也可以控制视图的推近拉远。按住Shift+鼠标中键并拖动可以平移操作视图。仅按住鼠标中键并拖动则可以旋转视图来调整观察角度。当然，Blender也为用户提供了用于调整视图的按钮，这些按钮位于视图的上方右侧，如图1-47所示。

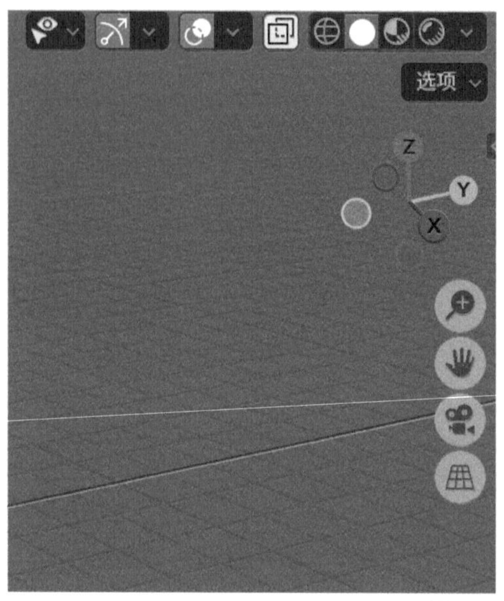

图1-47

工具解析

- **旋转视图：** 将鼠标指针移动到该按钮上按住鼠标左键拖动即可旋转视图，也可以单击上面的“预设观测点”来直接将视图切换至“前视图”“左视图”“顶视图”等正交视图。
- **缩放视图：** 将鼠标指针移动到该按钮上按住鼠标左键拖动即可对视图进行推近/拉远操作。
- **移动视图：** 将鼠标指针移动到该按钮上按住鼠标左键拖动即可对视图进行平移操作。
- **切换摄像机视角：** 单击该按钮可以在透视视图和摄像机透视视图间进行切换。
- **切换当前视图为正交视图/透视视图：** 单击该按钮可以在正交视图和透视视图间进行切换。

1.3.5 大纲视图

与3ds Max、Maya这些三维软件相似的是，Blender也为用户提供了“大纲视图”面板，方便用户观察场景中都有哪些对象并显示出这些对象的类型及名称，如图1-48所示。新建一个场景文件时，场景内默认就会有一个摄像机、一个立方体模型和一个灯光。在建模时，可以通过单击“大纲视图”面板内对象名称后面的眼睛形状按钮来隐藏摄像机或灯光对象。

图 1-48

1.3.6 属性面板

"属性"面板位于软件界面右侧下方，由"工具""渲染""输出""视图层""场景""世界""集合""物体""修改器""粒子""物理""物体约束""物体数据""材质""纹理"等组成，如图1-49所示。用户可以单击该面板左侧的工具图标来访问这些不同的属性面板。

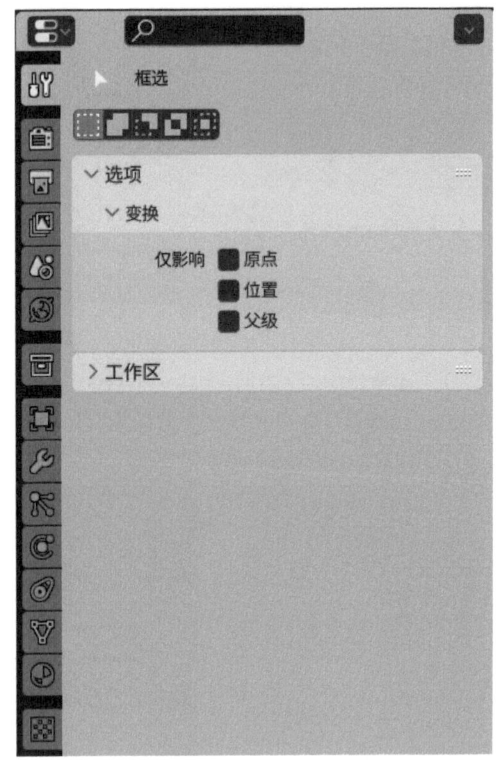

图 1-49

1.4 Blender 4.0基本操作

当用户打开Blender 4.0后，首先要通过一些基本操作来熟悉这款三维软件。

1.4.1 课堂案例：创建对象

效果文件	无
素材文件	无
视频名称	创建对象.mp4

这一节主要为读者讲解如何在Blender中创建对象。

01 启动Blender，可以看到场景中自带一个立方体模型，如图1-50所示。

02 选择立方体模型，按X键，并执行"删除"命令，如图1-51所示，即可将这个场景自带的立方体模型删除。

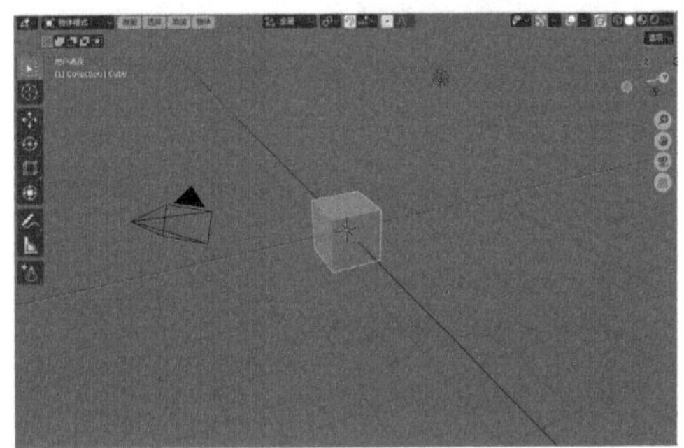
图 1-50

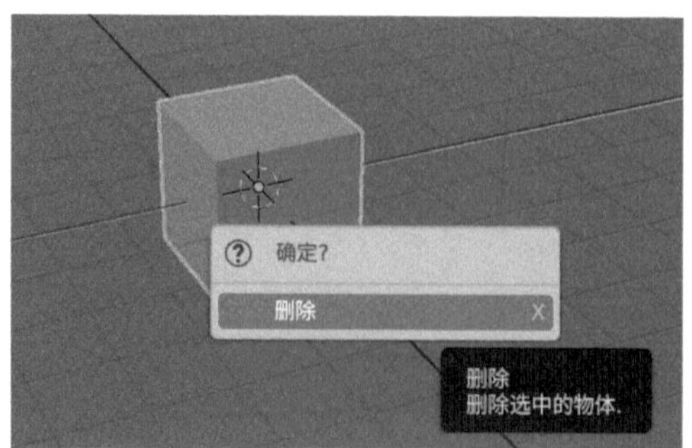

图1-51

03 执行菜单栏中的“添加>网格>经纬球”命令，如图1-52所示。即可在场景中游标位置处创建一个球体模型，如图1-53所示。

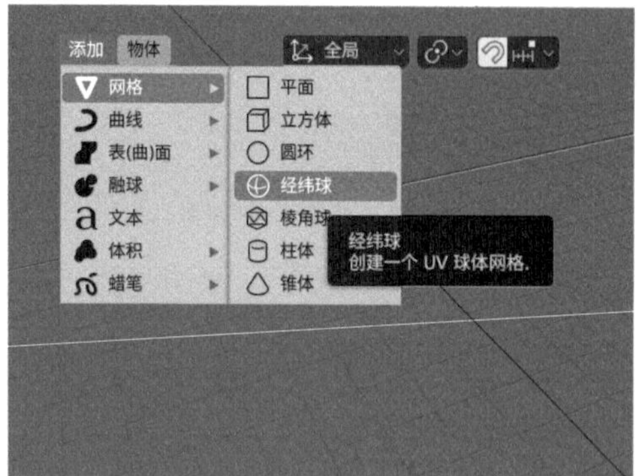

图1-52

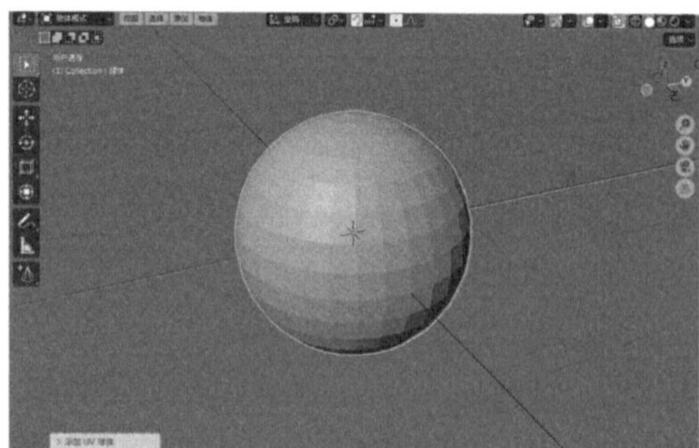

图1-53

04 在视图左侧下方的“添加UV球体”卷展栏中，可以对球体的半径进行更改来调整其大小，如图1-54所示。

05 按N键，在“变换”卷展栏中，还可以从3个方向调整球体的尺寸，如图1-55所示。

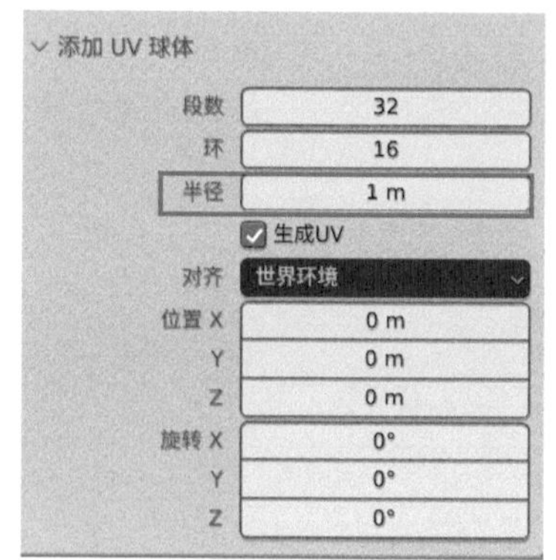

图1-54

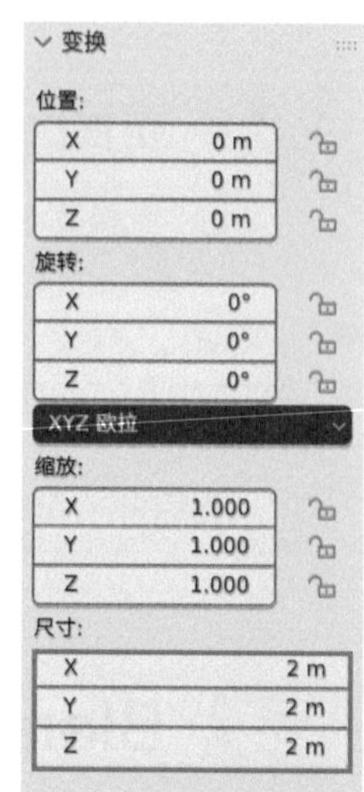

图1-55

06 按Shift+A快捷键，还可以在视图中任意位置处弹出菜单来创建对象，如图1-56所示。

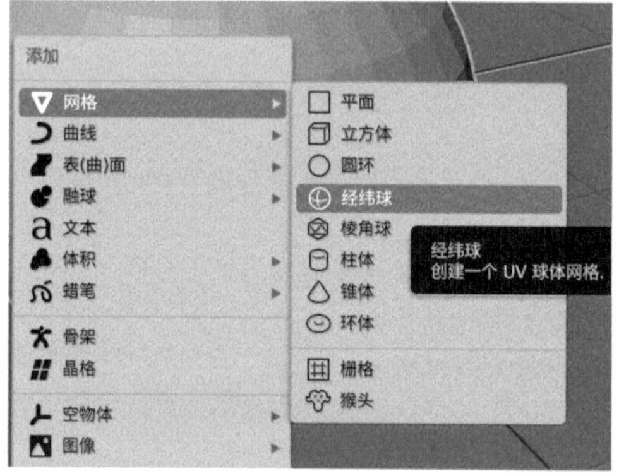

图1-56

07 将鼠标指针移动到"添加立方体"按钮上并按住，即可弹出更多与创建对象有关的按钮，如图1-57所示。

08 可以通过单击这些按钮在场景中以交互式的方式来创建对象，如图1-58所示。

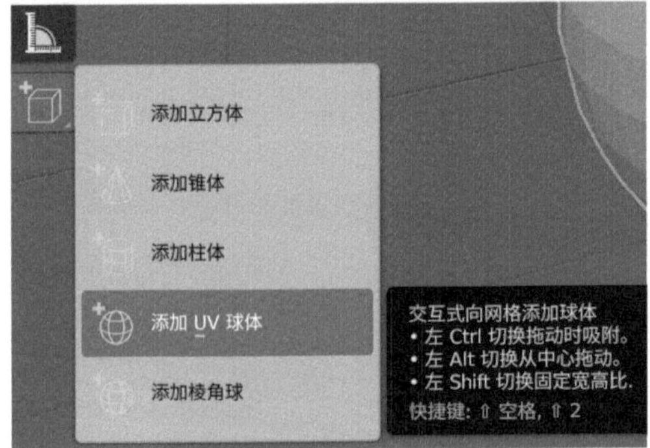

图1-57

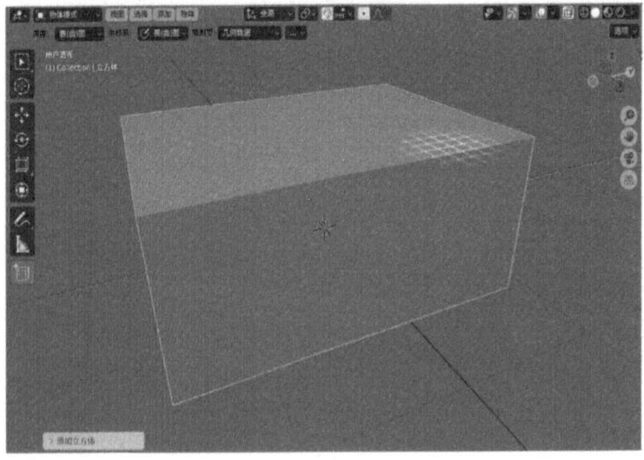

图1-58

1.4.2 课堂案例：视图控制

效果文件	无
素材文件	无
视频名称	视图控制.mp4

这一节主要为读者讲解如何在Blender中对视图进行控制。

01 启动Blender，可以看到场景中自带一个立方体模型，如图1-59所示。

02 可通过滚动鼠标滚轮来控制视图的推近或者拉远，如图1-60所示。

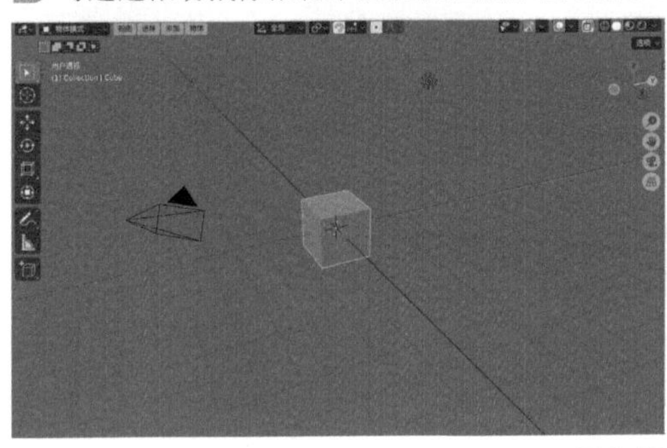

图1-59

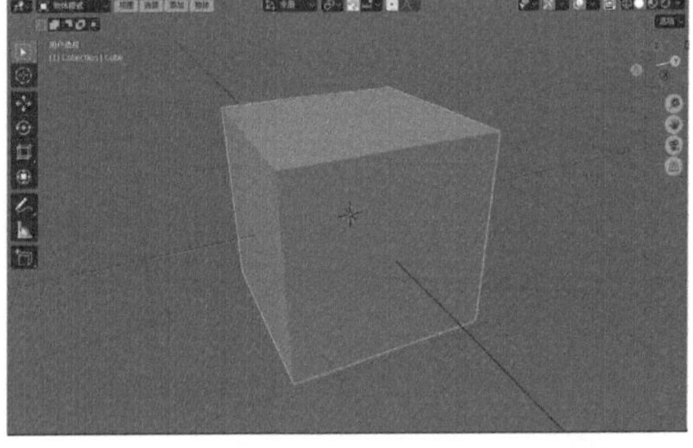

图1-60

技巧与提示

按住Ctrl+鼠标中键，并缓缓拖动，也可以对视图进行推近或者拉远。

03 按住鼠标中键，并缓缓拖动，即可旋转视图，从其他角度来观察场景中的对象，如图1-61所示。

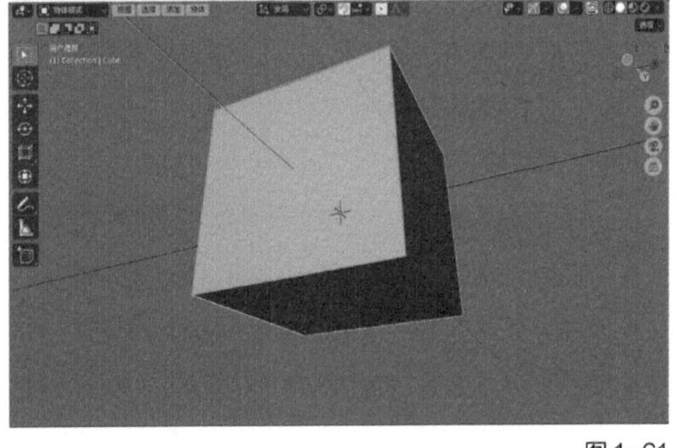

图1-61

04 按住Shift+鼠标中键，并缓缓拖动，即可平移操作视图，如图1-62所示。

05 选择立方体模型，执行菜单栏中的“视图>框显所选”命令，则可以将选中的模型在视图中显示为最大，如图1-63所示。

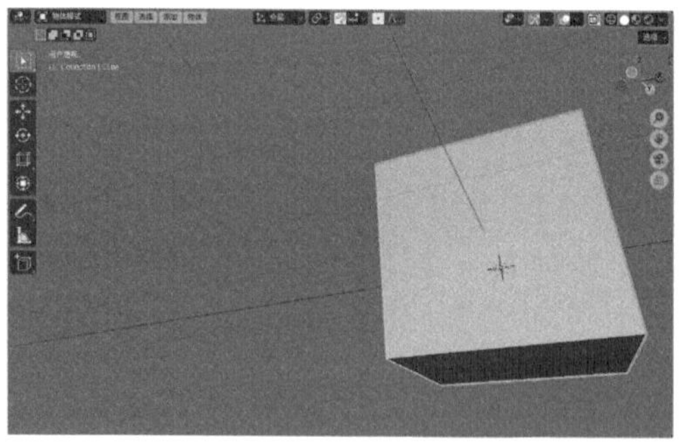

图1-62

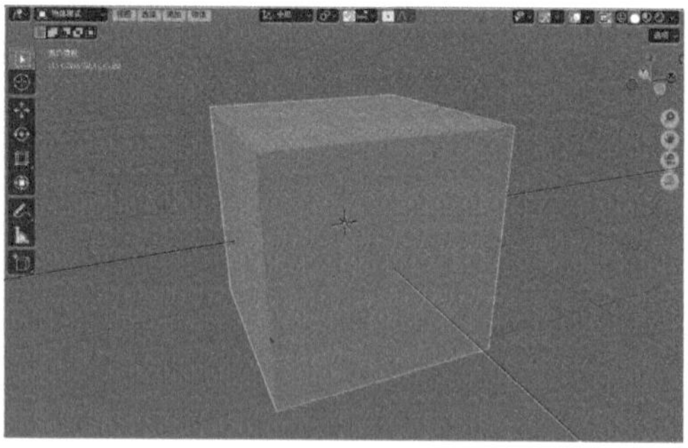

图1-63

1.4.3 变换对象

Blender为用户提供了多个用于对场景中的对象进行变换操作的工具，有“框选”“游标”“移动”“旋转”“缩放”“变换”，这些工具以按钮的形式位于视图的左侧，可以调整这些按钮的长度来显示出它们的中文名称，如图1-64所示。按T键，可以隐藏或显示这些按钮。

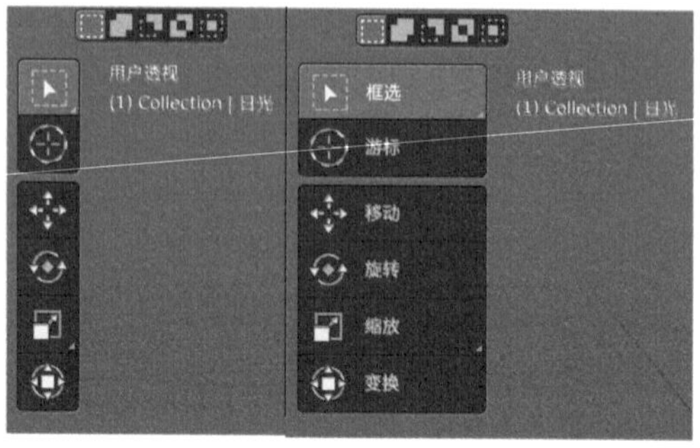

图1-64

◆1. 框选

按住“框选”按钮后，还会弹出与此工具相似的其他按钮，如图1-65所示。

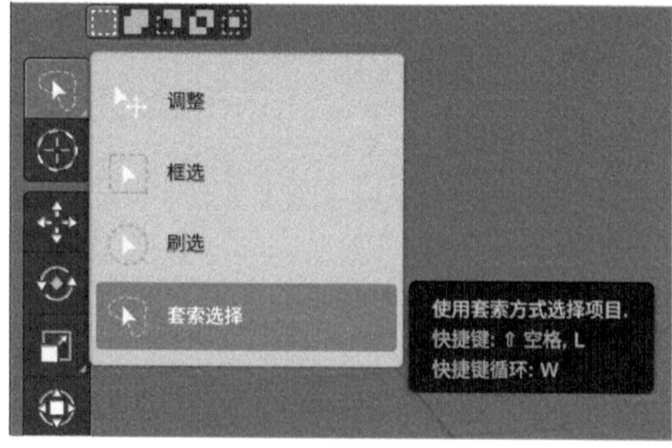

图1-65

工具解析

- **调整：** 通过单击的方式来选择场景中的单个对象，如图1-66所示。
- **框选：** 可以通过框选的方式来选择场景中的多个对象，如图1-67所示。
- **刷选：** 可以通过笔刷的方式来选择场景中的多个对象，如图1-68所示。
- **套索选择：** 可以用鼠标绘制出不规则形状的区域来选择场景中的多个对象，如图1-69所示。

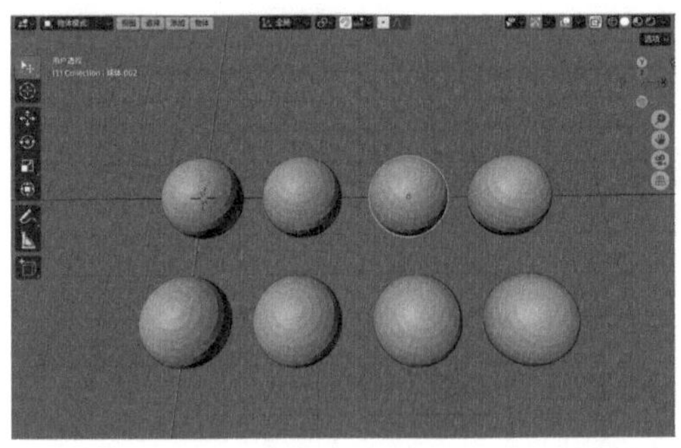

图1-66

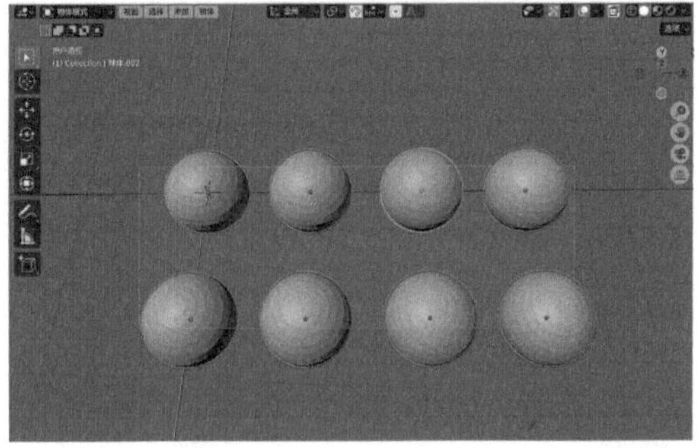

图1-67

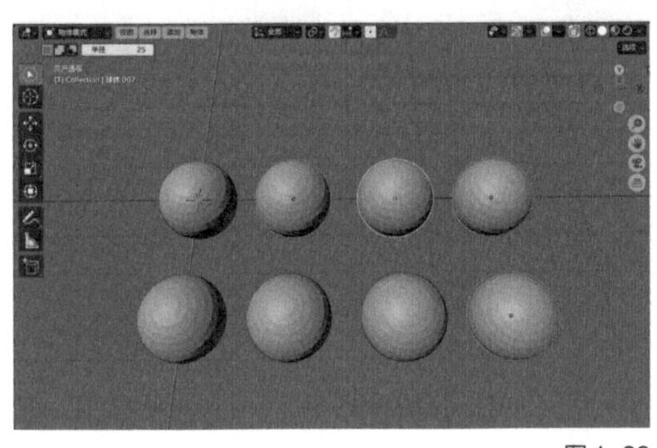

图1-68

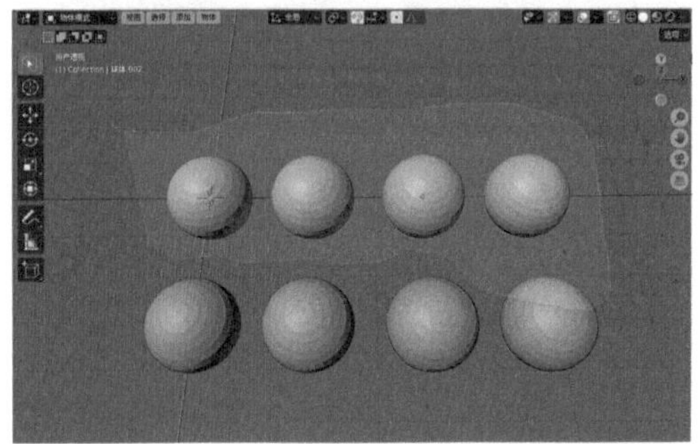

图1-69

使用“框选”工具不但可以选择对象，还可以对对象进行变换操作。

选择对象后，按G键，可以调整对象的位置；按G键、X键则可以沿*x*轴调整对象的位置；按G键、Y键则可以沿*y*轴调整对象的位置；按G键、Z键则可以沿*z*轴调整对象的位置。

选择对象后，按R键，可以调整对象的角度；按R键、X键则可以沿*x*轴调整对象的角度；按R键、Y键则可以沿*y*轴调整对象的角度；按R键、Z键则可以沿*z*轴调整对象的角度。

选择对象后，按S键，可以调整对象的大小；按S键、X键则可以沿*x*轴调整对象的大小；按S键、Y键则可以沿*y*轴调整对象的大小；按S键、Z键则可以沿*z*轴调整对象的大小。

◆ 2. 游标

“游标”可以用来确定场景中新建对象的位置，默认状态下，游标处于场景中坐标原点位置。按住Shift+鼠标右键并拖动可以重新定义游标的位置。按Shift+C快捷键则可以设置游标的位置为坐标原点。

◆ 3. 移动

单击“移动”按钮后，被选中的模型会出现移动坐标轴，如图1-70所示，方便用户调整模型的位置。

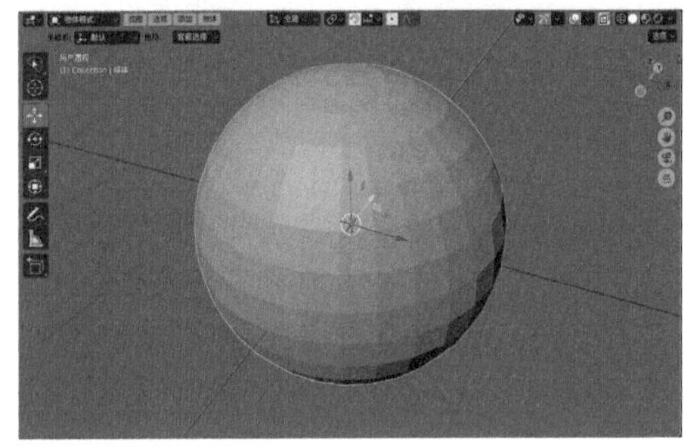

图1-70

◆4. 旋转

单击“旋转”按钮后，被选中的模型会出现旋转坐标轴，如图1-71所示，方便用户调整模型的角度。

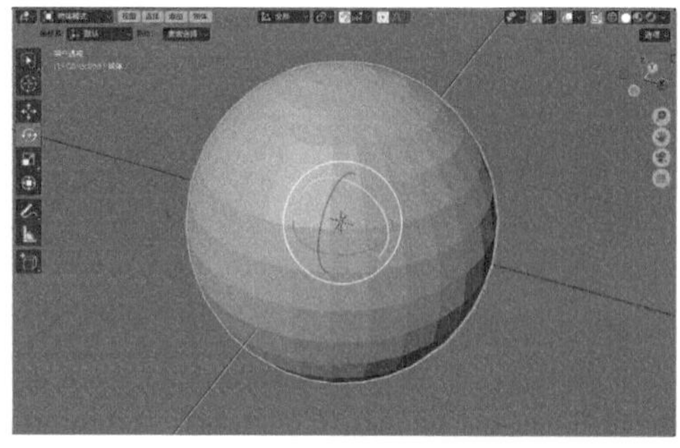

图1-71

◆5. 缩放

按住“缩放”按钮后，还会弹出与此工具相似的其他按钮，如图1-72所示。

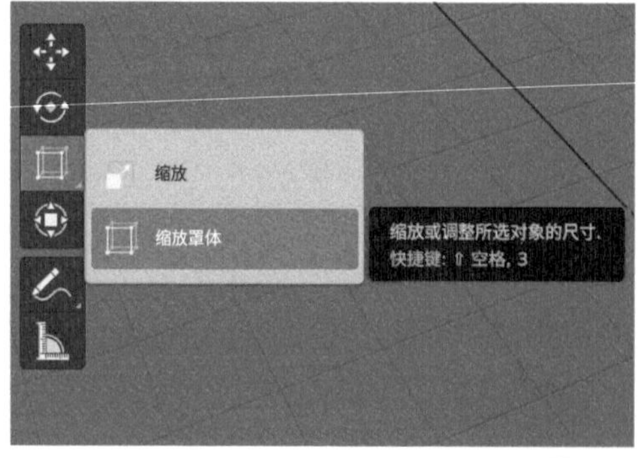

图1-72

工具解析

- **缩放：** 被选中的模型会出现缩放坐标轴，如图1-73所示，方便用户调整模型的大小。

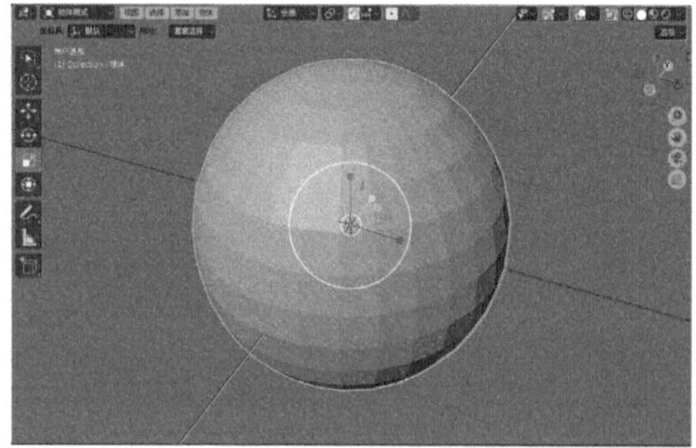

图1-73

- **缩放罩体：** 被选中的模型会出现罩体，如图1-74所示，方便用户调整模型的大小。

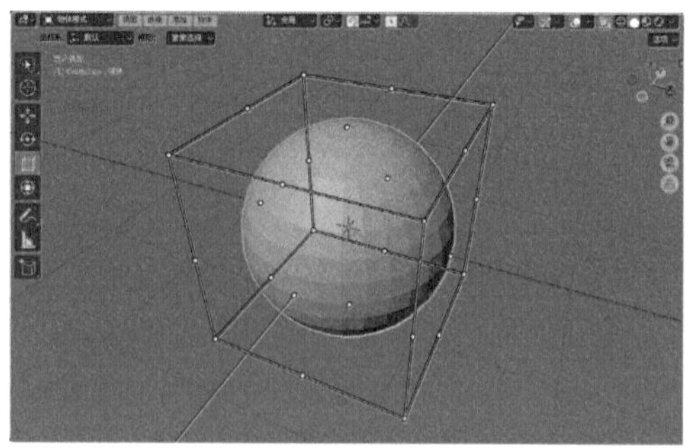

图1-74

◆6. 变换

单击“变换”按钮后，被选中的模型会同时出现移动坐标轴、旋转坐标轴和缩放坐标轴，如图1-75所示，方便用户调整模型的位置、角度和大小。

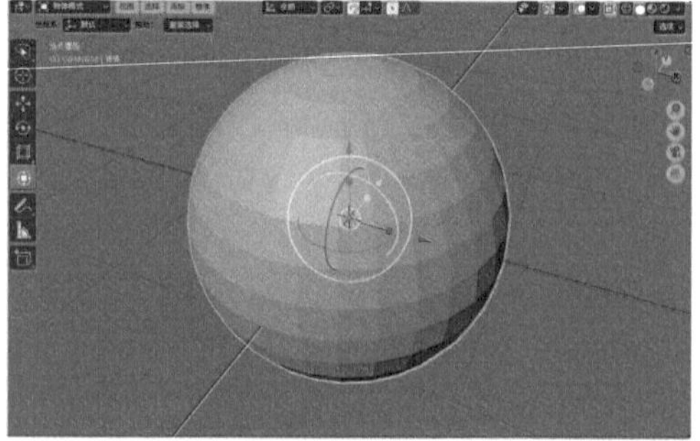

图1-75

1.4.4 删除对象

新建场景后，Blender会在场景中自动创建一个立方体模型，如果不需要这个立方体模型，可以将其删除。选择立方体模型，按X键，在弹出的菜单中单击“删除”即可，还可以按Delete键直接删除所选择的对象。如果用户使用的键盘没有Delete键（如苹果一体机的小键盘），则可以按住Fn+退格键来删除所选择的对象。

1.5 课后习题

1.5.1 课后习题：复制对象

效果文件	无
素材文件	无
视频名称	复制对象 .mp4

这一节主要为读者讲解如何在Blender中复制对象。

01 启动Blender，可以看到场景中自带一个立方体模型，如图1-76所示。

02 选中立方体模型，按Shift+D快捷键，即可复制选中的模型并调整其位置，如图1-77所示。

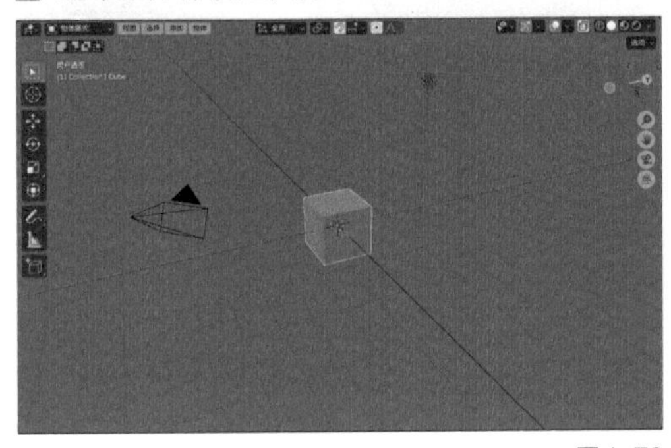

图 1-76

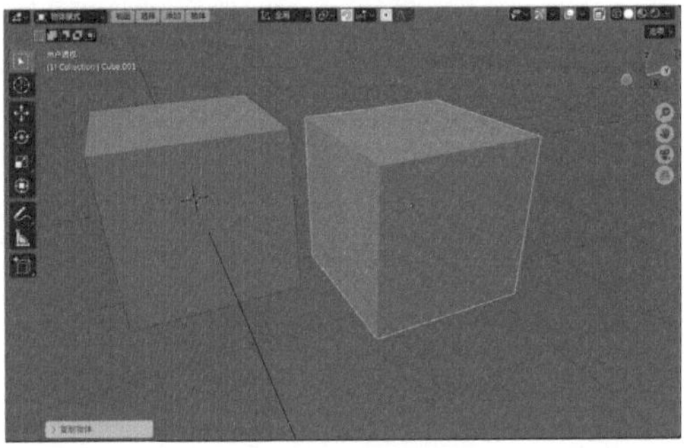

图 1-77

03 选中立方体模型，按Shift+D快捷键，再按X键，即可复制选中的模型并沿x轴向调整其位置，如图1-78所示。

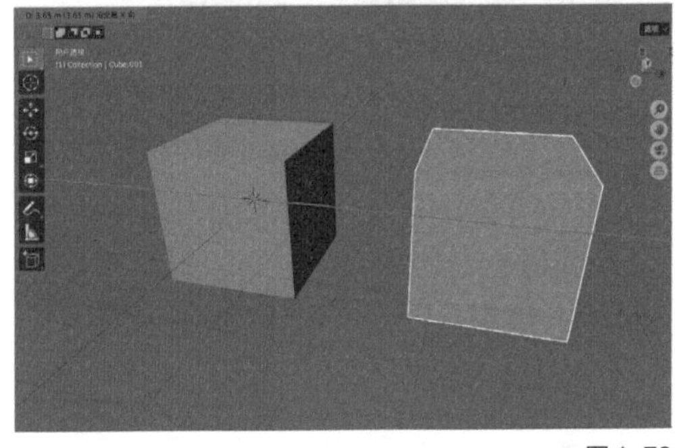

图 1-78

04 在“复制物体”卷展栏中，勾选“关联”，如图1-79所示。则复制出来的模型与原模型构成关联关系，即修改其中一个模型的属性也会同时修改另一个模型的属性。

技巧与提示

关联复制的快捷键是Alt+D。

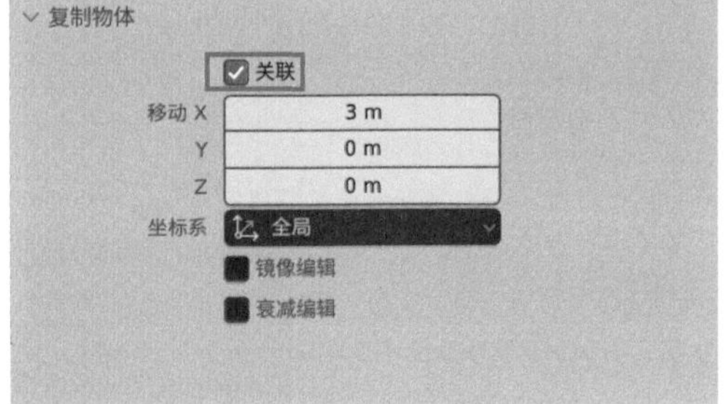

图 1-79

05 选中任意一个立方体模型，进入“编辑模式”，如图1-80所示。

06 选择图1-81所示的边线。

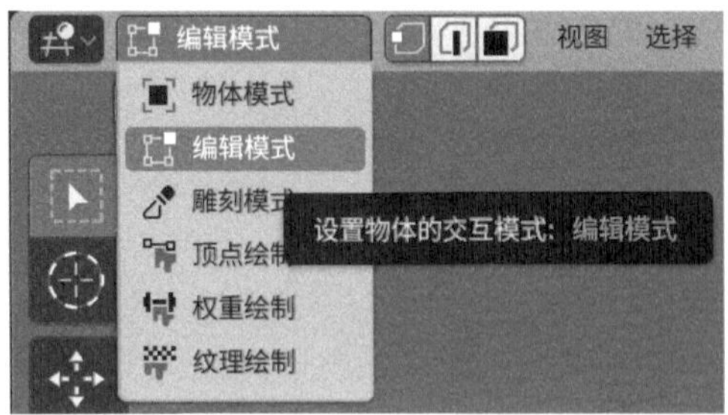

图1-80

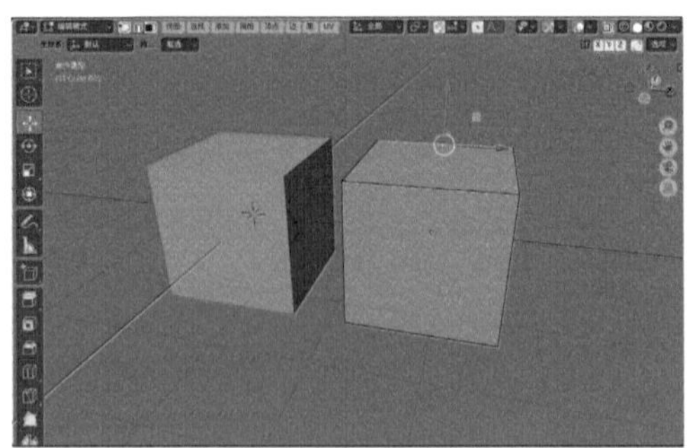
图1-81

07 使用"移动"工具调整其至图1-82所示位置，这样，可以看到另一个立方体模型也发生了对应的变化。

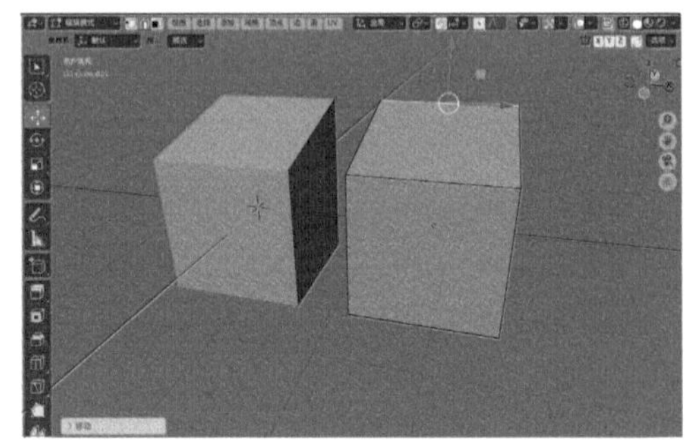
图1-82

1.5.2 课后习题：视图切换

效果文件	无
素材文件	无
视频名称	视图切换.mp4

这一节主要为读者讲解如何在Blender中进行视图切换。

01 启动Blender，可以看到场景中自带一个立方体模型，如图1-83所示。

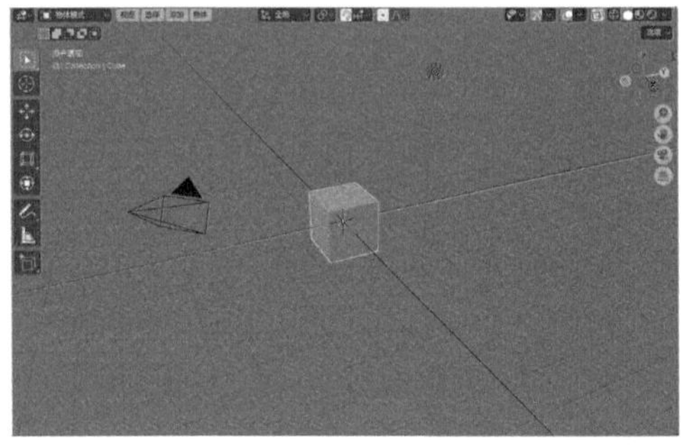
图1-83

02 单击"旋转视图"按钮上的"预设观察点"X，如图1-84所示，即可将当前的"用户透视"视图切换至"正交右视图"，如图1-85所示。

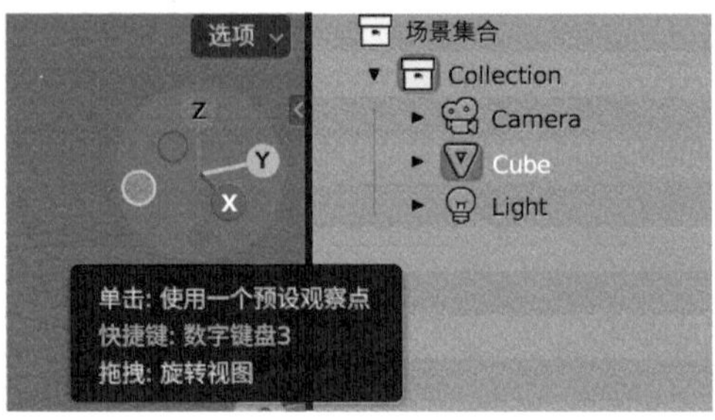

图1-84

图1-85

03 单击“旋转视图”按钮上的“预设观察点”-Y，如图1-86所示。即可将当前的“正交右视图”视图切换至“正交前视图”，如图1-87所示。

图 1-86

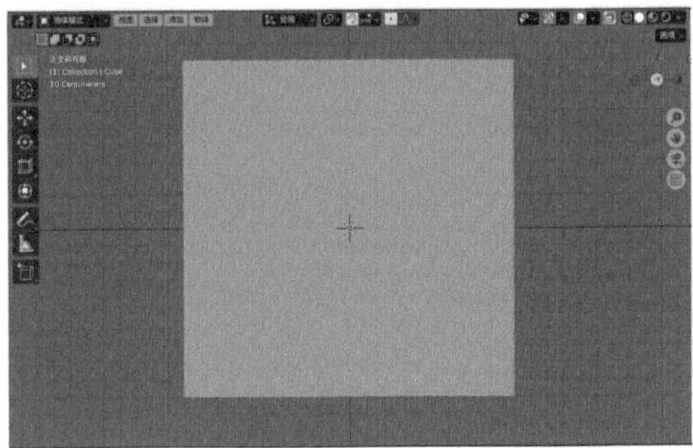

图 1-87

04 按住鼠标中键并缓缓拖动，即可将当前的“正交前视图”切换回最初的“用户透视”视图，如图1-88所示。

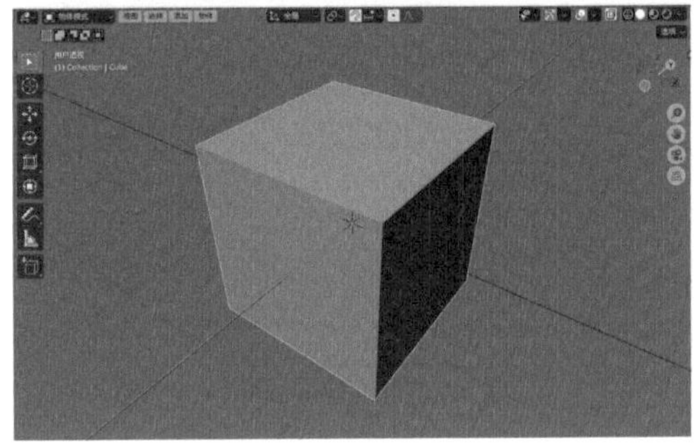

图 1-88

技巧与提示

按住Alt+鼠标中键，也可以将“用户透视”视图切换至正交视图。

05 在“视图叠加层”面板中，勾选“线框”，如图1-89所示。则可以对模型进行线框显示，如图1-90所示。

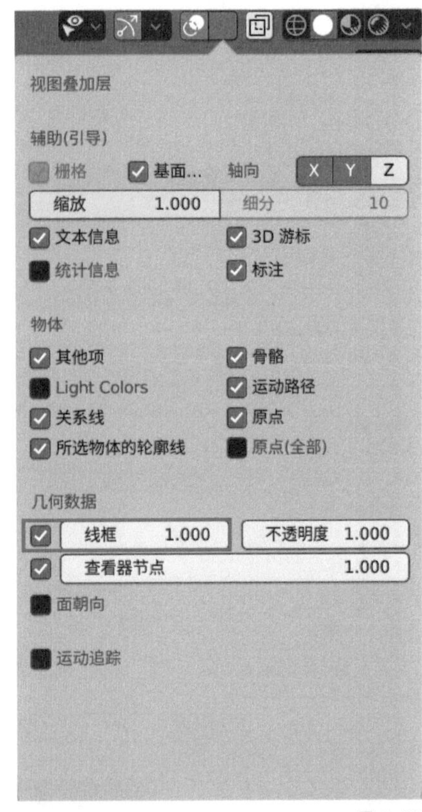

图 1-89

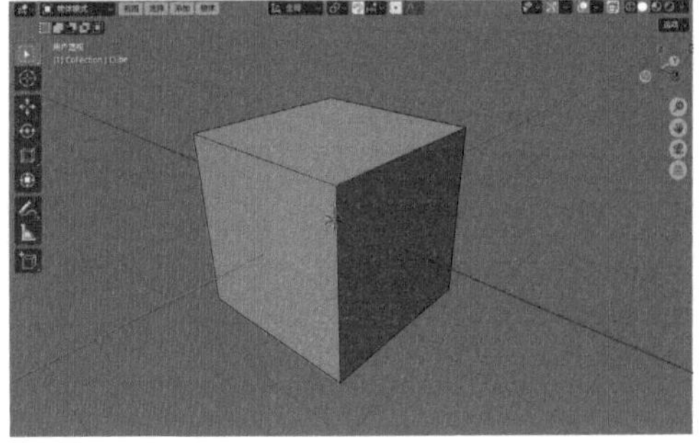

图 1-90

06 在“视图着色方式”面板中，勾选Cavity，如图1-91所示。则可以对模型的边进行高亮显示，如图1-92所示。

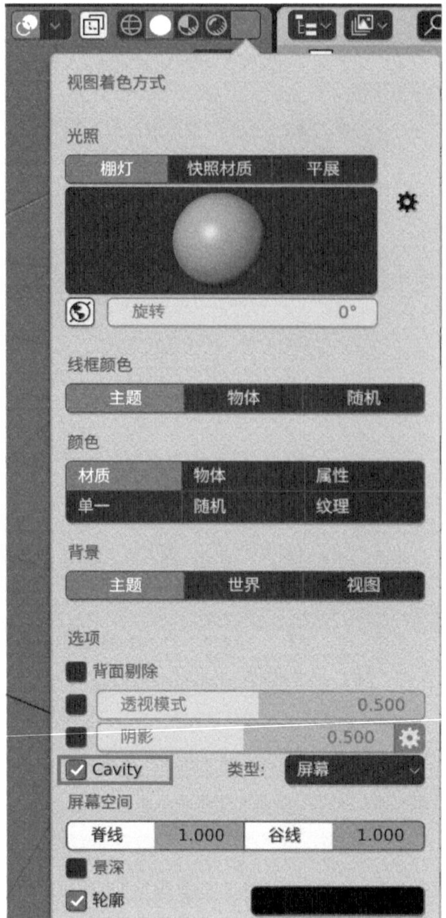
视图着色方式
光照
棚灯
快照材质
平展
旋转
0°
线框颜色
主题
物体
随机
颜色
材质
物体
属性
单一
随机
纹理
背景
主题
世界
视图
选项
背面剔除
透视模式
0.500
阴影
0.500
Cavity
类型:
屏幕
屏幕空间
脊线
1.000
谷线
1.000
景深
轮廓
图 1-91

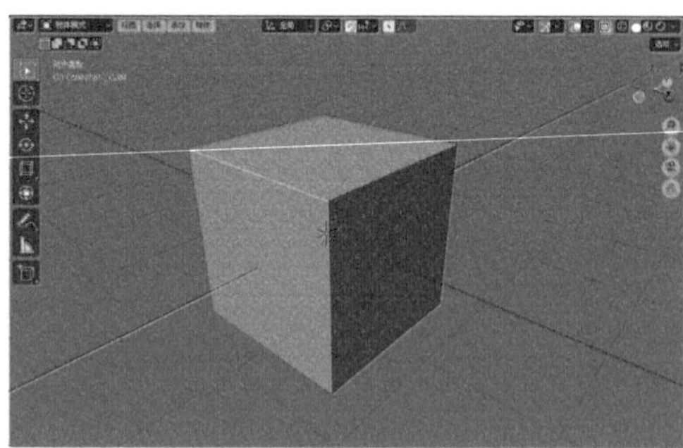
图 1-92

网格建模

本章导读

本章将介绍 Blender 4.0 的网格建模技术，在本章中，将以较为典型的案例来为读者详细讲解常用网格建模工具的使用方法。本章非常重要，请读者务必认真学习。

学习要点

- 了解网格建模的思路
- 掌握网格选择模式的切换方式
- 掌握网格建模技术
- 学习创建规则的多边形模型
- 学习创建不规则的多边形模型

2.1 网格建模概述

Blender提供了多种建模工具帮助用户在软件中实现各种各样复杂模型的构建。当我们选中模型并切换至“编辑模式”后，就可以使用这些建模工具了。图2-1和图2-2所示为使用Blender制作出来的模型。

图 2-1

图 2-2

2.2 创建几何体

执行菜单栏中的“添加>网格”命令，可以看到Blender为用户提供的多种基本几何体的创建命令，如图2-3所示。

图 2-3

2.2.1 课堂案例：制作石膏模型

效果文件　石膏.blend

素材文件　无

视频名称　制作石膏模型.mp4

本案例主要讲解如何使用几何体工具来制作一组石膏模型，效果如图2-4所示。

图 2-4

01 启动Blender，将其中自带的立方体模型删除后，执行菜单栏中的“添加>网格>柱体”命令，如图2-5所示。在场景中创建一个柱体模型。

图 2-5

02 在“添加柱体”卷展栏中，设置“顶点”为4，“半径”为0.06m，“深度”为0.2m，如图2-6所示。

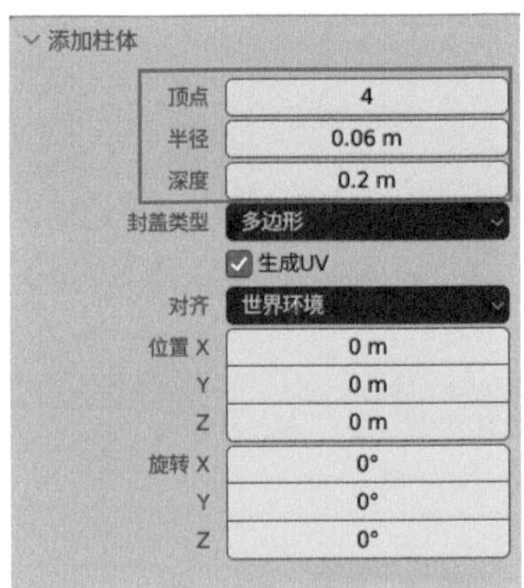

图 2-6

03 在“变换”卷展栏中，设置“位置Z”为0.1m，如图2-7所示。

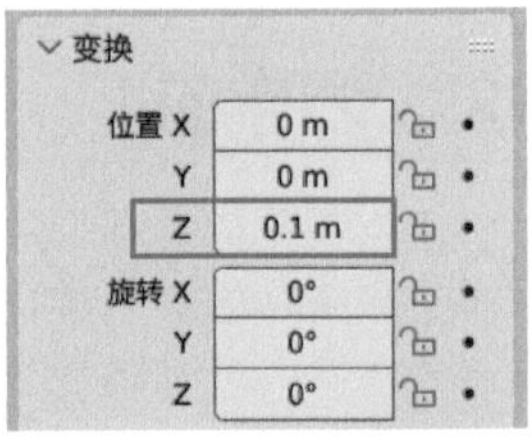

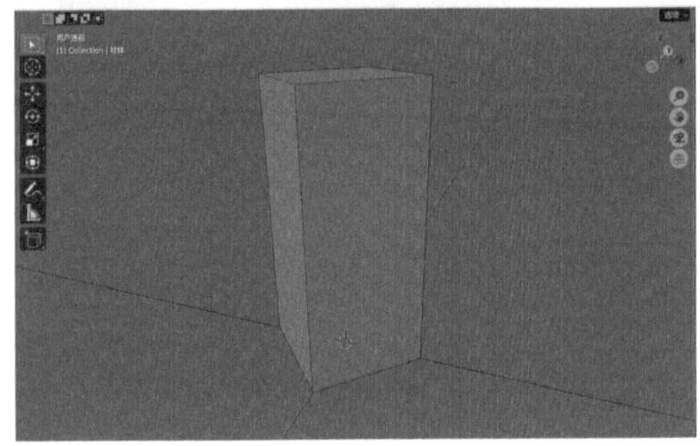

图 2-7

04 设置完成后，柱体模型的视图显示效果如图2-8所示。

图 2-8

05 选择柱体，按Shift+D快捷键，原位复制一个新的柱体，并旋转至图2-9所示位置。

06 选择场景中的两个柱体模型，单击鼠标右键并执行“合并”命令，将其合并为一个模型，如图2-10所示。

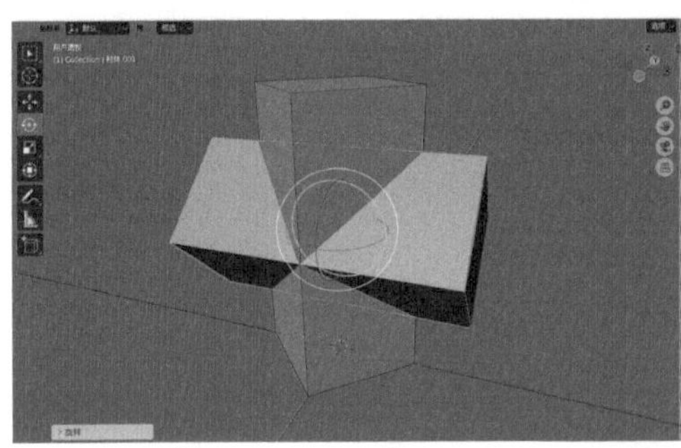

图 2-9

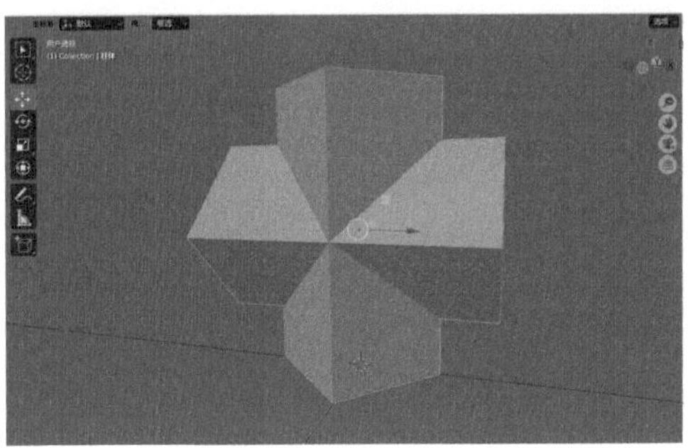

图 2-10

07 在“大纲视图”面板中，更改柱体的名称为“长方体贯穿”，如图2-11所示。这样，一个长方体贯穿石膏模型就制作完成了。

图 2-11

08 执行菜单栏中的“添加>网格>锥体”命令，如图2-12所示。在场景中创建一个锥体模型。

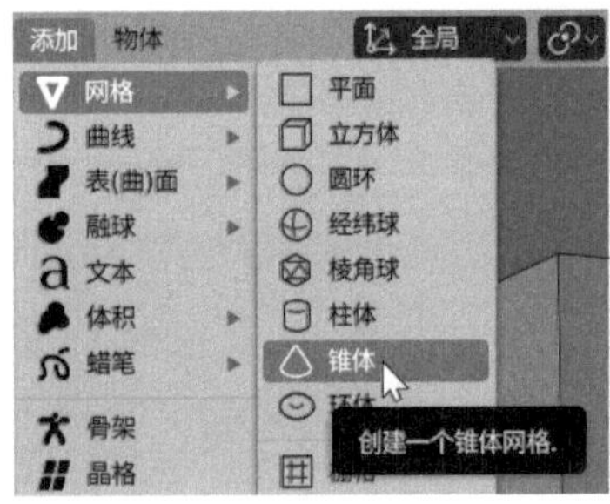

图 2-12

09 在“添加锥体”卷展栏中，设置“顶点”为6，“半径1”为0.07m，“半径2”为0m，“深度”为0.2m，如图2-13所示。

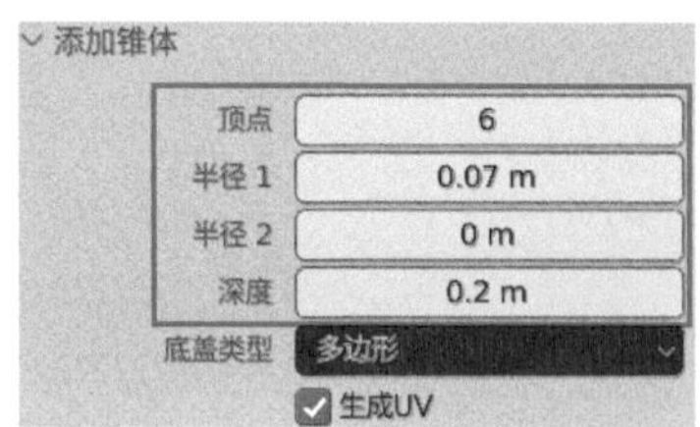

图 2-13

10 在“变换”卷展栏中，设置“位置X”为0.2m，“位置Y”为0m，“位置Z”为0.1m，如图2-14所示。

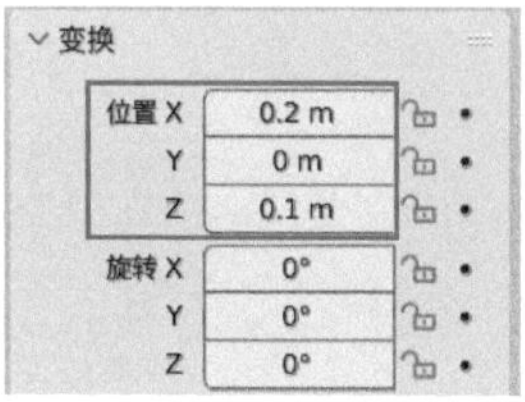

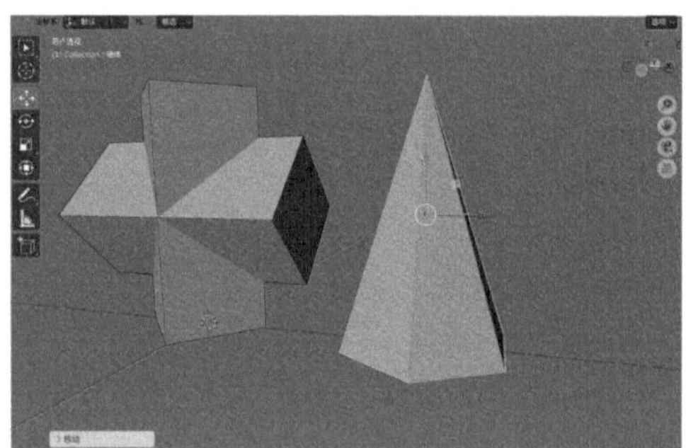

图 2-14

11 设置完成后，锥体的视图显示效果如图2-15所示。

图 2-15

12 在“大纲视图”面板中，更改锥体的名称为“六面锥”，如图2-16所示。这样，一个六面锥石膏模型就制作完成了。最终制作完成的模型效果如图2-17所示。

图 2-16

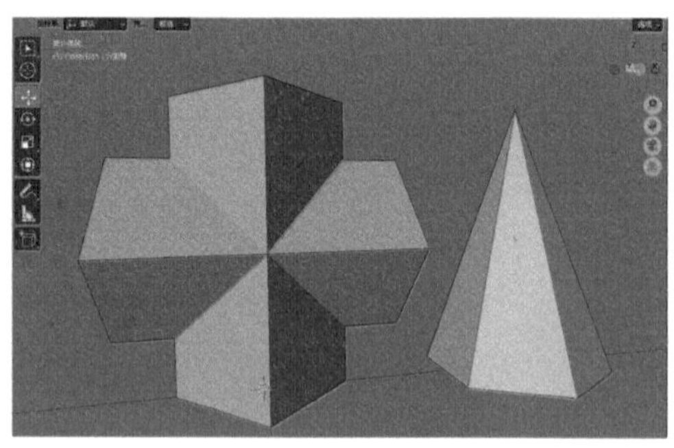

图 2-17

技巧与提示

有关材质及灯光方面的知识，请读者阅读本书相关的章节来进行学习。

2.2.2 平面

执行菜单栏中的“添加>网格>平面”命令，即可在场景中创建一个平面模型，如图2-18所示。

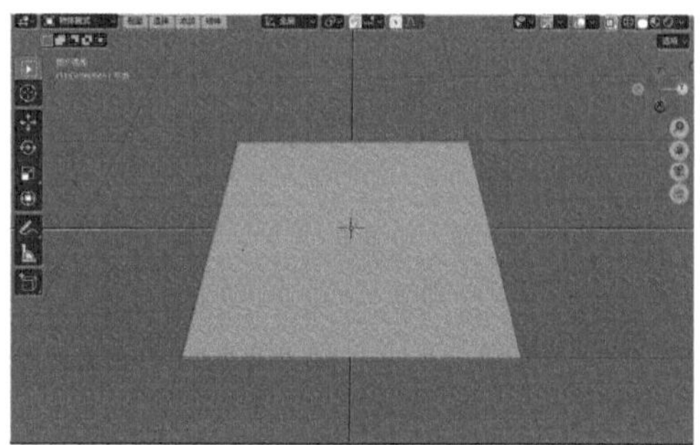

图 2-18

“添加平面”卷展栏如图2-19所示。

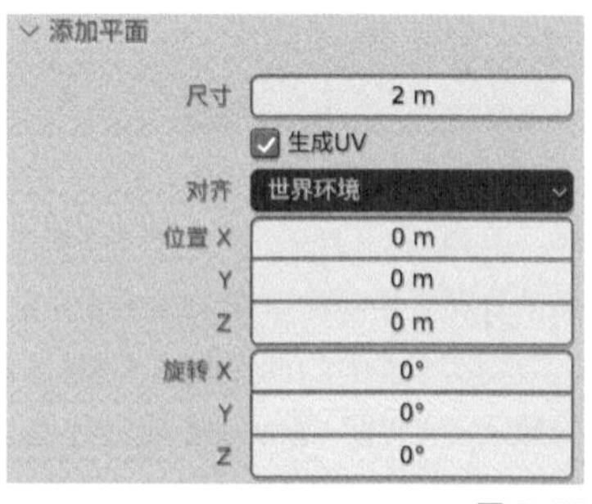

图 2-19

参数解析

- **尺寸：**设置平面的大小。
- **对齐：**设置生成模型的初始对齐环境。
- **位置X/Y/Z：**模型的初始位置。
- **旋转X/Y/Z：**模型的初始方向。

> **技巧与提示**
>
> 这种创建对象的方式与Maya软件默认创建对象的方式极为相似。

2.2.3 经纬球

执行菜单栏中的“添加>网格>经纬球”命令，即可在场景中创建一个球体模型，如图2-20所示。

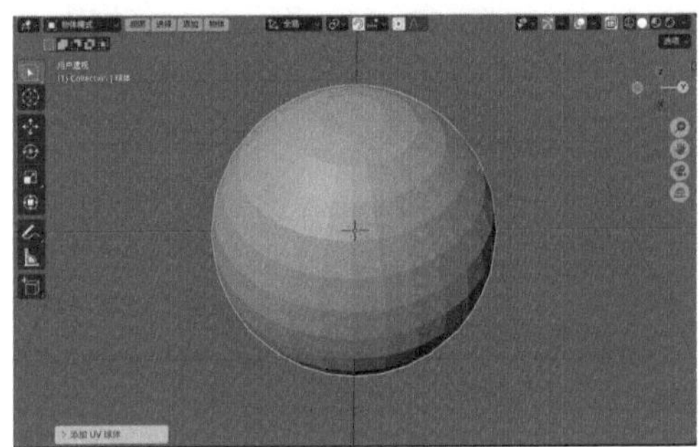

图 2-20

“添加UV球体”卷展栏如图2-21所示。

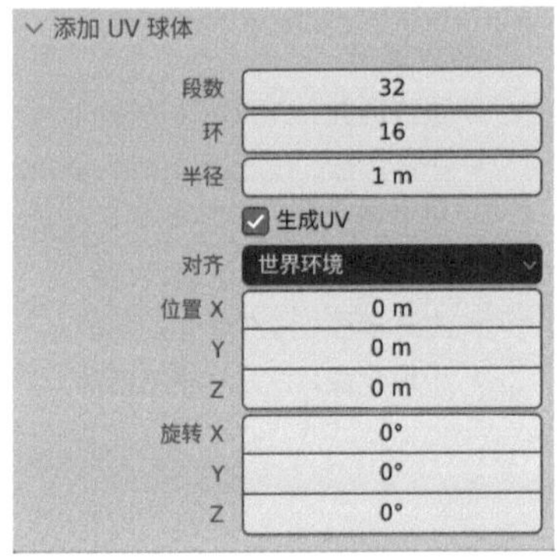

图 2-21

参数解析

- **段数：**设置球体的横向分段数。
- **环：**设置球体的竖向分段数。
- **半径：**设置球体的半径。
- **对齐：**设置生成模型的初始对齐环境。
- **位置X/Y/Z：**模型的初始位置。
- **旋转X/Y/Z：**模型的初始方向。

2.2.4 柱体

执行菜单栏中的“添加>网格>柱体”命令，即可在场景中创建一个柱体模型，如图2-22所示。

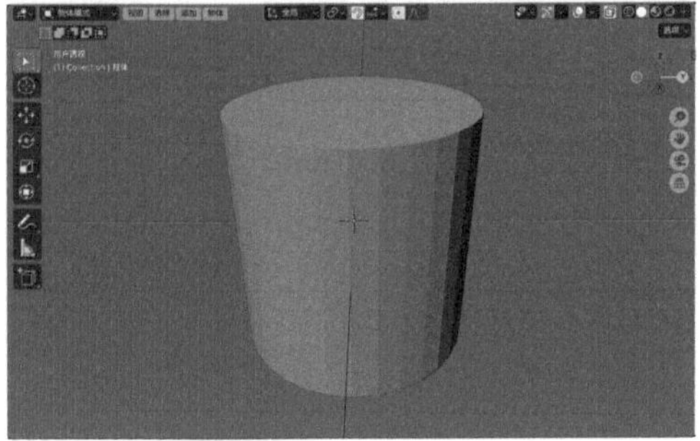

图 2-22

“添加柱体”卷展栏如图2-23所示。

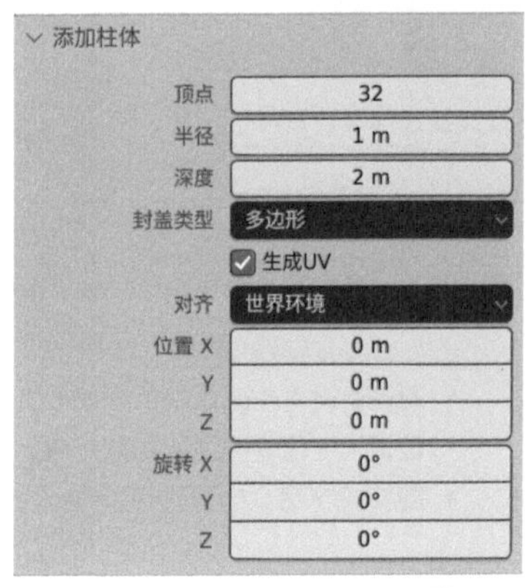

图 2-23

参数解析

- **顶点：**设置柱体的横向分段数。
- **半径：**设置柱体的半径。
- **深度：**设置柱体的高度。
- **封盖类型：**设置柱体的封盖类型，有“无”“多边形”“三角扇片”这3种可选，图2-24 ~ 图2-26所示。

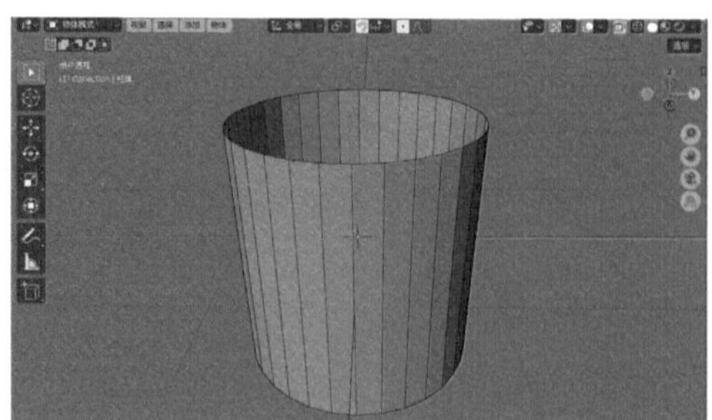

图 2-24

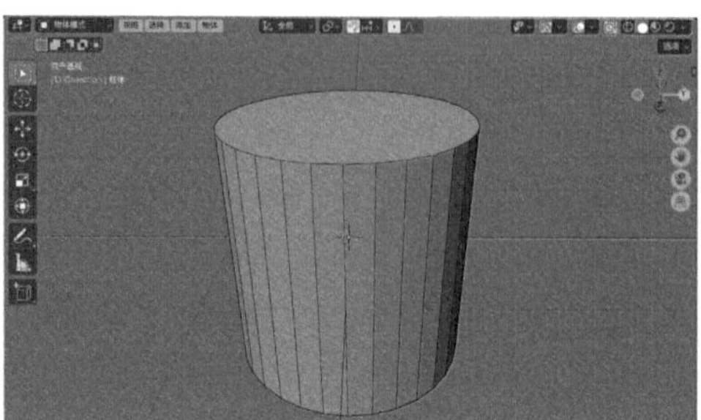

图 2-25

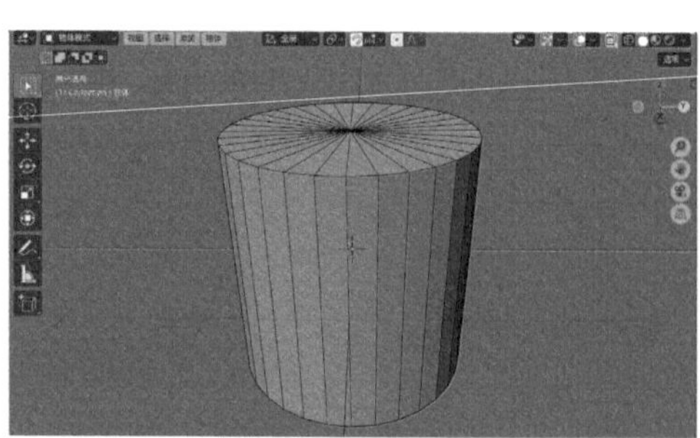

图 2-26

- **对齐：**设置生成模型的初始对齐环境。
- **位置X/Y/Z：**模型的初始位置。
- **旋转X/Y/Z：**模型的初始方向。

2.2.5 环体

执行菜单栏中的“添加>网格>环体”命令，即可在场景中创建一个环体模型，如图2-27所示。

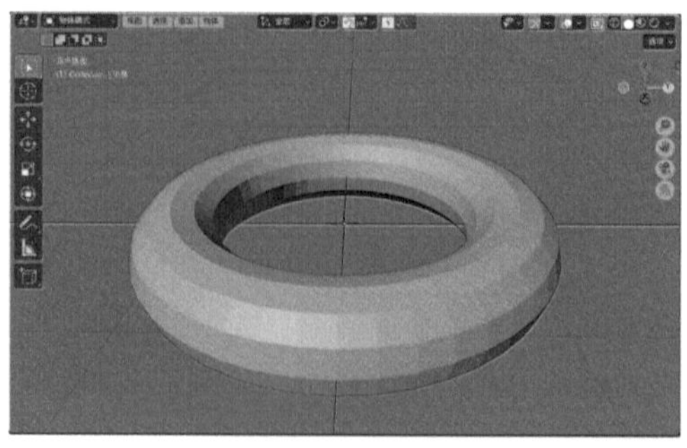

图 2-27

“添加环体”卷展栏如图2-28所示。

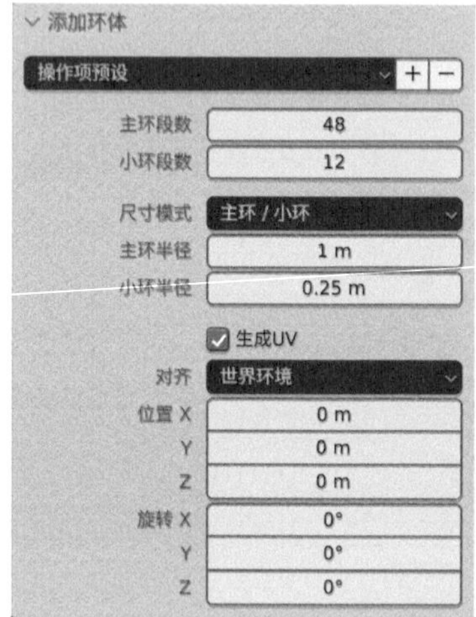

图 2-28

参数解析

- **主环段数：**设置环体的横向分段数。
- **小环段数：**设置环体的纵向分段数。
- **尺寸模式：**设置环体的尺寸模式，有“主环/小环”和“外径/内径”这2种可选。
- **主环半径：**设置环体的外径（半径）尺寸。
- **小环半径：**设置环体的内径（半径）尺寸。

2.3 编辑模式

当用户要对场景中的模型进行编辑时，需要由默认的“物体模式”切换至“编辑模式”，在“编辑模式”中，不但可以清楚地看到模型的边线结构，还可以使用各种各样的建模工具。图2-29和图2-30所示为猴头模型分别处于“物体模式”和“编辑模式”下的视图显示状态。

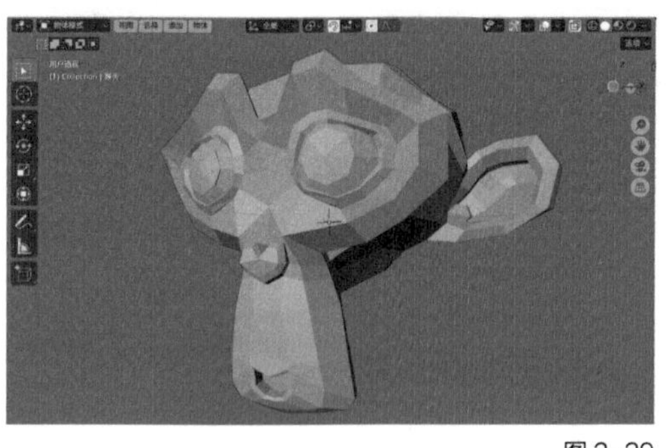

图 2-29

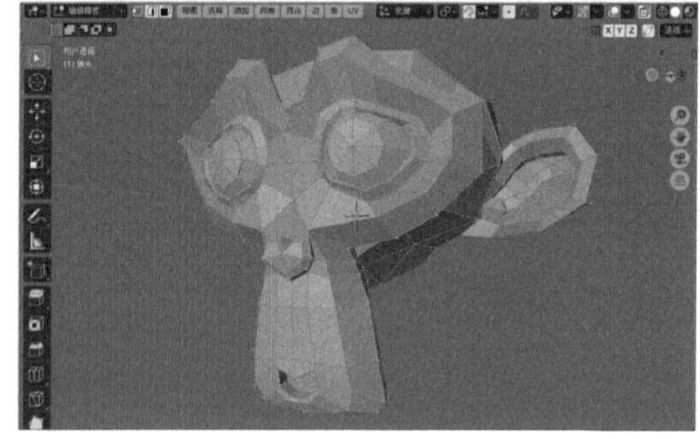

图 2-30

2.3.1 课堂案例：制作罐子模型

效果文件	罐子 .blend
素材文件	无
视频名称	制作罐子模型 .mp4

本案例主要讲解如何使用网格建模技术来制作罐子模型，效果如图2-31所示。

图 2-31

01 启动Blender，选择场景中自带的立方体模型，如图2-32所示。

02 按Tab键，进入“编辑模式”，选择图2-33所示的点。

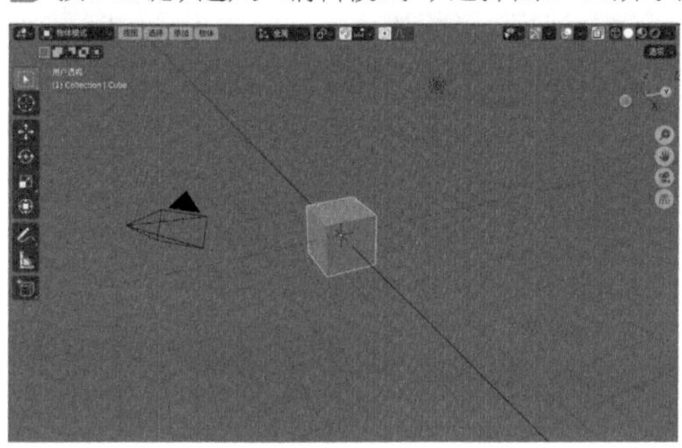

图 2-32

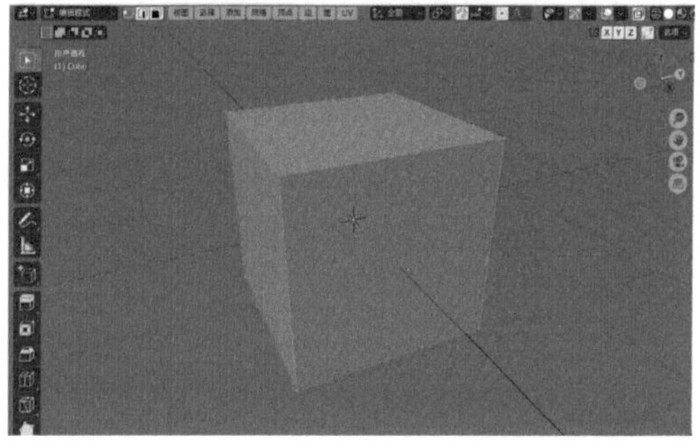

图 2-33

03 按M键，在弹出的菜单中执行“合并>到中心”命令，如图2-34所示。

04 这样，所选择的顶点就会合并为一个点，如图2-35所示。

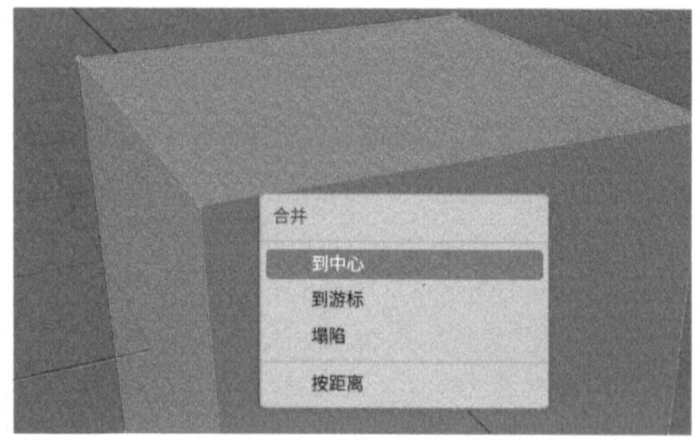

图 2-34

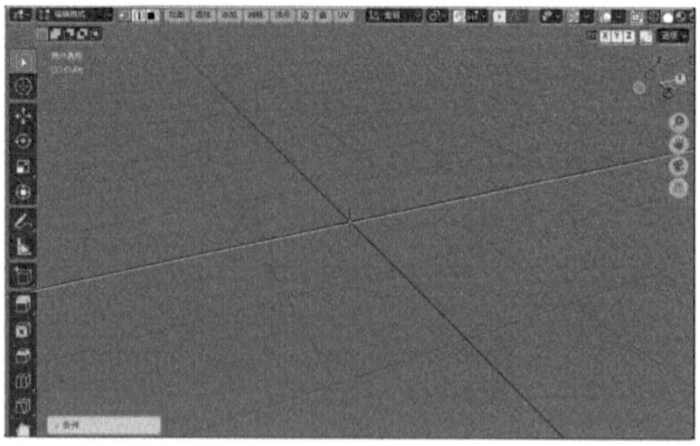

图 2-35

05 在“正交前视图”中，选择顶点，多次按E键，对点进行挤出操作，制作出罐子模型的剖面线条，如图2-36所示。

技巧与提示

多余的顶点则可以按X键，执行“删除/融并顶点”命令来进行删除。

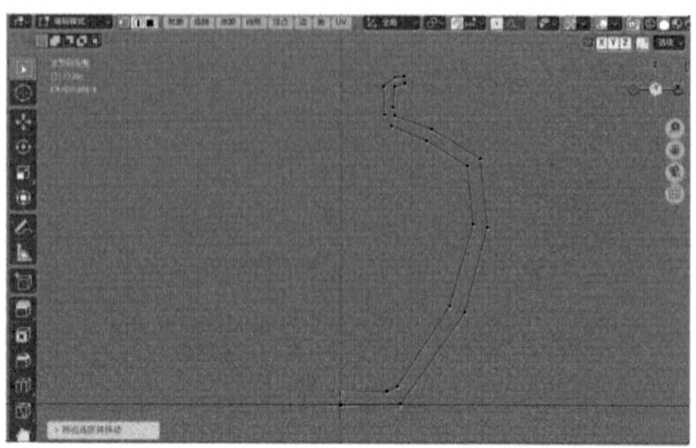

图 2-36

06 观察罐子底部的线条，如图2-37所示。可以使用“环切”工具来添加顶点，并使用“移动”工具来调整顶点至图2-38所示位置，制作出罐子底部的细节。

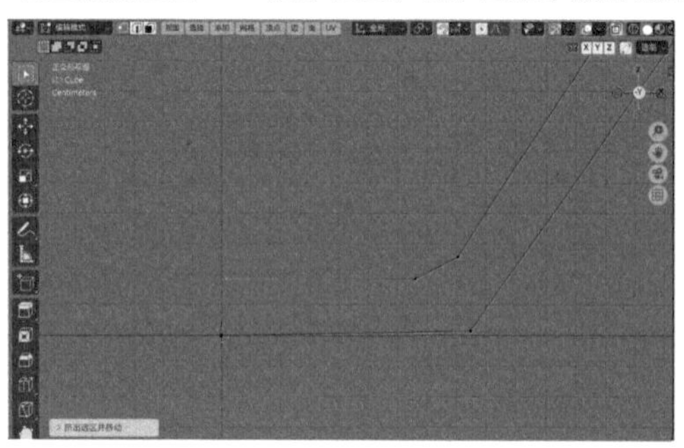

图 2-37

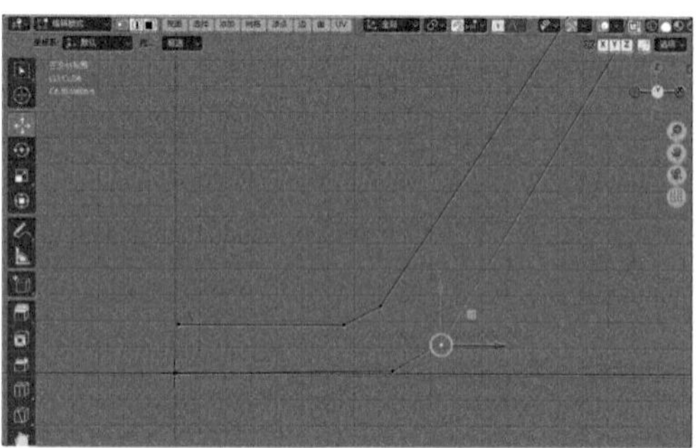

图 2-38

07 选择所有的顶点，如图2-39所示。

08 使用“旋绕”工具制作出图2-40所示的模型效果。

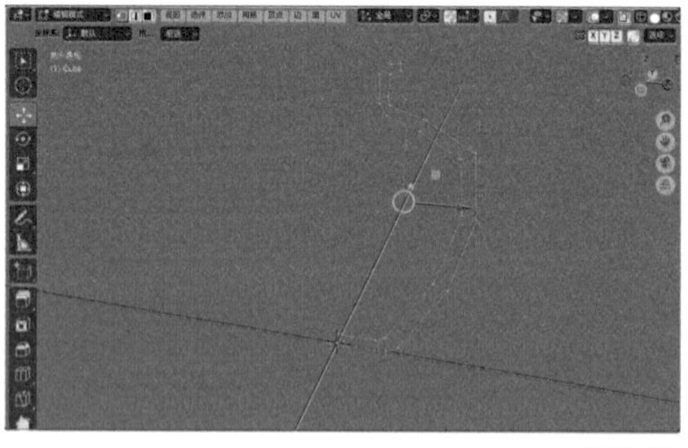

图 2-39

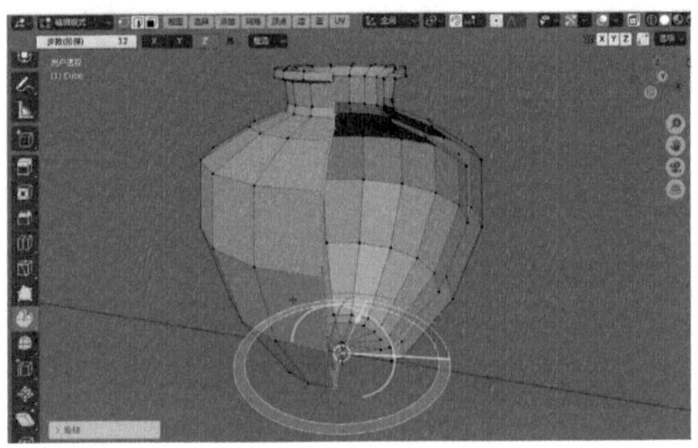

图 2-40

09 在“旋绕”卷展栏中，设置“步数(阶梯)”为16，“角度”为360°，如图2-41所示。

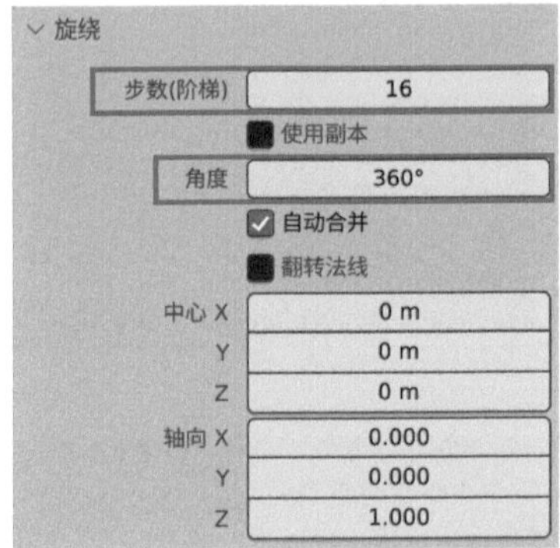

图 2-41

10 再次按Tab键，退出“编辑模式”，进入“物体模式”后，罐子模型如图2-42所示。

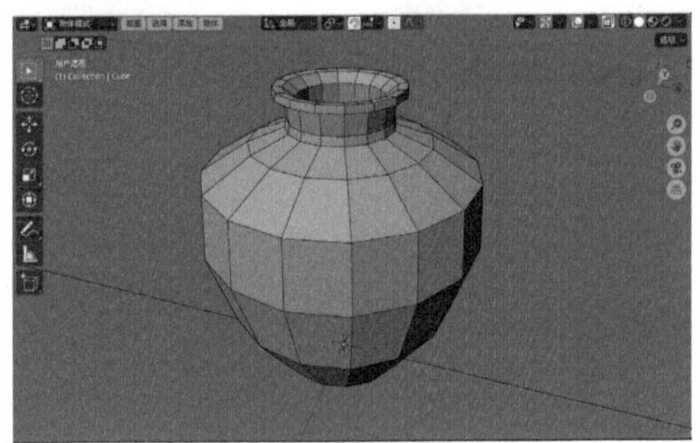

图 2-42

11 在“修改器”面板中，为罐子模型添加“多级精度”修改器，如图2-43所示，并单击“细分”按钮2次。

12 设置完成后，最终制作完成的模型结果如图2-44所示。

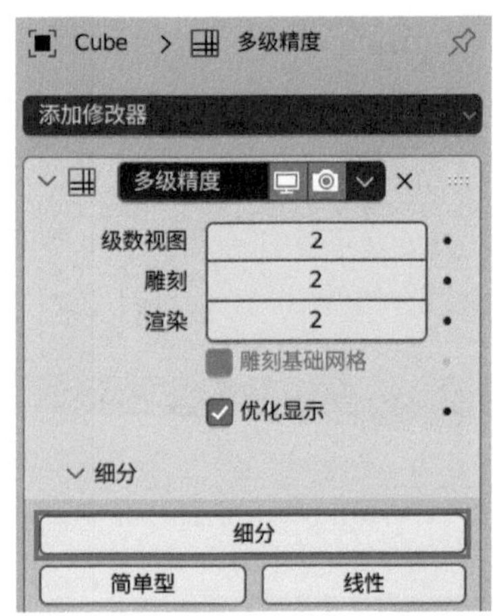

图 2-43

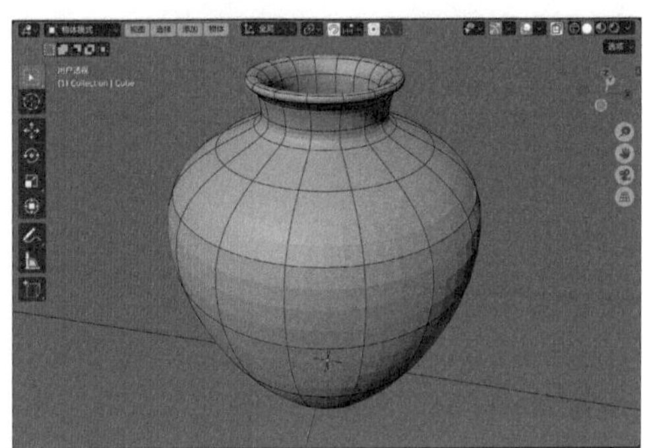

图 2-44

2.3.2 课堂案例：制作方桌模型

效果文件	方桌 .blend
素材文件	无
视频名称	制作方桌模型 .mp4

本案例主要讲解如何使用网格建模技术来制作方桌模型，效果如图2-45所示。

图 2-45

图 2-45（续）

01 启动Blender，选择场景中自带的立方体模型，如图2-46所示。

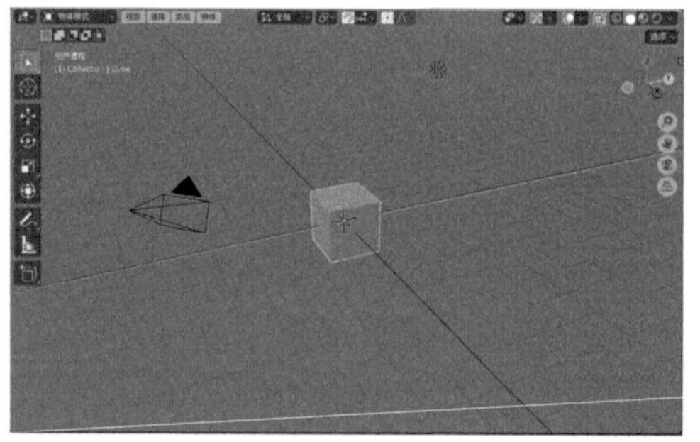

图 2-46

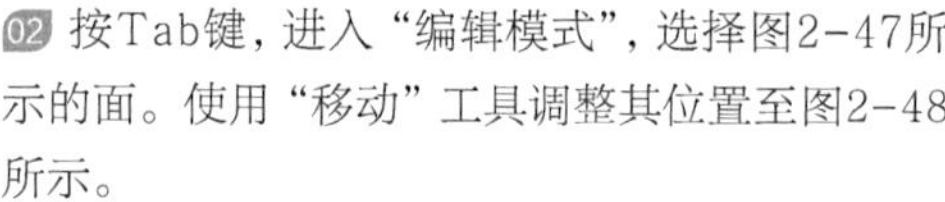

02 按Tab键，进入“编辑模式”，选择图2-47所示的面。使用“移动”工具调整其位置至图2-48所示。

03 使用“环切”工具在图2-49所示的位置处，为模型添加边线，并使用“缩放”工具调整边线至图2-50所示位置。

04 使用“环切”工具再次为模型添加边线，如图2-51所示。

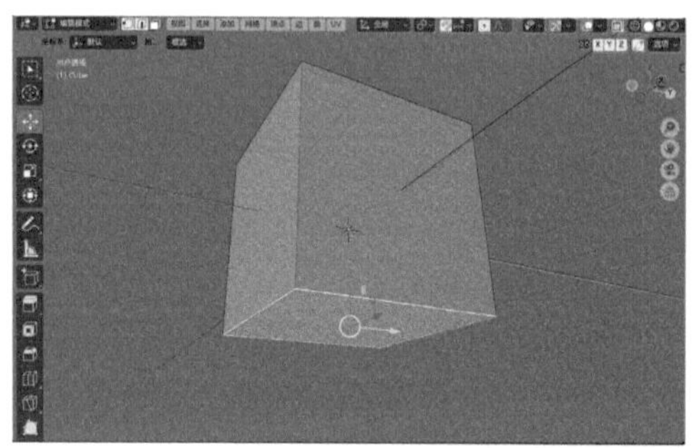

图 2-47

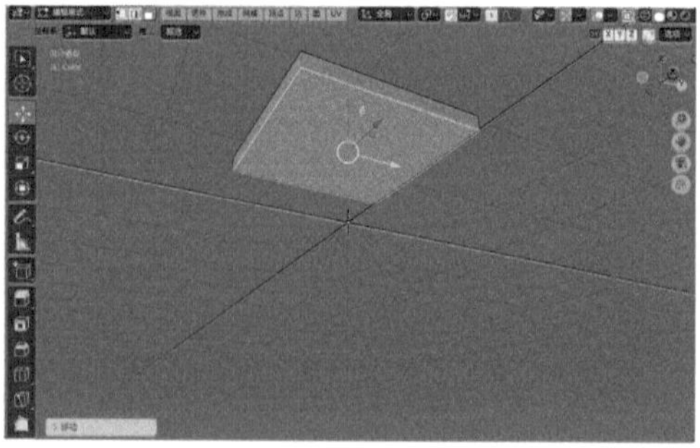

图 2-48

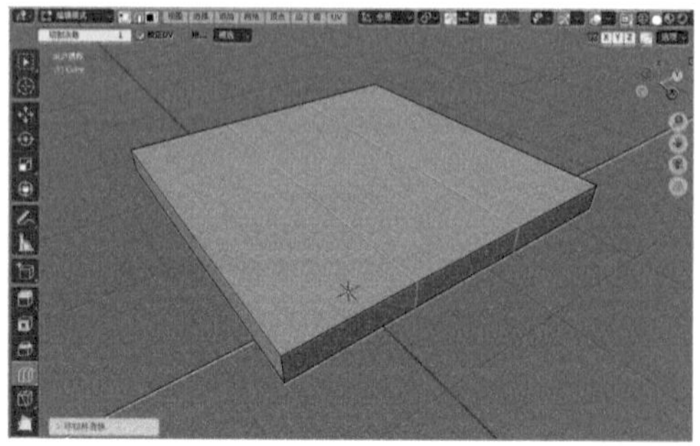

图 2-49

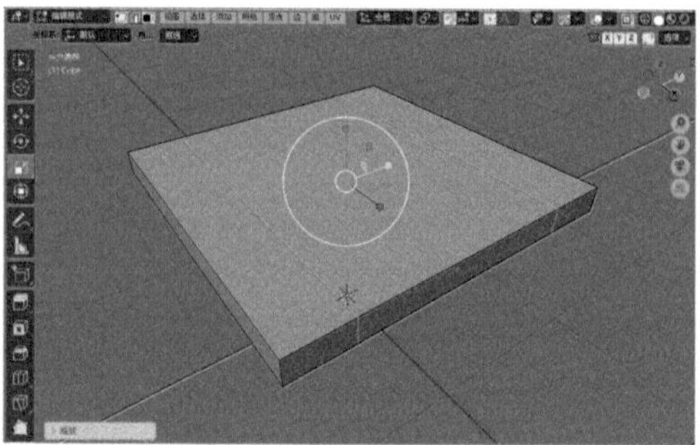

图 2-50

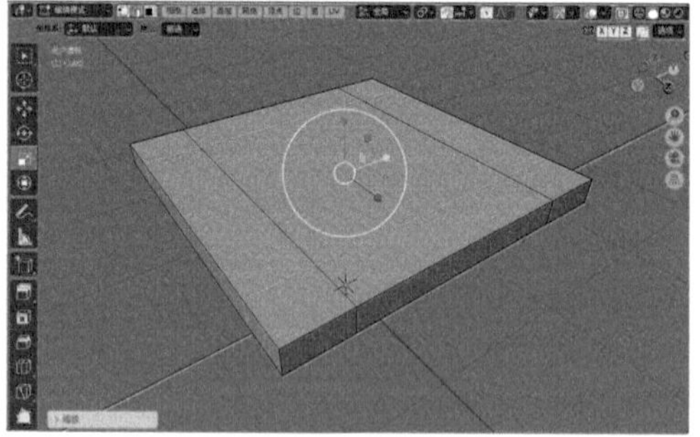

图 2-51

05 按住Shift键，加选图2-52所示的边线。

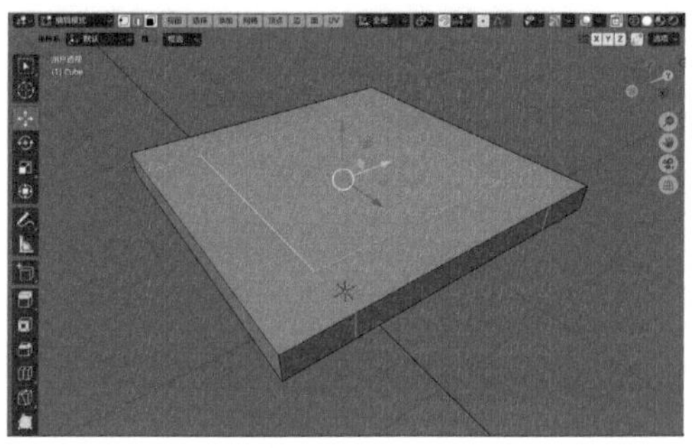

图 2-52

> **技巧与提示**
>
> 按住Alt键，单击边线，则可以快速选择循环边线。如要加选别的循环边线，则需要同时按住Alt+Shift键并单击边线。

06 使用“倒角”工具制作出图2-53所示的模型结果。

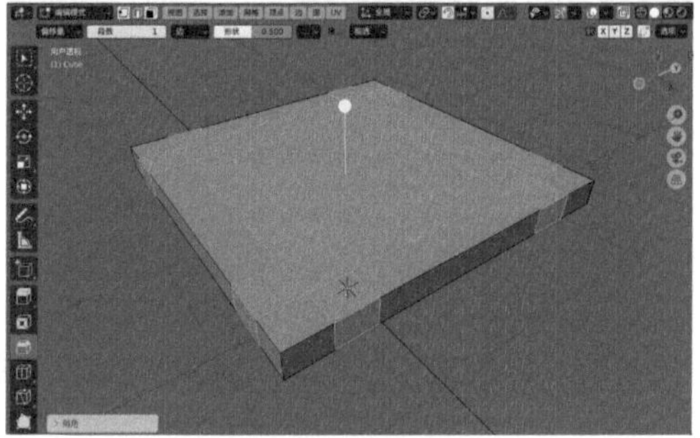

图 2-53

07 选择图2-54所示的面，使用“挤出选区”工具制作出图2-55所示的模型结果。

08 选择图2-56所示的面，使用“内插面”工具制作出图2-57所示的模型结果。

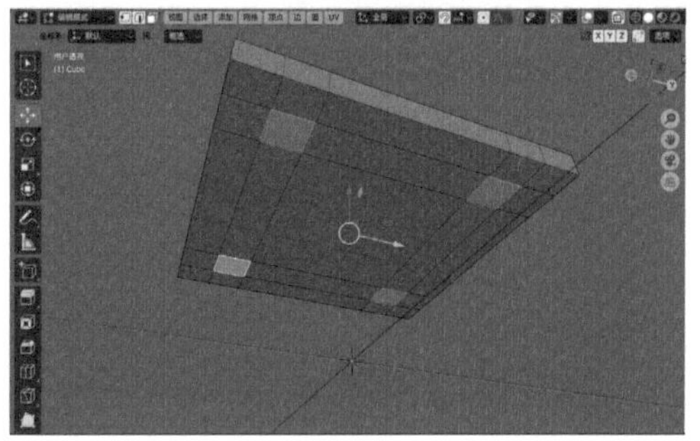

图 2-54

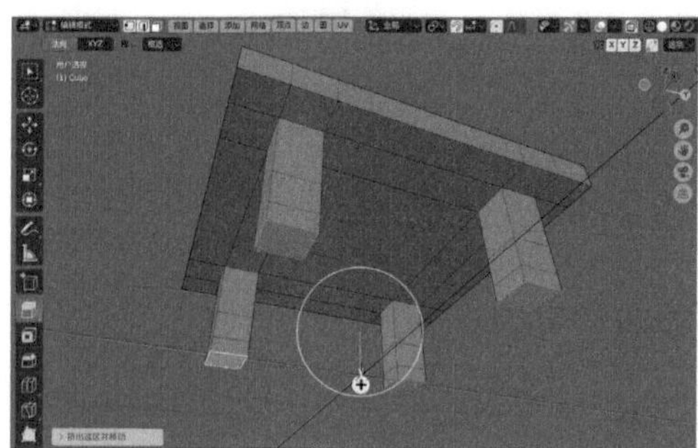

图 2-55

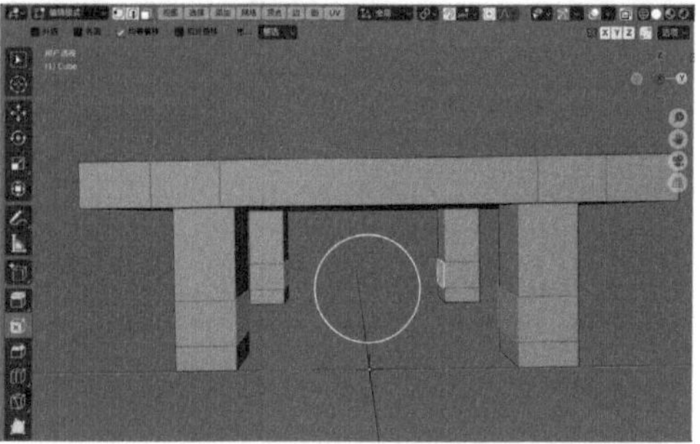

图 2-56

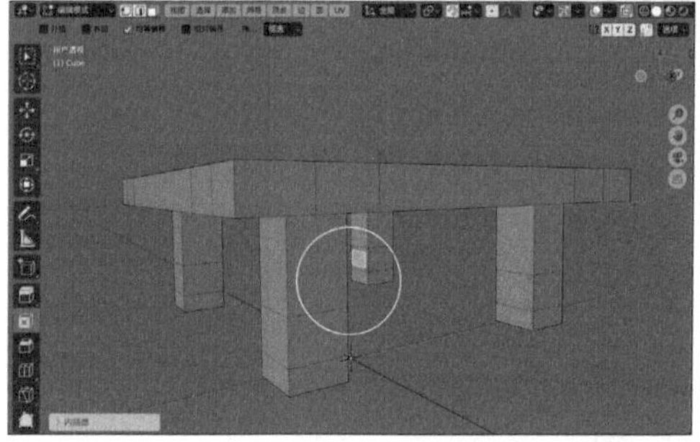

图 2-57

09 选择图2-58所示的2个面，单击鼠标右键并执行“桥接面”命令，得到图2-59所示的模型结果。

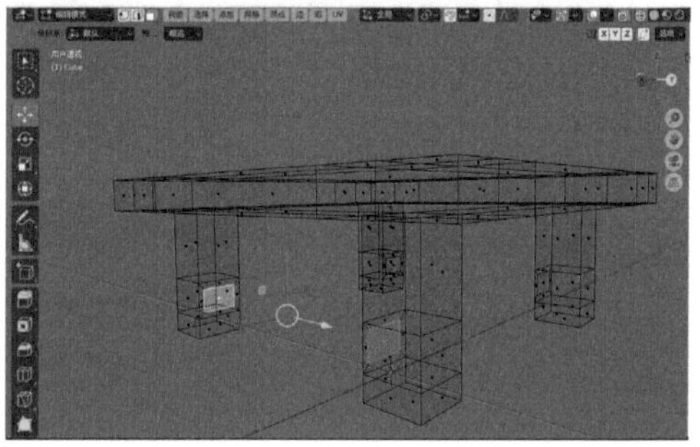

图 2-58

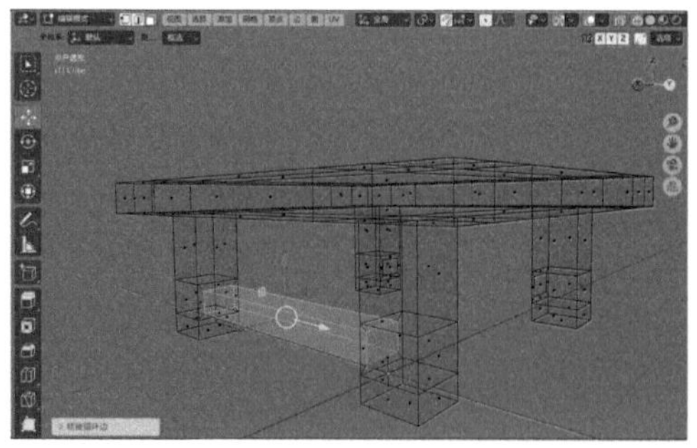

图 2-59

⑩ 使用同样的操作步骤，制作出方桌桌腿上的其他连接结构，如图2-60所示。

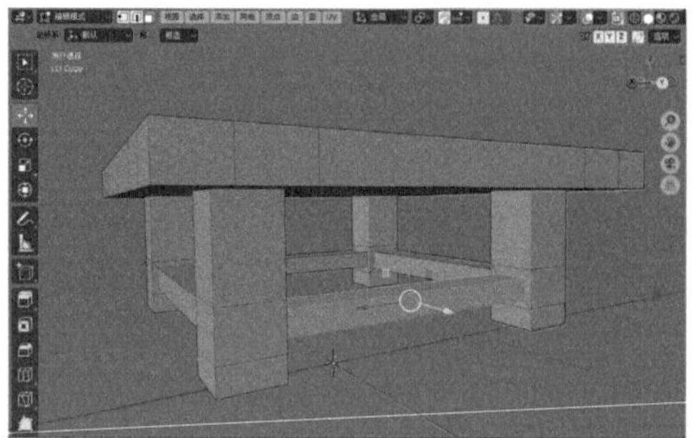

图 2-60

⑪ 再次按Tab键，退出“编辑模式”，进入“物体模式”后，方桌模型如图2-61所示。

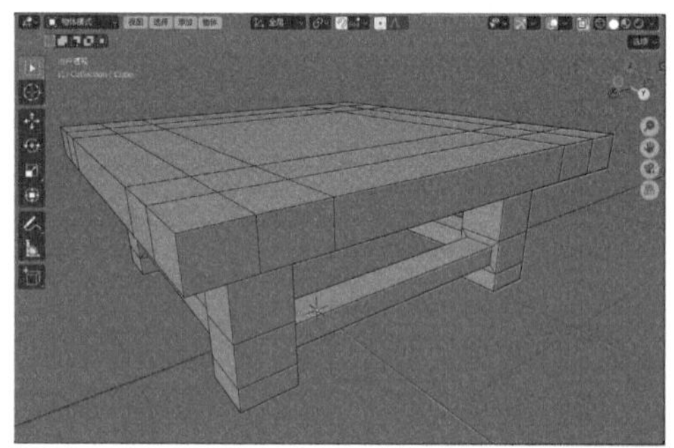

图 2-61

⑫ 在“修改器”面板中，为方桌模型添加“倒角”修改器，并设置“(数)量”为0.005m，如图2-62所示。

⑬ 设置完成后，最终制作完成的模型效果如图2-63所示。

图 2-62

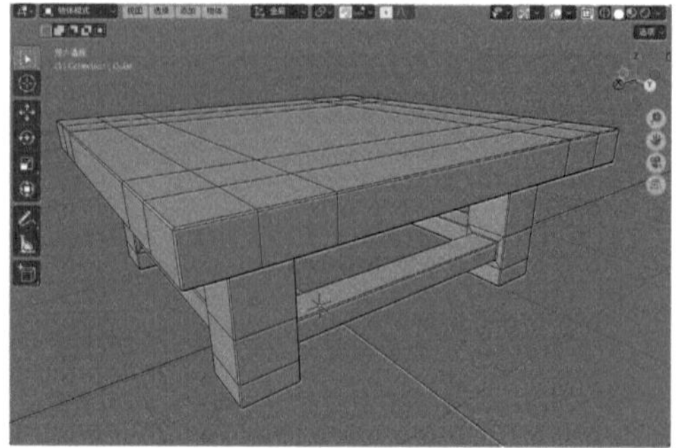

图 2-63

2.3.3 选择模式

网格对象的选择模式分为“点选择模式”“边选择模式”“面选择模式”，可通过单击“编辑模式”后面的3个按钮来进行切换，如图2-64所示。

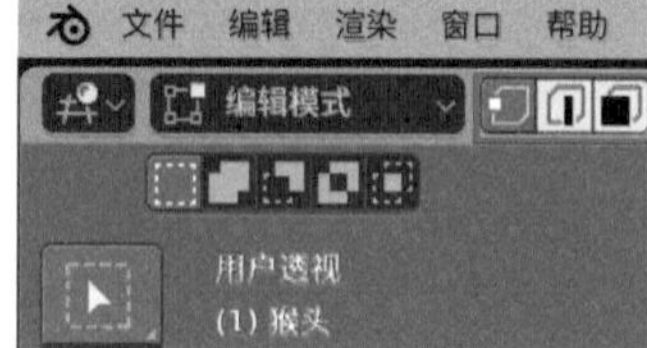

图 2-64

技巧与提示

点选择模式的快捷键是1。
边选择模式的快捷键是2。
面选择模式的快捷键是3。

2.3.4 衰减编辑

“衰减编辑”的效果类似于3ds Max和Maya

软件中的“软选择”。通过单击“衰减编辑”按钮来启动该功能，并通过设置“衰减方式”来控制该功能所产生的结果，如图2-65所示。

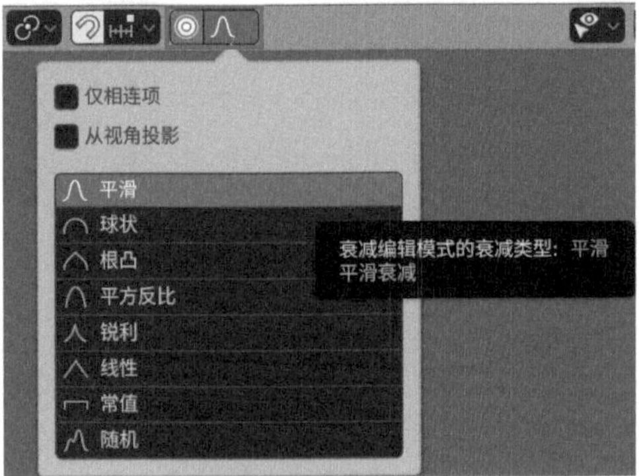

图 2-65

2.3.5 常用编辑工具

进入模型的“编辑模式”后，可以在软件界面左侧的“工具栏”中找到Blender为用户提供的较为常用的编辑工具图标，如图2-66所示。

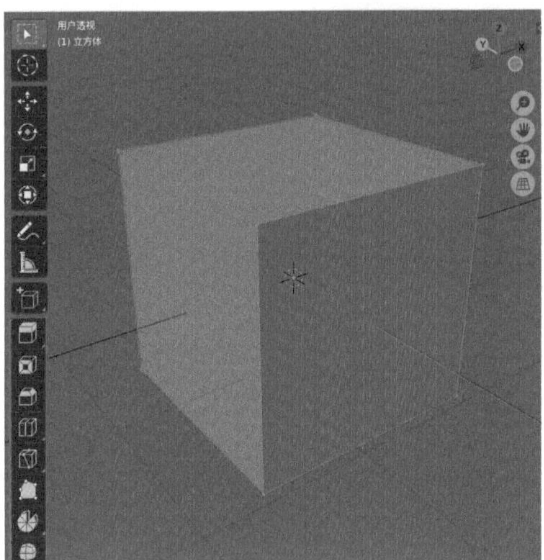

图 2-66

技巧与提示

隐藏/显示软件界面左侧“工具栏”的快捷键为T。

工具解析

- **挤出选区：**对所选择的面进行挤出，如图2-67所示。

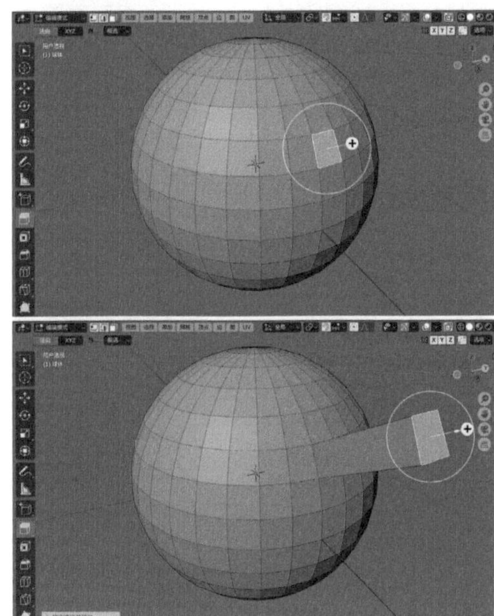

图 2-67

- **沿法向挤出：**对所选择的面沿法线方向进行挤出，如图2-68所示。

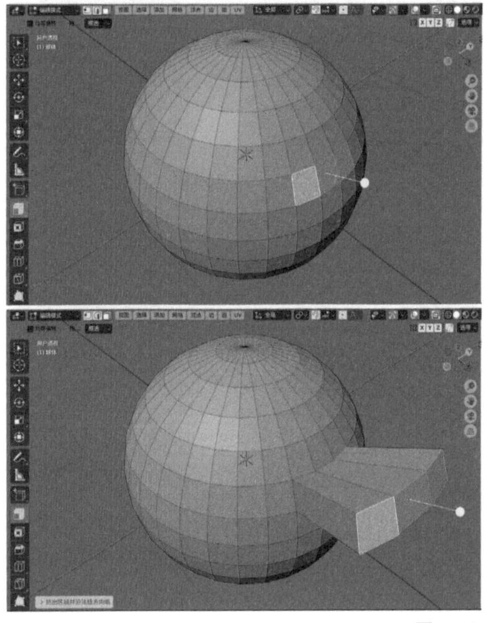

图 2-68

• **挤出各个面：**对所选择的面沿面的朝向分别进行挤出，如图2-69所示。

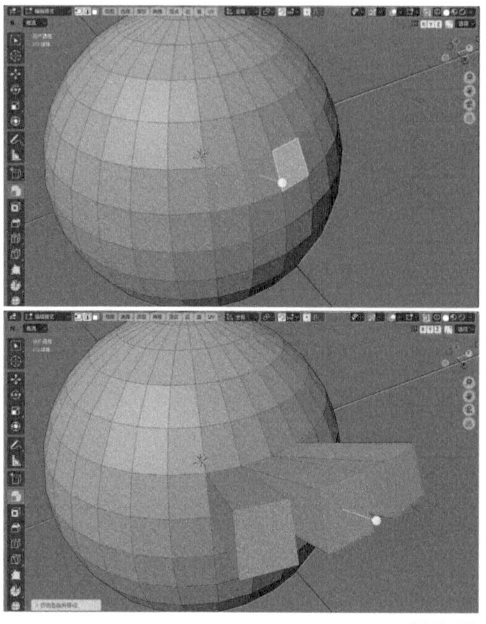

图 2-69

• **挤出至光标：**对所选择的面沿光标的位置进行挤出，如图2-70所示。

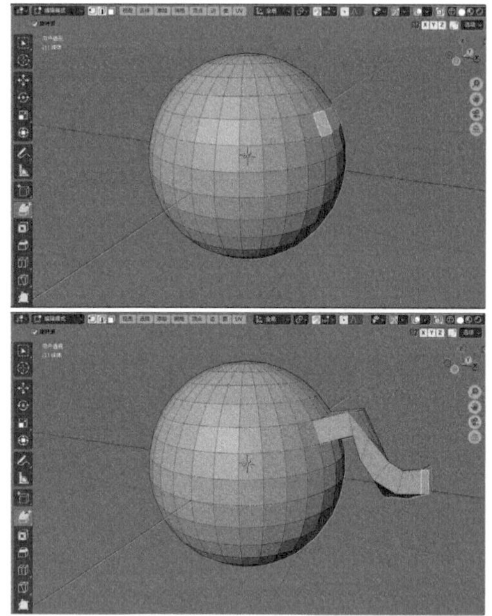

图 2-70

• **内插面：**在所选择的面内插入一个新的面，如图2-71所示。

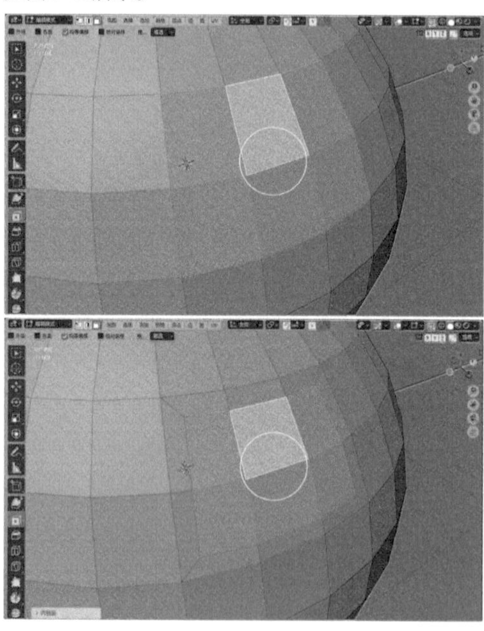

图 2-71

• **倒角：**对所选择面的边缘处进行倒角处理，如图2-72所示。

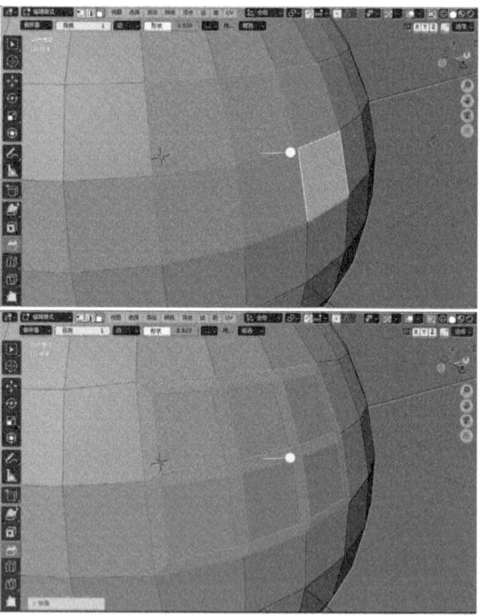

图 2-72

• **环切：**对模型进行环形切割，如图2-73所示。

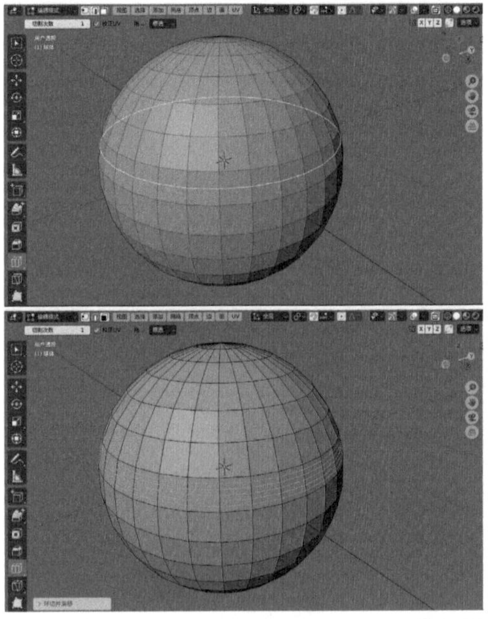

图 2-73

- **切割：** 对模型的面进行切割，将其分割为多个面，如图2-74所示。

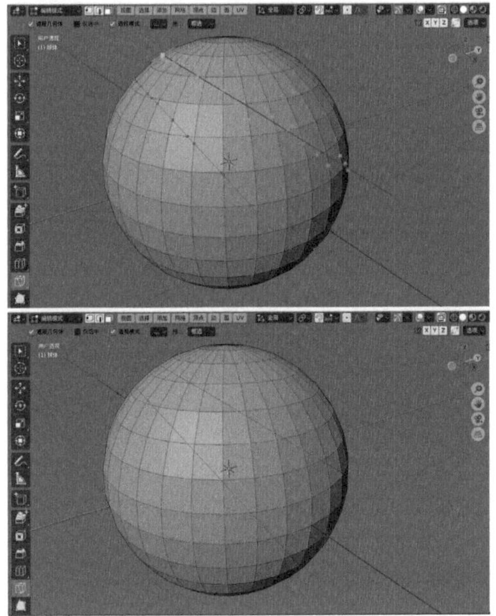

图 2-74

- **多边形建形：** 通过调整网格顶点来修改模型的形态。
- **旋绕：** 对所选择的顶点进行旋转挤出而生成模型。
- **光滑：** 平滑所选择顶点的边角。
- **随机：** 对所选择的顶点进行随机移动，如图2-75所示。

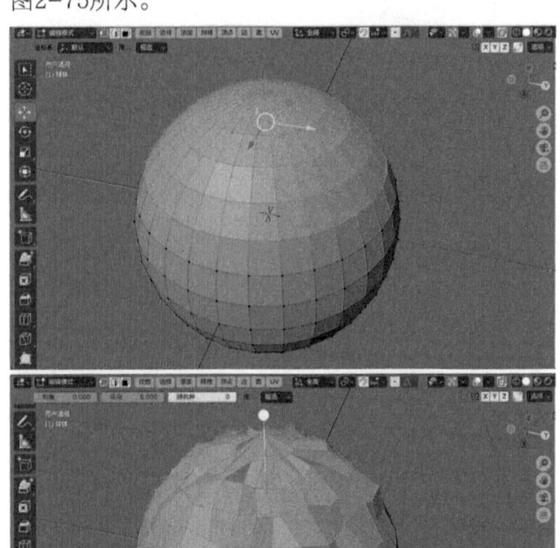

图 2-75

2.4 雕刻模式

Blender提供了多种雕刻工具来帮助用户在软件中制作细节丰富的模型效果。用户可以先使用网格建模技术制作出模型的大概形态，再切换至“雕刻模式”使用雕刻工具来细化模型。

2.4.1 课堂案例：制作石头模型

效果文件	石头 .blend
素材文件	无
视频名称	制作石头模型 .mp4

本案例主要讲解如何使用网格建模技术来制作出石头的大概形体，再通过雕刻的方式来增加细节，效果如图2-76所示。

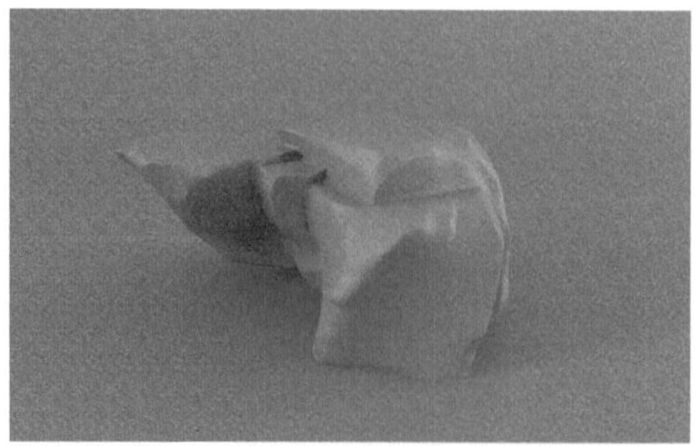

图 2-76

01 启动Blender，选择场景中自带的立方体模型，如图2-77所示。

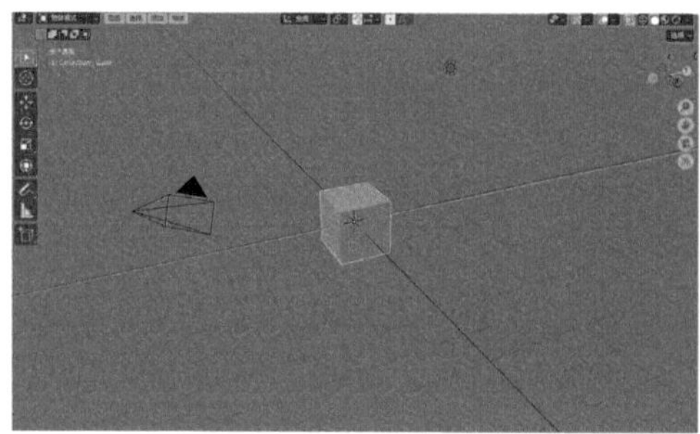

图 2-77

02 按Shift+D快捷键，对其进行复制，并调整其至图2-78所示位置。

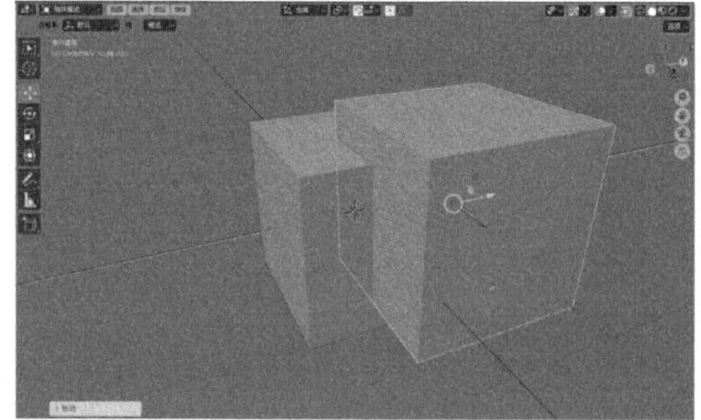

图 2-78

03 选择立方体模型，再次对其进行复制，并调整立方体模型至图2-79所示位置。

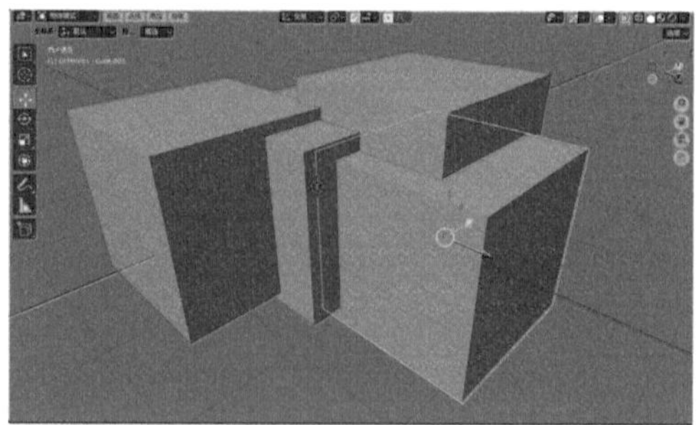

图 2-79

04 选择场景中的4个立方体模型，单击鼠标右键并执行“合并”命令，将其合并为一个模型。设置完成后，在“大纲视图”面板中更改模型的名称为“石头”，如图2-80所示。

图 2-80

05 将当前的“物体模式”切换至“雕刻模式”，如图2-81所示。

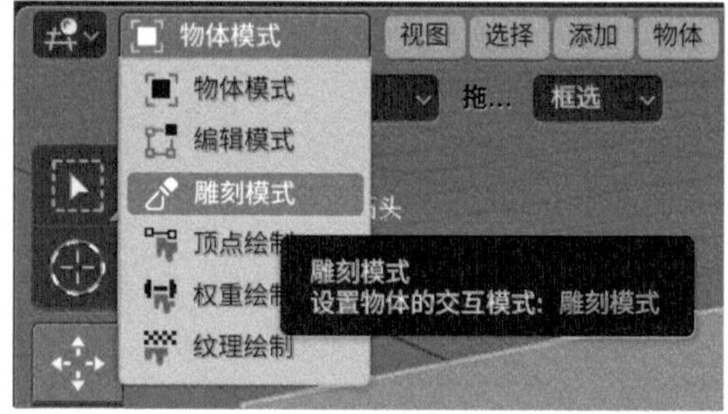

图 2-81

06 按Shift+Z快捷键，将视图的显示方式切换至“线框”显示方式，如图2-82所示。我们可以看到石头模型的面数非常少，以及模型面与面之间的交叉状态。

07 单击面板上方右侧的“重构网格”选项，设置“体素大小”为0.05m，再单击下方的“重构网格”按钮，如图2-83所示。

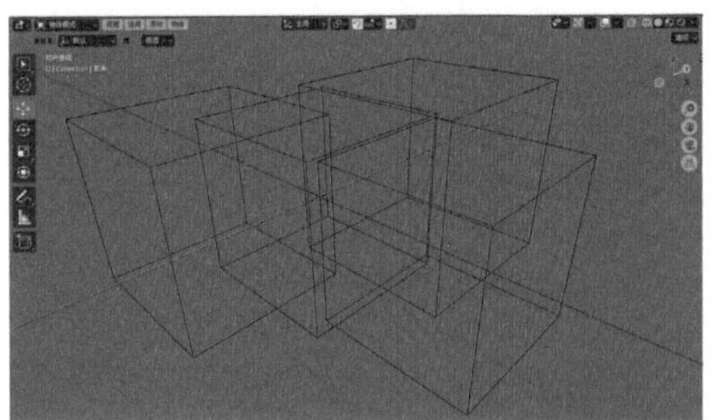
图 2-82

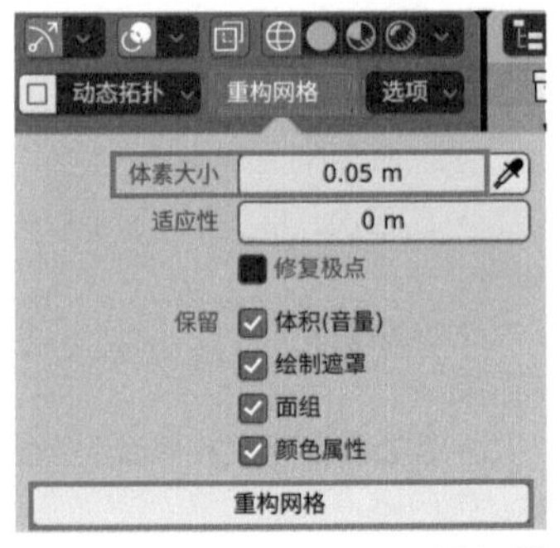

图 2-83

08 设置完成后，可以看到现在石头模型的面数增加了许多，如图2-84所示。

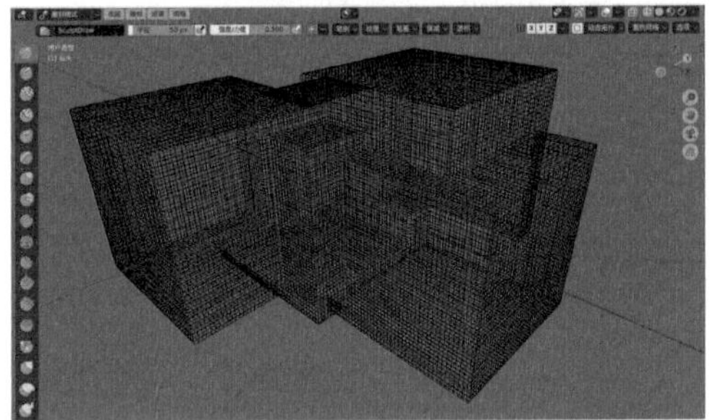
图 2-84

09 使用“刮削”笔刷在石头的边缘处反复进行绘制，刮石头的边缘，如图2-85和图2-86所示。

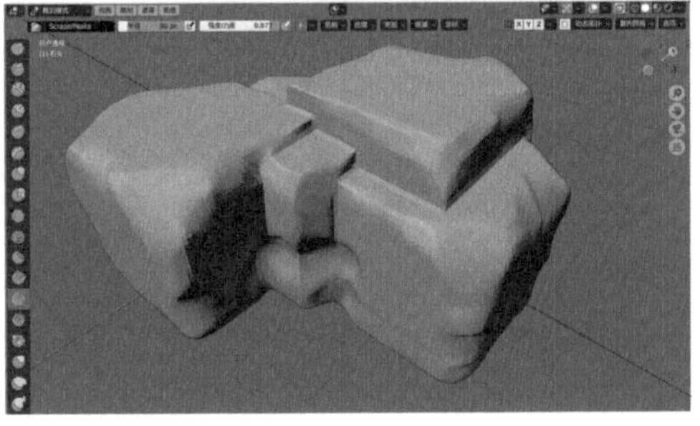
图 2-85

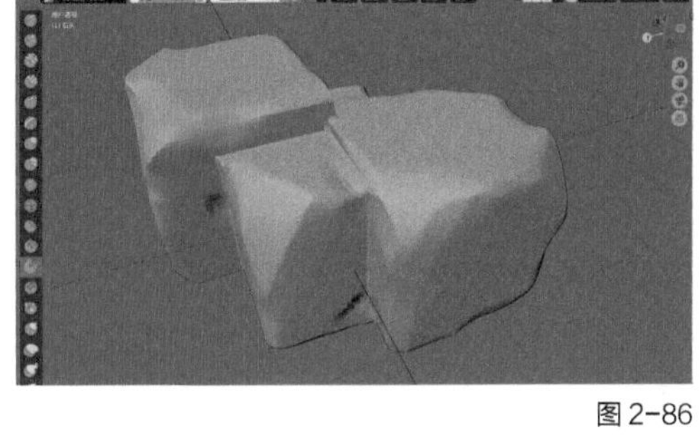
图 2-86

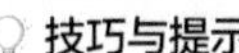
技巧与提示

使用“刮削”笔刷可以将模型上较为尖锐的部分刮掉磨平，在进行具体操作时，读者还应不断调整笔刷的“半径”及“强度/力度”，如图2-87所示。

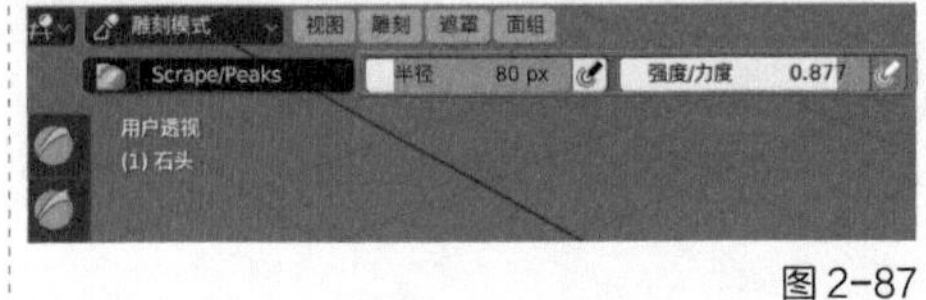

图 2-87

10 在“修改器”面板中，为石头模型添加“简易形变”修改器，单击“扭曲”按钮，设置“角度”为60°，“轴向”为Z，如图2-88所示。

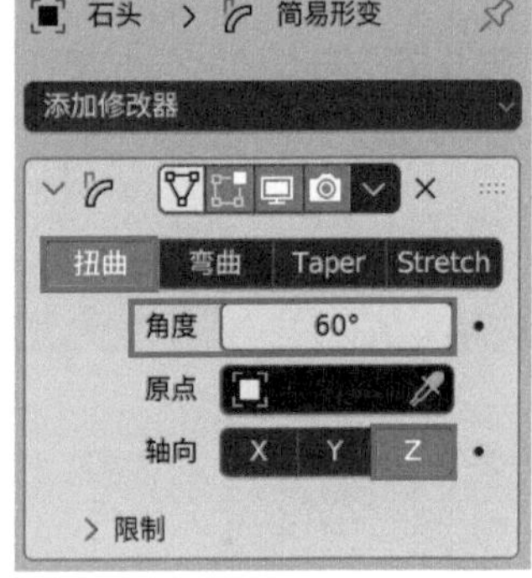

图 2-88

11 设置完成后，石头模型的视图显示效果如图2-89所示。

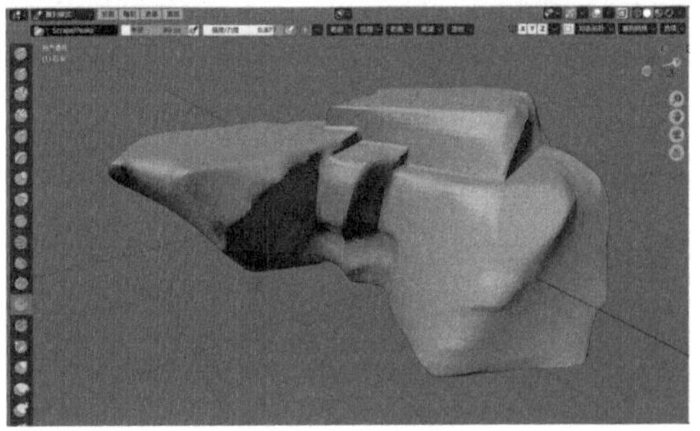
图 2-89

> **技巧与提示**
>
> 在"简易形变"修改器中，读者也可以尝试单击"弯曲"、Taper(锥化)、Stretch(拉伸)按钮来制作出形态各异的石头模型。

2.4.2 创建雕刻场景

除了将场景中的模型通过"重构网格"命令转为可雕刻状态来进行雕刻建模，我们还可以在启动界面中将"新建文件"选择为"雕刻"，如图2-90所示。这样，场景中默认创建的模型则不是立方体，而是一个面数较多的球体模型，如图2-91所示。

图2-90

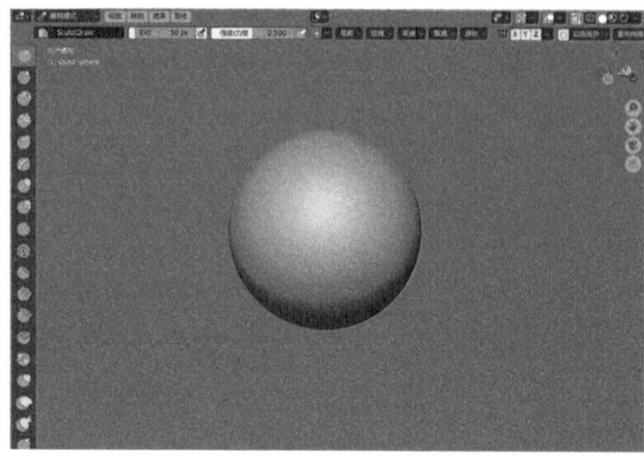

图2-91

2.4.3 常用雕刻工具

切换至"雕刻模式"后，软件界面左侧的工具栏会自动显示与雕刻有关的笔刷工具图标。下面，就一起来了解一下其中较为常用的笔刷工具。

- **自由线：**根据曲面的方向来向内或向外推动模型的面。
- **显示锐边：**与自由线接近，用于在曲面上绘制出更加尖锐的面结构。
- **黏塑：**与自由线接近，用于在曲面上绘制较为平坦的面结构。
- **黏条：**用于在曲面上绘制出由连续方形所组成的面结构。
- **指推：**用于在曲面上像使用手指推动一样来推动模型的面。
- **层次：**用于在曲面上以均匀的强度来推动模型的表面。
- **膨胀：**用于在曲面上绘制出膨胀或收缩的模型效果。
- **球体：**用于在曲面上绘制由连续球状所组成的面结构。
- **折痕：**用于在曲面上绘制较为尖锐的折痕效果。
- **光滑：**用于平滑曲面上的结构。
- **平化：**用于推平曲面。
- **填充：**以向外推面的方式来填充凹陷的地方。
- **刮削：**用来刮去曲面上凸起的地方。
- **多平面刮削：**同时使用两个倾斜的平面来刮削曲面，并形成锋利凸起的边缘。
- **夹捏：**以夹捏的方式把顶点拉向笔刷的中心。
- **抓起：**使用笔刷来抓起曲面上的顶点。
- **弹性变形：**与抓起接近，以更加平滑的方式移动曲面上的顶点。
- **蛇形钩：**用于揪起顶点。
- **拇指：**推动曲面上的顶点。
- **姿态：**用于立体旋转笔刷覆盖的表面区域。
- **推移：**推动曲面。
- **旋转：**根据笔刷中心点的位置来旋转笔刷覆盖的曲面。
- **滑动松弛：**对面较为密集的区域进行松弛。
- **边界范围：**用于变换网格的边界。
- **布料：**用于在曲面上快速绘制布料褶皱。
- **简化：**用于清理短边区域的网格。

- **遮罩：** 绘制出遮罩的区域。
- **绘制面组：** 在曲面上绘制面组。
- **多精度置换橡皮擦：** 删除曲面上顶点的置换效果。
- **多精度置换涂抹：** 以涂抹的方式更改曲面上顶点的置换效果。
- **绘制：** 在曲面上绘制颜色。
- **涂抹：** 对绘制的颜色进行抹除。
- **框选遮罩：** 以框选的方式选择遮罩的区域。
- **框选隐藏：** 在曲面上隐藏被框选的区域。
- **框选面组：** 以框选的方式来设置面组。
- **框选修剪：** 以框选的方式来修剪模型。
- **线投影：** 将曲面上顶点的位置投影到线上。
- **网格滤镜：** 膨胀/挤压曲面。
- **布料滤镜：** 在膨胀/挤压曲面时模拟出布料褶皱效果。
- **色彩滤镜：** 清除色彩。
- **编辑面组：** 扩大面组的区域。
- **按颜色遮罩：** 根据绘制出来的颜色进行遮罩。

2.5 课后习题

2.5.1 课后习题：制作图书模型

效果文件	图书.blend
素材文件	无
视频名称	制作图书模型.mp4

本课后习题主要练习使用网格建模技术来制作图书模型，效果如图2-92所示。

图 2-92

01 启动Blender，选择场景中自带的立方体模型，如图2-93所示。

02 按Tab键，进入“编辑模式”，使用“移动”工具调整面至图2-94所示位置。制作出图书模型的大概形态。

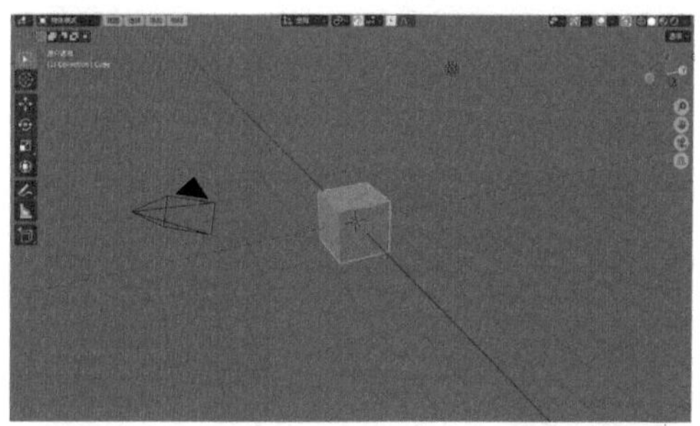

图 2-93

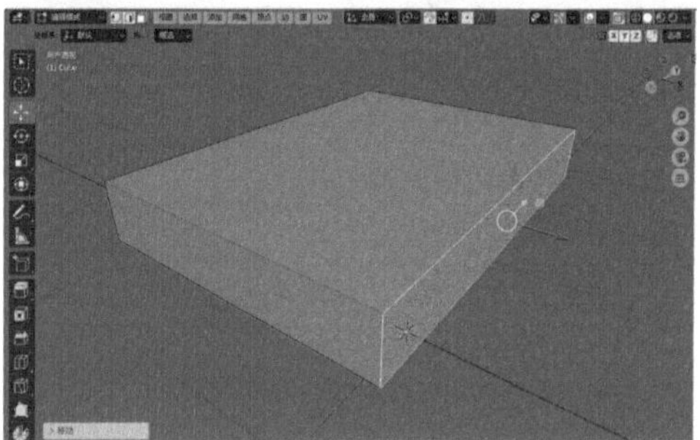

图 2-94

03 使用“环切”工具在图2-95所示位置处添加两条边线，并使用“缩放”工具调整边线至图2-96所示位置。

图 2-95

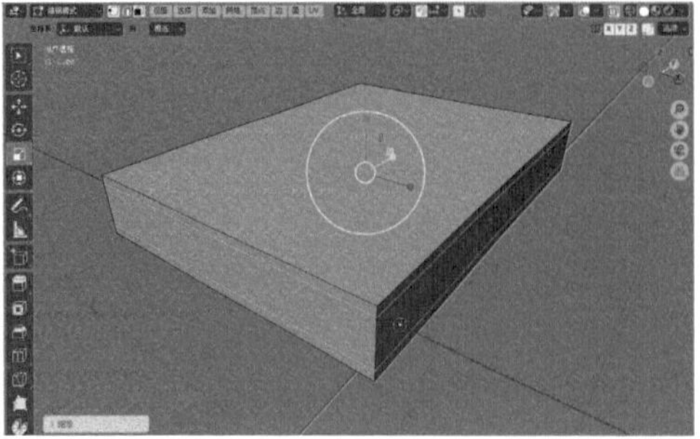

图 2-96

04 再次使用“环切”工具在图2-97所示位置处添加一条边线，并使用“移动”工具调整边线至图2-98所示位置。

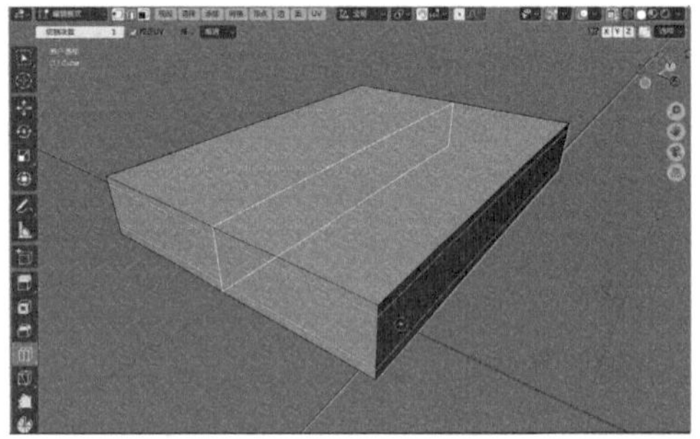

图 2-97

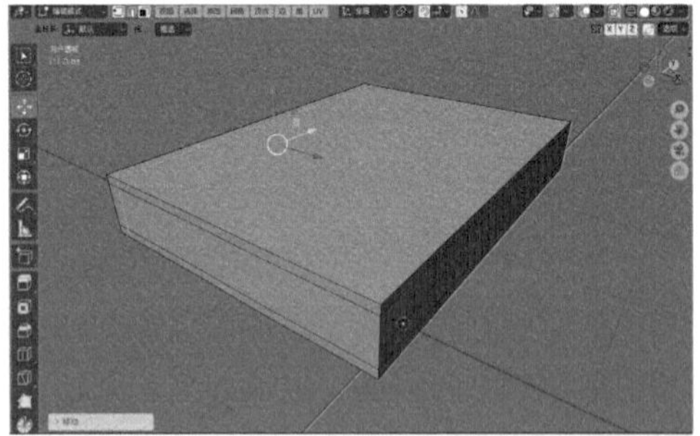

图 2-98

05 选择图2-99所示的面，使用“沿法向挤出”工具制作出图2-100所示的模型结果。最终制作完成的模型结果如图2-101所示。

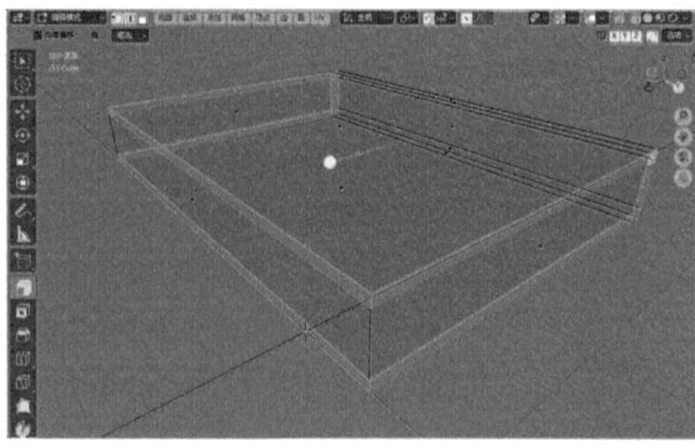

图 2-99

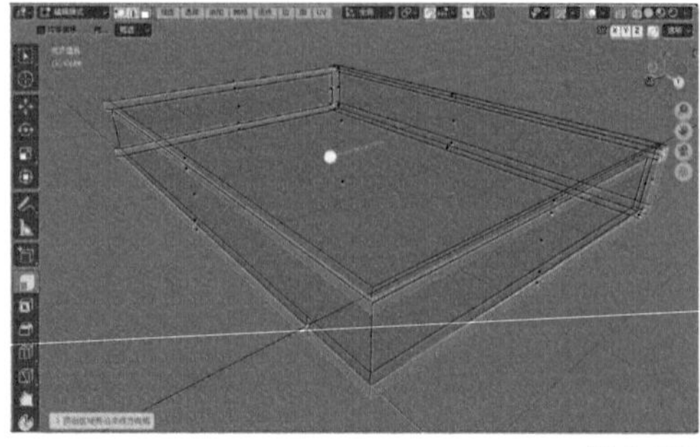

图 2-100

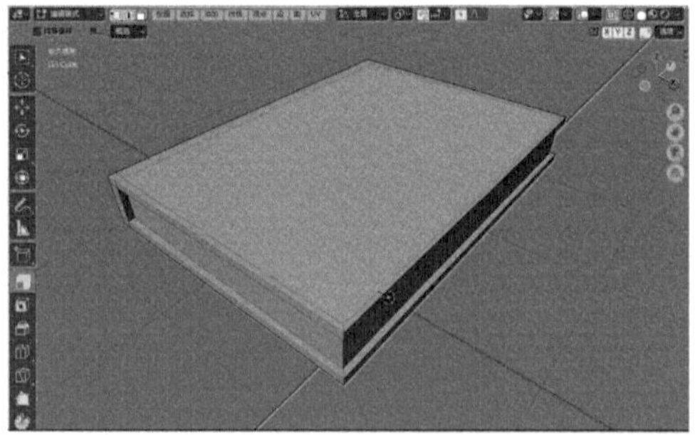

图 2-101

2.5.2 课后习题：制作文字模型

效果文件	文字 .blend
素材文件	无
视频名称	制作文字模型 .mp4

本课后习题主要练习制作立体文字模型，效果如图2-102所示。

图 2-102

01 启动Blender，将其中自带的立方体模型删除后，执行菜单栏中的“添加 > 文本”命令，即可在场景中创建一个文字模型，如图2-103所示。

02 按Tab键，进入“编辑模式”，文字模型后面会显示一条蓝色的线，如图2-104所示。这时，可以重新输入文字，更改文字的内容，如图2-105所示。

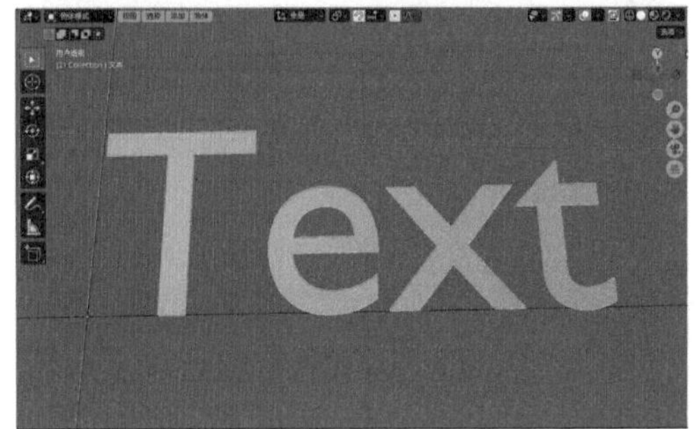

图 2-103

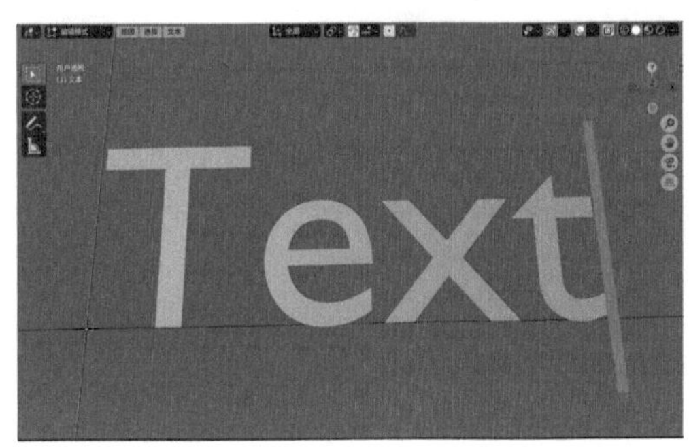

图 2-104

图 2-105

技巧与提示

在本课后习题对应的教学视频中，还为读者讲解了如何更改文字的字体。

03 设置完文字的内容后，再次按Tab键，退出“编辑模式”，在“数据”面板中，展开“几何数据”卷展栏，设置“挤出”为0.1m，如图2-106所示。

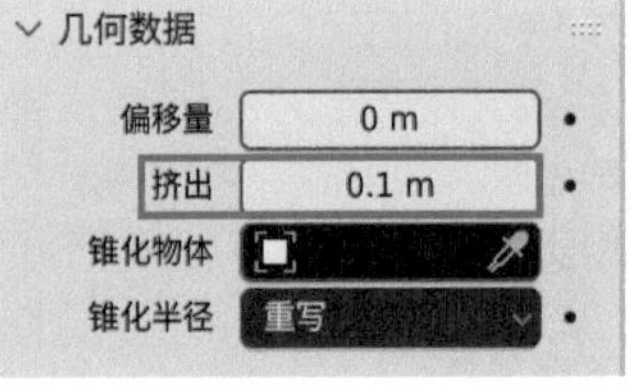

图 2-106

04 设置完成后，文字模型的视图显示效果如图2-107所示。

图 2-107

05 在“倒角”卷展栏中，设置“深度”为0.02m，如图2-108所示。

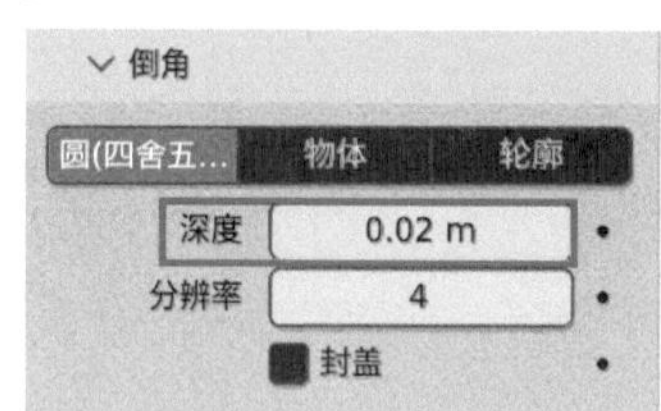

图 2-108

06 设置完成后，文字模型的视图显示效果如图2-109所示。

图 2-109

07 在“倒角”卷展栏中，设置倒角的方式为“轮廓”，Preset（预设）选择“檐板造型”，如图2-110所示。

08 设置完成后，文字模型边缘位置处的倒角效果如图2-111所示。最终制作完成的模型效果如图2-112所示。

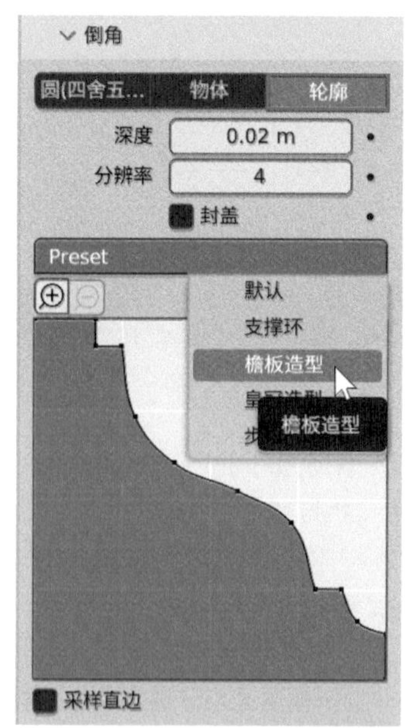

图 2-110

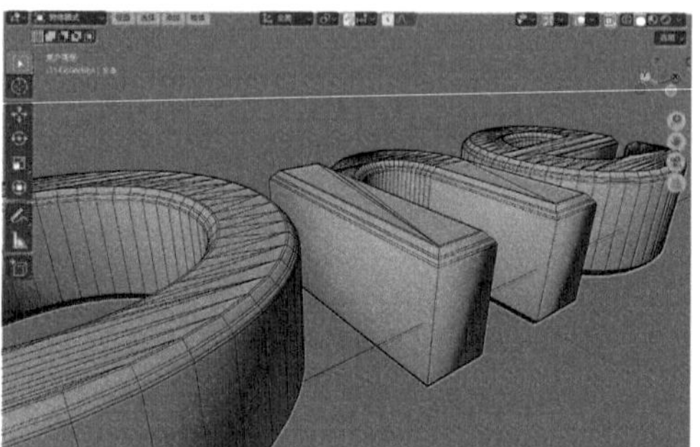

图 2-111

图 2-112

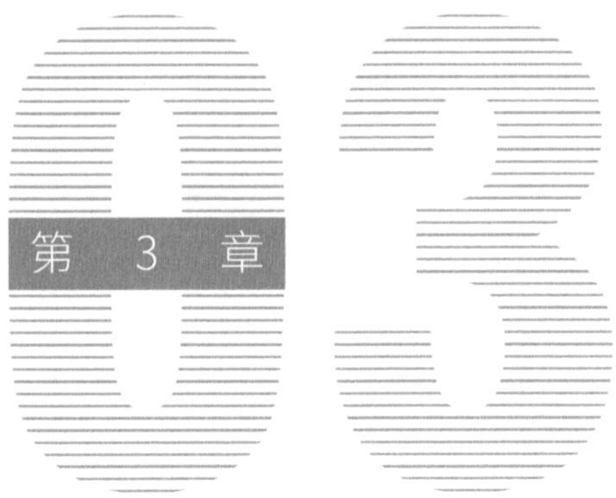

曲线建模

本章导读

本章将介绍 Blender 4.0 的曲线建模技术，在本章中，以较为典型的案例来为读者详细讲解常用曲线建模的思路及相关工具的使用方法。本章非常重要，请读者务必认真学习。

学习要点

- 了解曲线建模的思路
- 掌握曲线建模技术
- 学习创建细节丰富的模型

3.1 曲线建模概述

Blender 4.0软件为用户提供了一种使用曲线来创建模型的方式，在制作某些特殊造型的模型时使用曲线建模技术会使得建模的过程非常简便，而且模型的完成效果也很理想，图3-1所示为使用曲线建模技术制作出来的晾衣架模型。

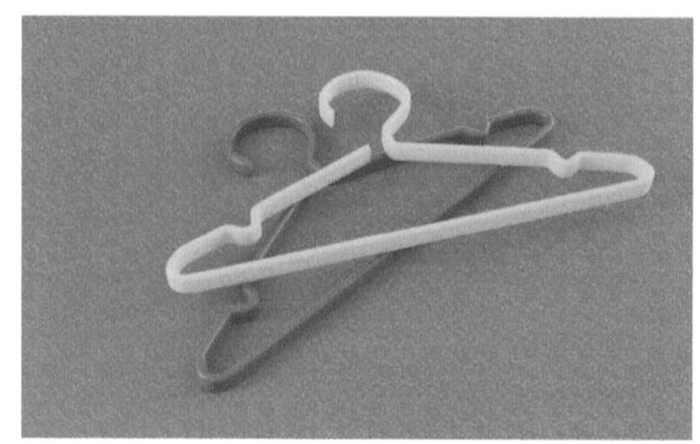

图 3-1

3.2 创建曲线

执行菜单栏中的“添加>曲线”命令，即可看到Blender为用户提供的多种基本曲线的创建命令，如图3-2所示。

图 3-2

3.2.1 课堂案例：制作高脚杯模型

效果文件　高脚杯 .blend

素材文件　无

视频名称　制作高脚杯模型 .mp4

本案例主要讲解如何使用NURBS曲线来制作高脚杯模型，效果如图3-3所示。

图 3-3

01 启动Blender，将其中自带的立方体模型删除后，执行菜单栏中的“添加>曲线>NURBS曲线”命令，如图3-4所示。

02 在“添加NURBS曲线”卷展栏中，设置“旋转Y”为90°，如图3-5所示。

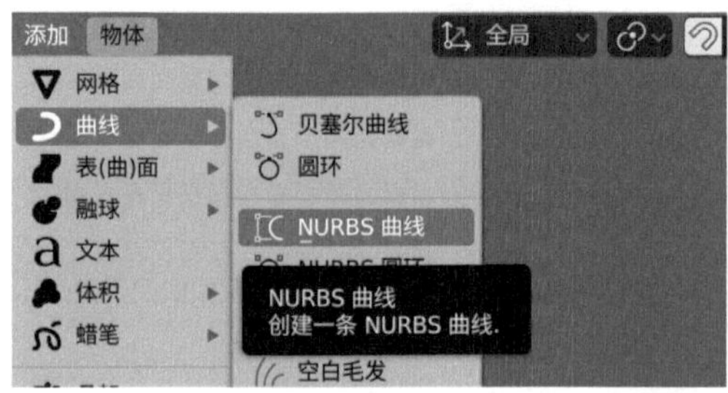

图 3-4

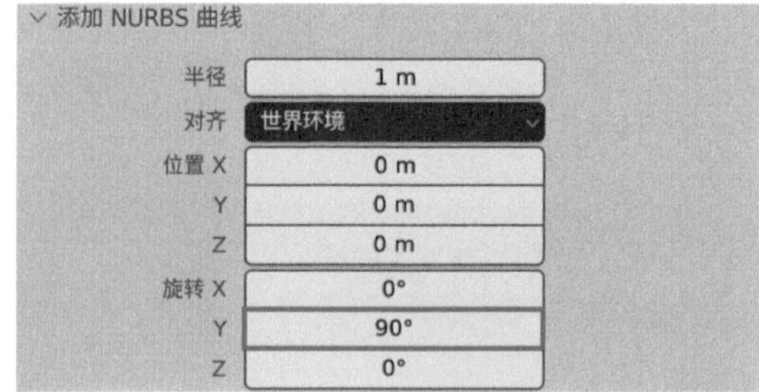

图 3-5

03 设置完成后，NURBS曲线的视图显示效果如图3-6所示。

04 在“正交右视图”中，按Tab键进入“编辑模式”，如图3-7所示。

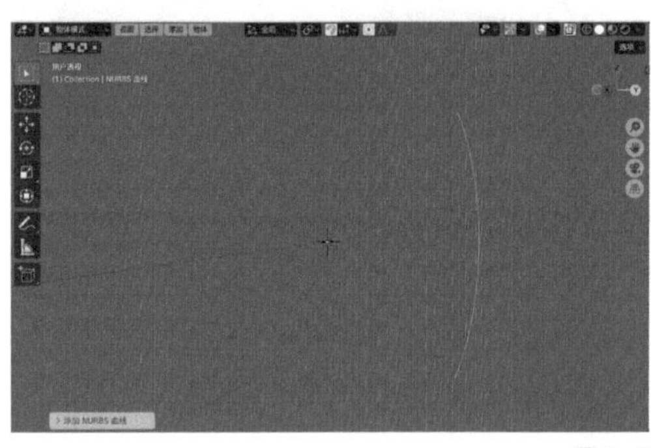

图 3-6

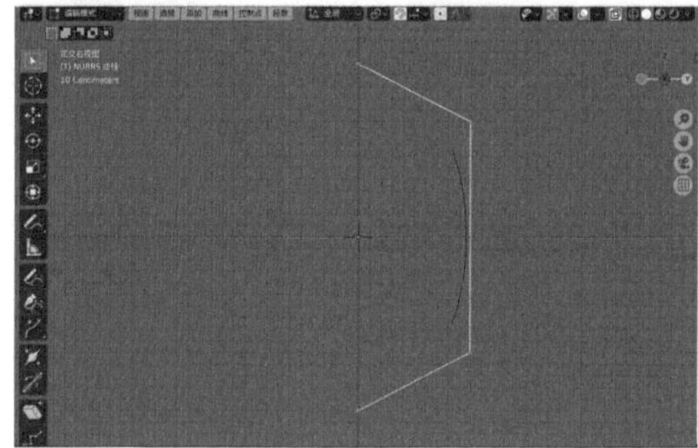

图 3-7

05 选择NURBS曲线上任意一侧的顶点，连续按E键，并调整顶点至图3-8所示位置，制作出杯子的剖面曲线。

06 再次按Tab键，退出“编辑模式”，杯子剖面曲线的视图显示效果如图3-9所示。

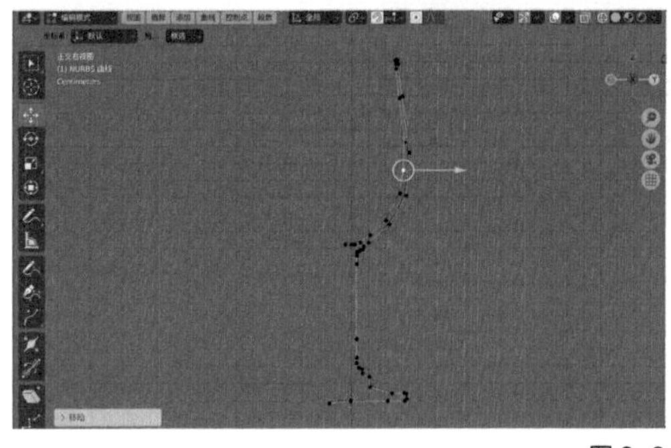

图 3-8

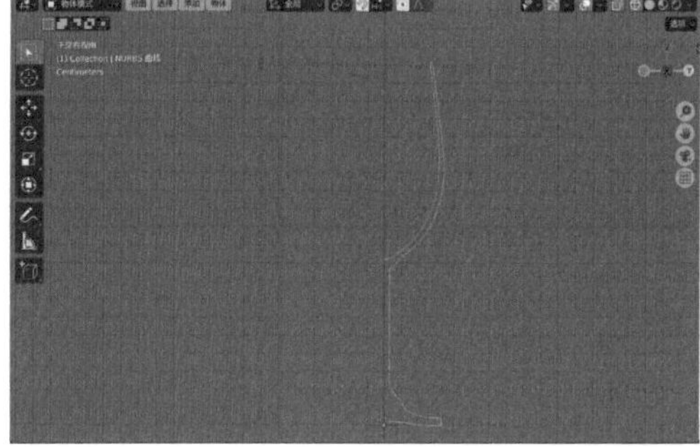

图 3-9

技巧与提示

在本案例对应的视频教学中，还为读者详细讲解了如何添加顶点及删除顶点方面的操作技巧。

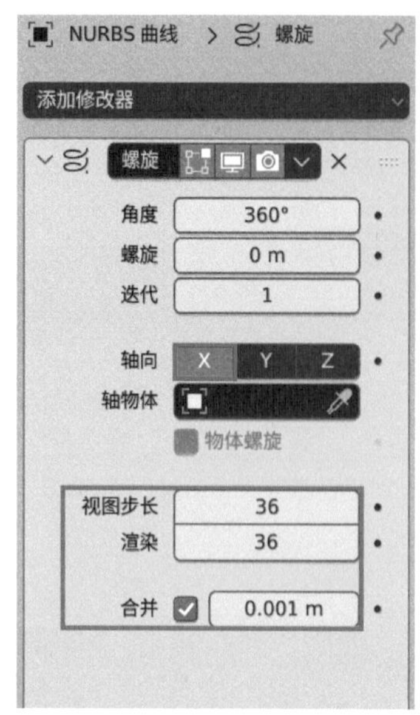

图 3-10

07 在“修改器”面板中，为绘制好的曲线添加“螺旋”修改器。设置“轴向”为X，“视图步长”为36，“渲染”为36，勾选“合并”，设置合并值为0.001m，如图3-10所示。最终制作完成的模型效果如图3-11所示。

图 3-11

3.2.2 课堂案例：制作花瓶模型

效果文件　花瓶 .blend
素材文件　无
视频名称　制作花瓶模型 .mp4

本案例主要讲解如何使用圆环来制作花瓶模型，效果如图3-12所示。

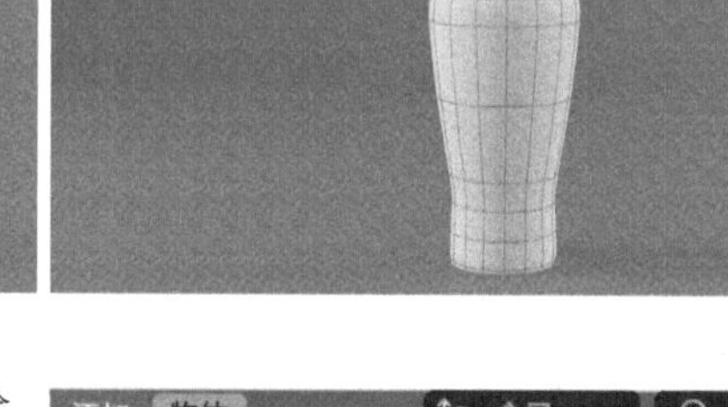

图 3-12

01 启动Blender，将其中自带的立方体模型删除后，执行菜单栏中的“添加>网格>圆环”命令，如图3-13所示。

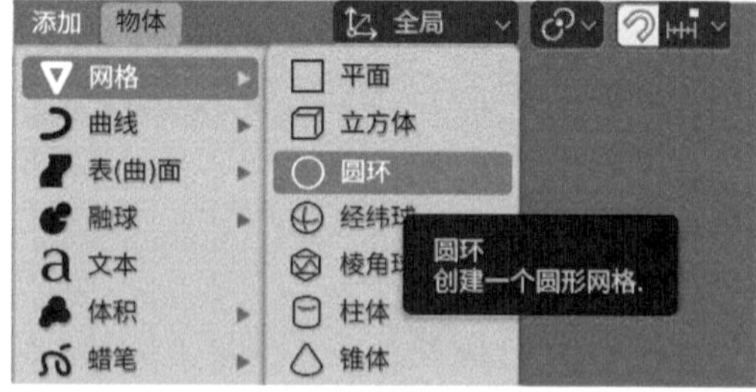

图 3-13

02 在“添加圆环”卷展栏中，设置“顶点”为16，“半径”为0.06m，如图3-14所示。

03 设置完成后，圆环的视图显示效果如图3-15所示。

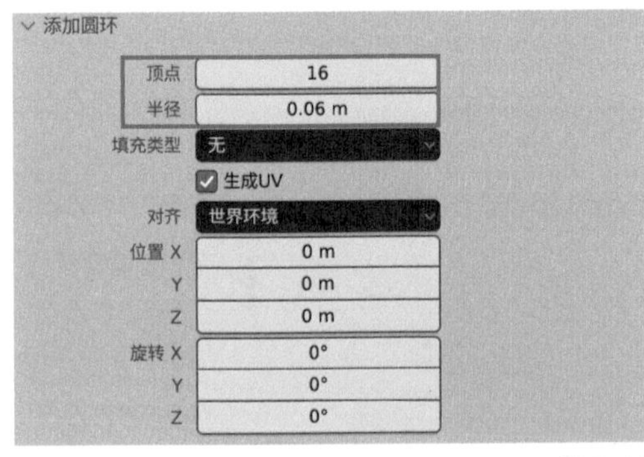

图 3-14

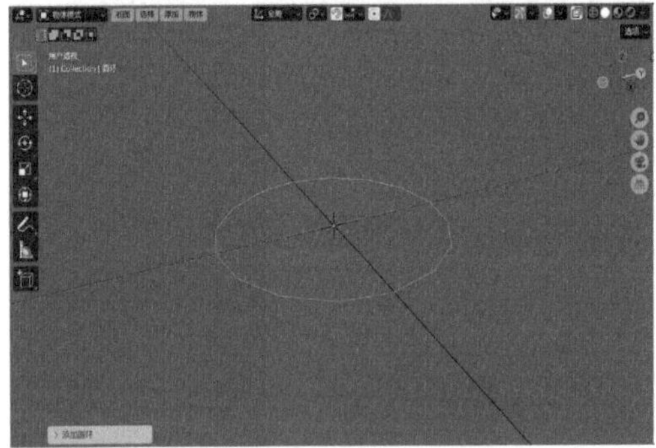

图 3-15

04 按Shift+D快捷键、Z键，对圆环进行复制并沿z轴向移动至图3-16所示位置。

05 以同样的操作步骤多次对圆环进行复制并调整位置，如图3-17所示。

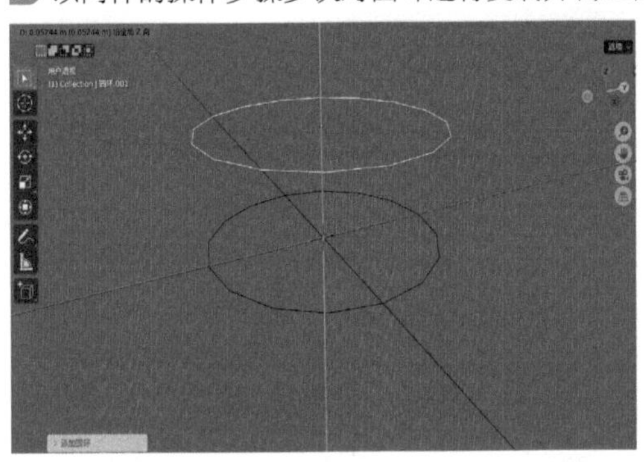

图 3-16

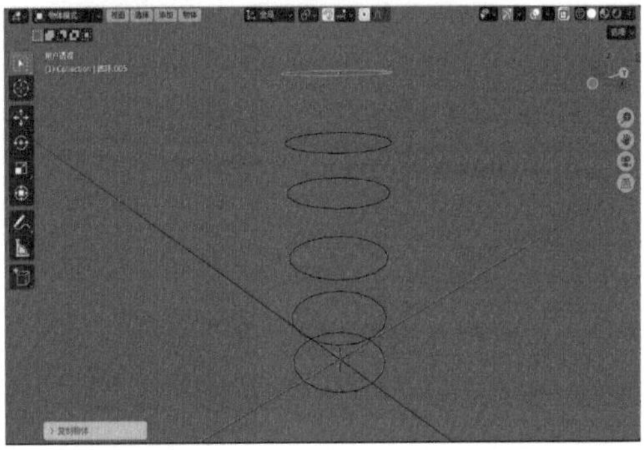

图 3-17

06 使用“缩放”工具调整场景中各个圆环的大小，如图3-18所示。

07 选择场景中所有的圆环，执行菜单栏中的“物体>合并”命令，将其合并为一个图形，如图3-19所示。

技巧与提示

“合并”命令的快捷键为Ctrl+J。

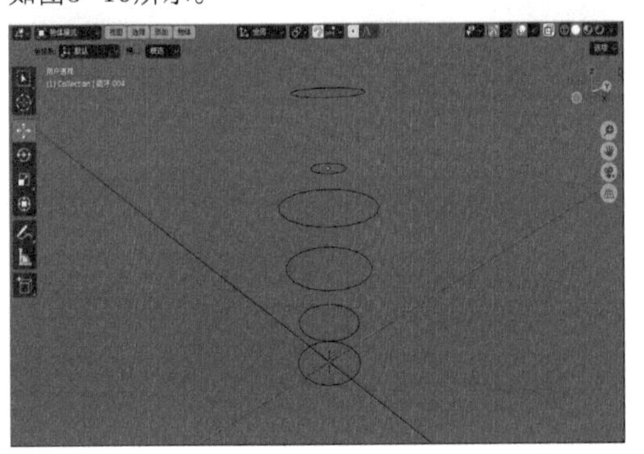

图 3-18

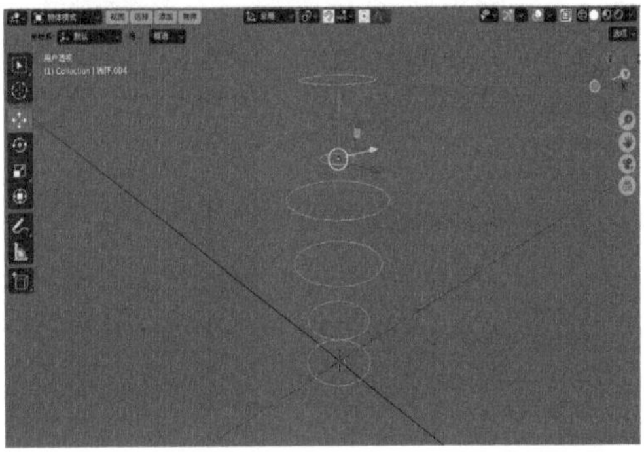

图 3-19

08 执行菜单栏中的“编辑>偏好设置”命令，在“Blender偏好设置”窗口中，勾选“网格：LoopTools”，如图3-20所示。

09 在“编辑模式”中，选择模型上所有的顶点，如图3-21所示。

图 3-20

图 3-21

10 单击鼠标右键并执行“LoopTools>Loft”（放样）命令，如图3-22所示，得到图3-23所示的模型效果。

图 3-22

图 3-23

11 选择花瓶模型底部的边线，如图3-24所示。按F键，根据边来创建面，得到图3-25所示的模型效果。

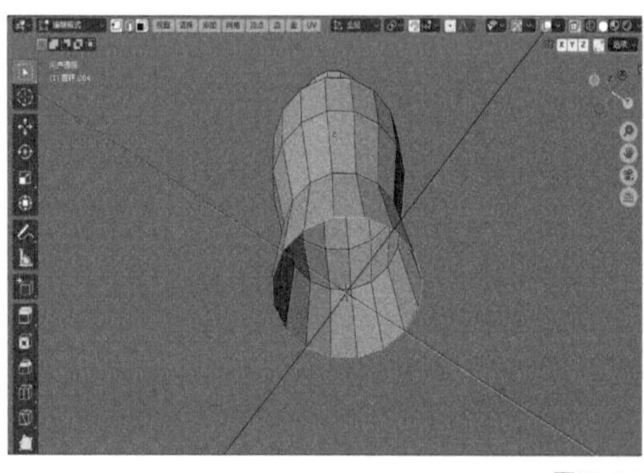

图 3-24

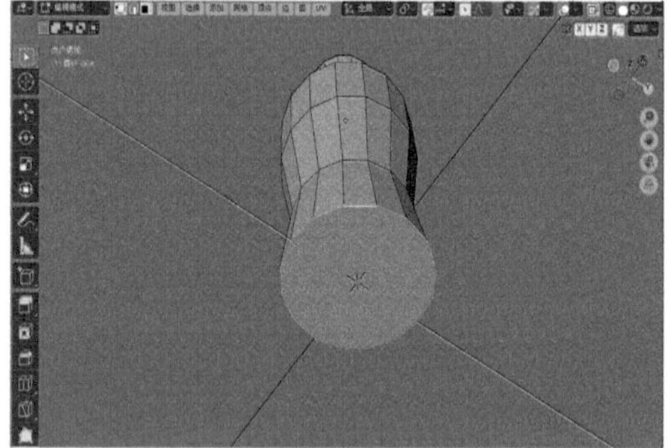

图 3-25

12 单击鼠标右键并执行“内插面”命令，在模型底部的面上插入一个面，得到图3-26所示的模型效果。

13 选择图3-27所示的边线，使用“倒角”工具制作出图3-28所示的模型效果。

14 使用“环切”工具在图3-29所示的位置处添加边线，并使用“缩放”工具调整边线的大小，如图3-30所示。

15 退出“编辑模式”，为花瓶模型添加“实体化”修改器，如图3-31所示，为花瓶模型添加厚度，效果如图3-32所示。

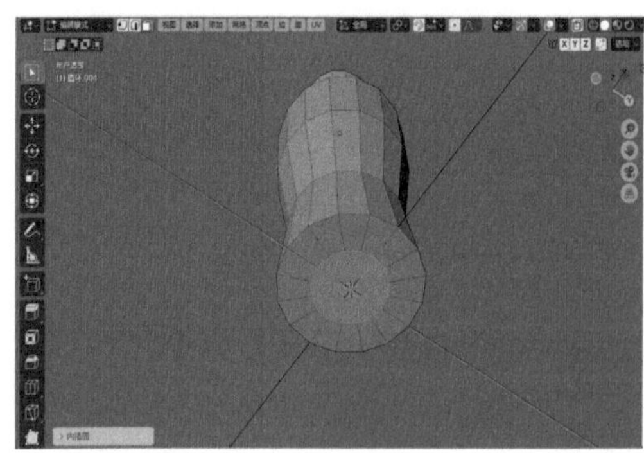

图 3-26

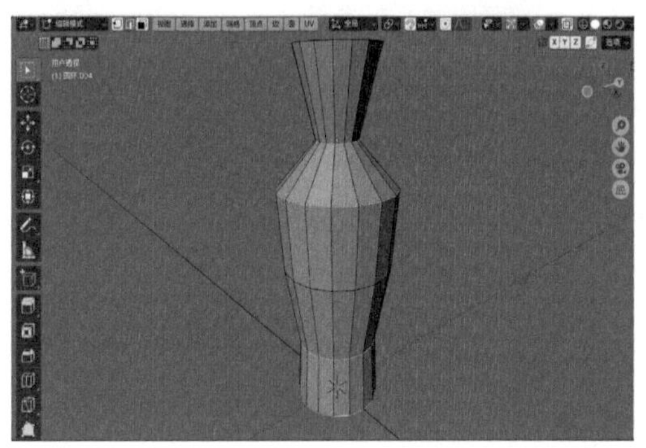

图 3-27

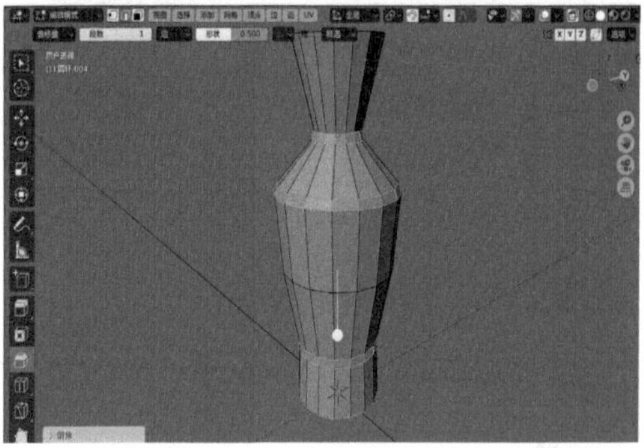

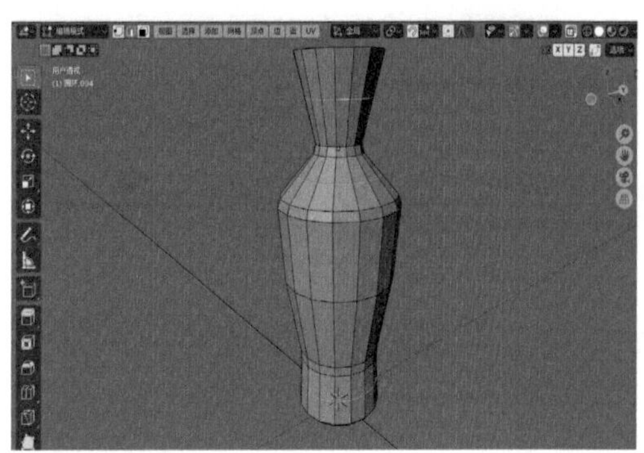

图 3-28

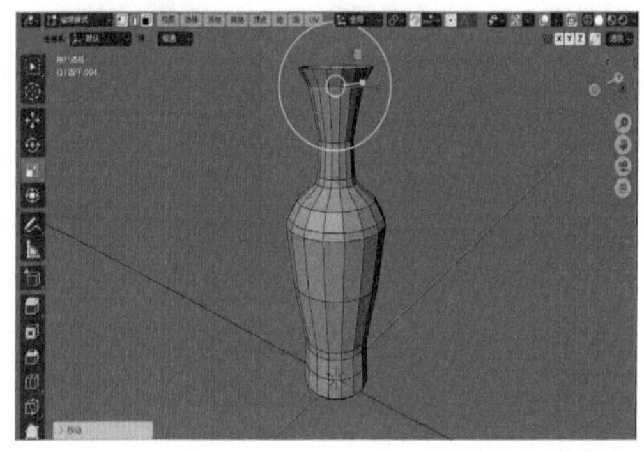

图 3-29

图 3-30

图 3-31

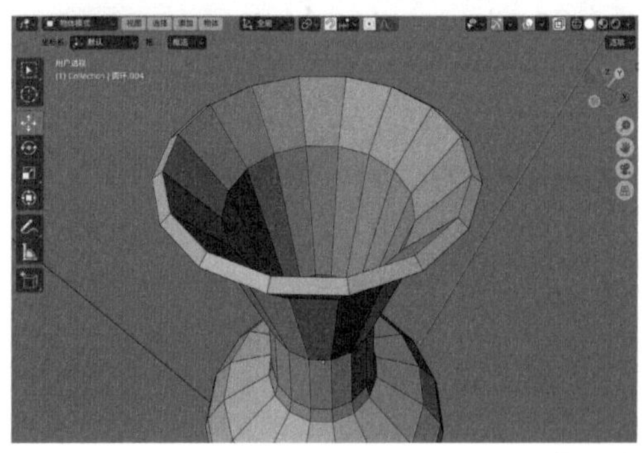

图 3-32

16 在“修改器”面板中，为花瓶模型添加“多级精度”修改器，并单击“细分”按钮2次，如图3-33所示。最终制作完成的模型结果如图3-34所示。

图 3-33

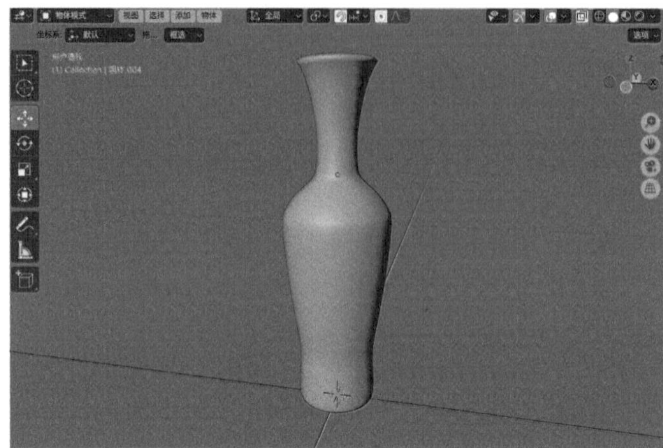

图 3-34

3.2.3 贝塞尔曲线

执行菜单栏中的“添加>曲线>贝塞尔曲线”命令，即可在场景中创建一条贝塞尔曲线，如图3-35所示。

“添加贝塞尔曲线”卷展栏如图3-36所示。

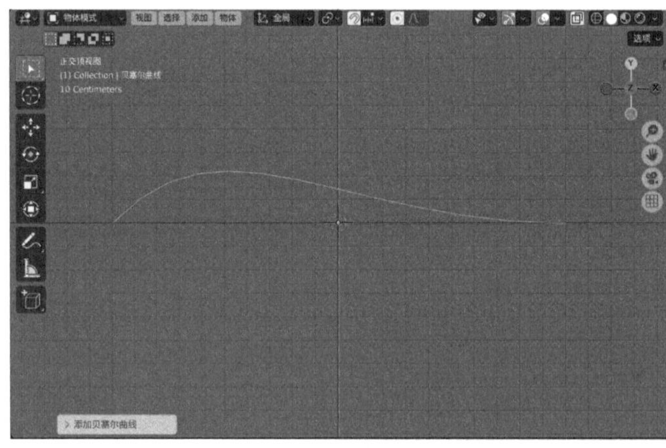

图 3-35

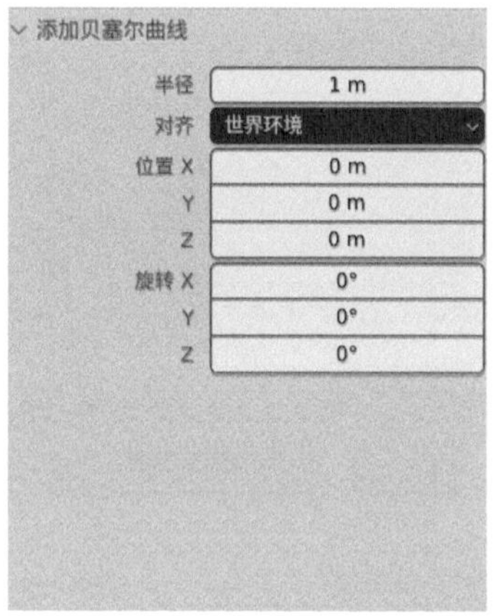

图 3-36

参数解析

- **半径：**设置贝塞尔曲线的半径。
- **对齐：**设置生成曲线的初始对齐环境。
- **位置X/Y/Z：**曲线的初始位置。
- **旋转X/Y/Z：**曲线的初始方向。

3.2.4 圆环

执行菜单栏中的“添加>曲线>圆环”命令，即可在场景中创建一条圆环形状的曲线，如图3-37所示。

“添加贝塞尔圆”卷展栏如图3-38所示。

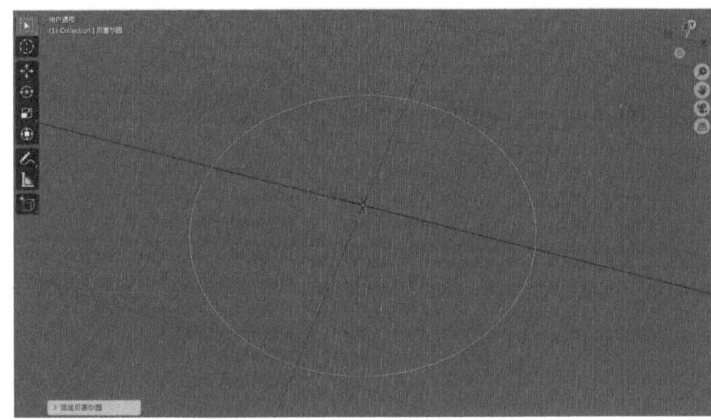

图 3-37

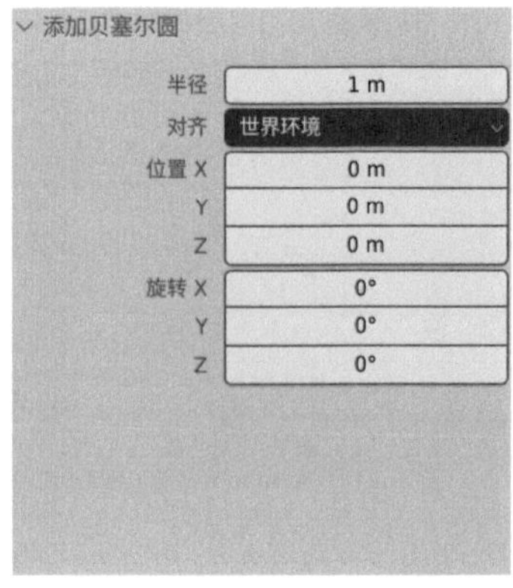

图 3-38

参数解析

- **半径：** 设置贝塞尔圆的半径。
- **对齐：** 设置生成曲线的初始对齐环境。
- **位置X/Y/Z：** 曲线的初始位置。
- **旋转X/Y/Z：** 曲线的初始方向。

3.2.5 NURBS曲线

执行菜单栏中的“添加>曲线>NURBS曲线”命令，即可在场景中创建一条NURBS曲线，如图3-39所示。

“添加NURBS曲线”卷展栏如图3-40所示。

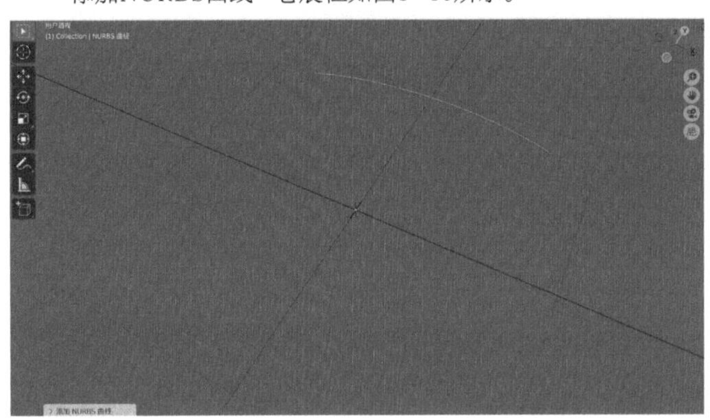

图 3-39

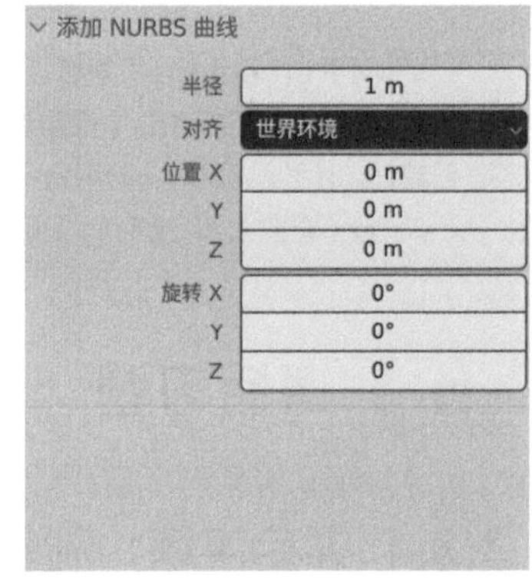

图 3-40

技巧与提示

NURBS曲线的参数设置与贝塞尔曲线的参数设置基本一样，故不再重复讲解。

3.2.6 Fur

选择网格对象后，执行菜单栏中的“添加>曲线>Fur”命令，即可在场景中为所选择的网格对象表面生成毛发，如图3-41所示。

“快速毛发”卷展栏如图3-42所示。

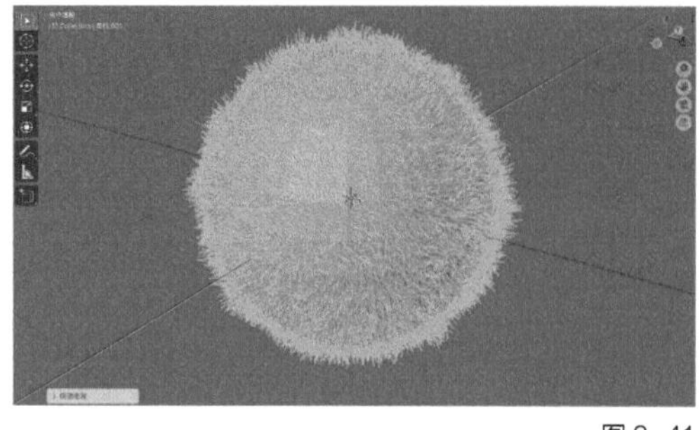

图 3-41

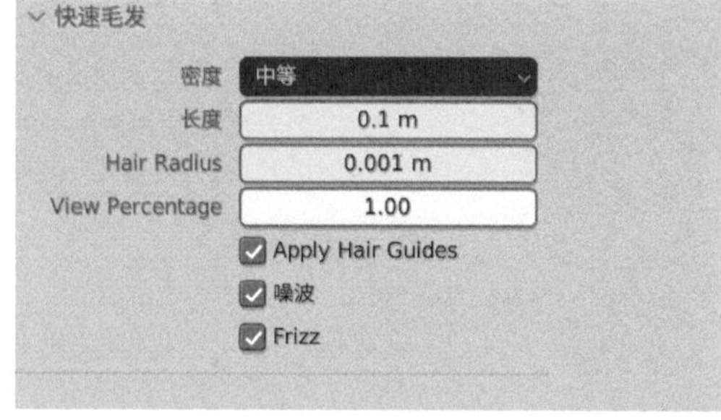

图 3-42

参数解析

- **密度：** 用于控制毛发的生长密度。
- **长度：** 设置毛发的长度。
- **Hair Radius（毛发半径）：** 控制毛发的粗细，图3-43所示为该值分别是0.01m和0.1m的渲染结果对比。

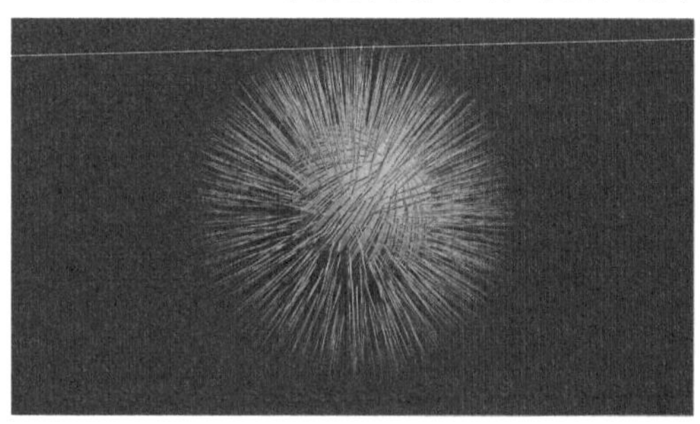

图 3-43

- **View Percentage（查看百分比）：** 在视图中控制毛发的显示数量百分比。
- **Apply Hair Guides（应用毛发辅助线）：** 设置毛发是否应用毛发辅助线。
- **噪波：** 设置毛发是否应用噪波效果。
- **Frizz（卷曲）：** 设置毛发是否应用卷曲效果。

3.3 课后习题

3.3.1 课后习题：制作曲别针模型

效果文件　曲别针.blend

素材文件　无

视频名称　制作曲别针模型.mp4

本课后习题主要练习使用贝塞尔曲线来制作曲别针模型，效果如图3-44所示。

图 3-44

01 启动Blender，将其中自带的立方体模型删除后，执行菜单栏中的“添加>曲线>贝塞尔曲线”命令，如图3-45所示。

02 在场景中创建一条贝塞尔曲线，如图3-46所示。

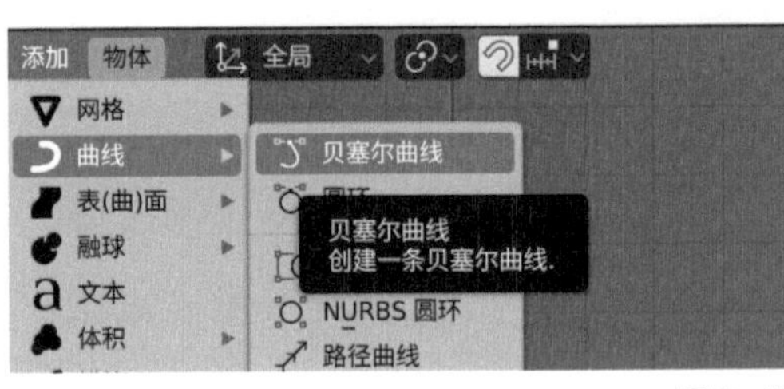

图 3-45

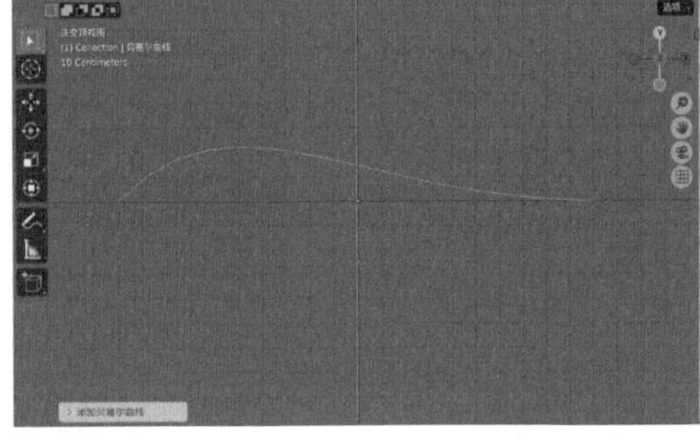

图 3-46

03 在“正交顶视图”中，按Tab键，进入“编辑模式”，如图3-47所示。

04 框选所有的顶点，单击鼠标右键并执行“设置控制柄类型>矢量”，如图3-48所示。

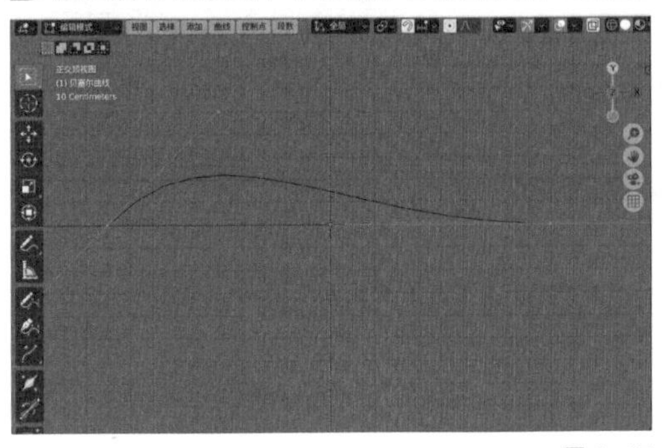

图 3-47

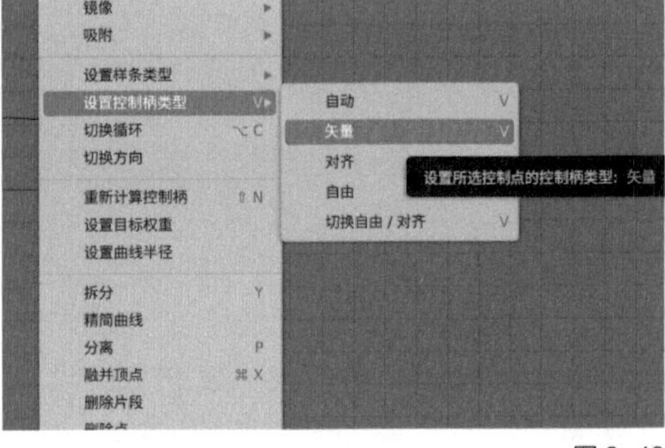

图 3-48

05 选择右侧的顶点，多次按E键并移动顶点，绘制出小狗曲别针的形状，如图3-49所示。

06 单击“叠加”下拉列表，在“视图叠加层”卷展栏中，设置“控制柄”为“全部”，如图3-50所示。

07 设置完成后，可以看到贝塞尔曲线上的所有顶点控制柄，如图3-51所示。

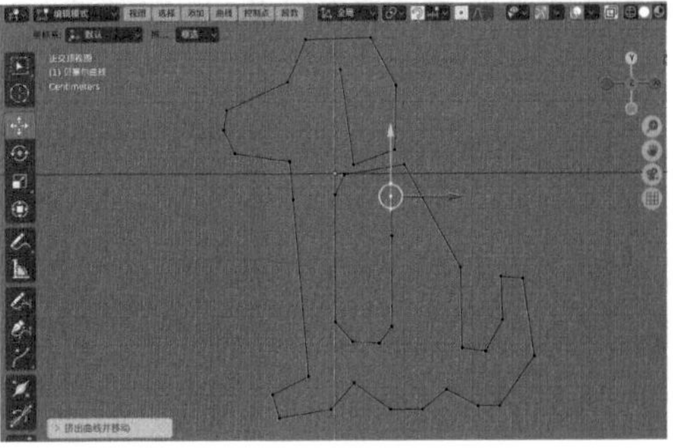

图 3-49

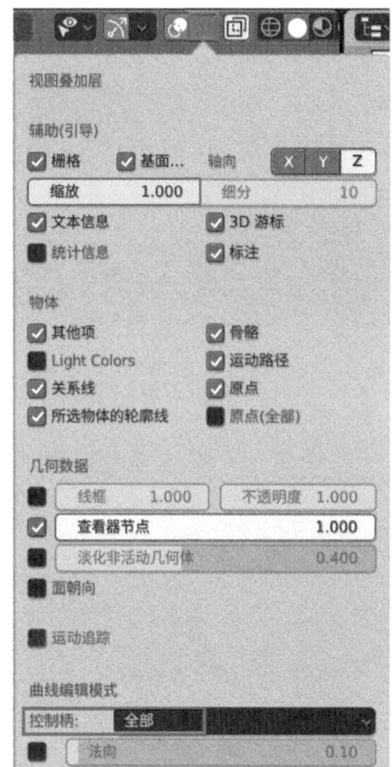

图 3-50

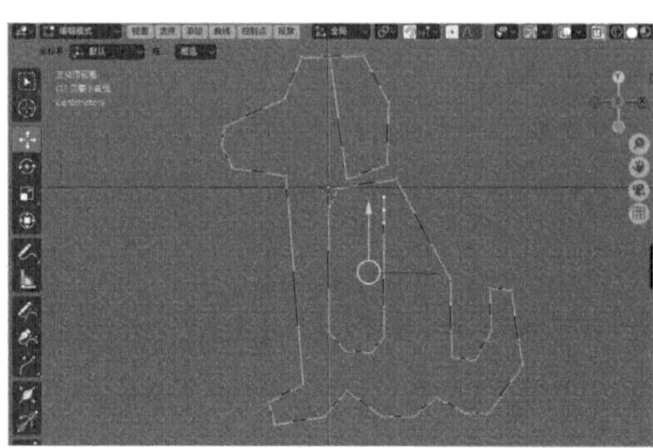

图 3-51

08 选择所有的顶点，单击鼠标右键并执行“设置控制柄类型>自动”命令，如图3-52所示。

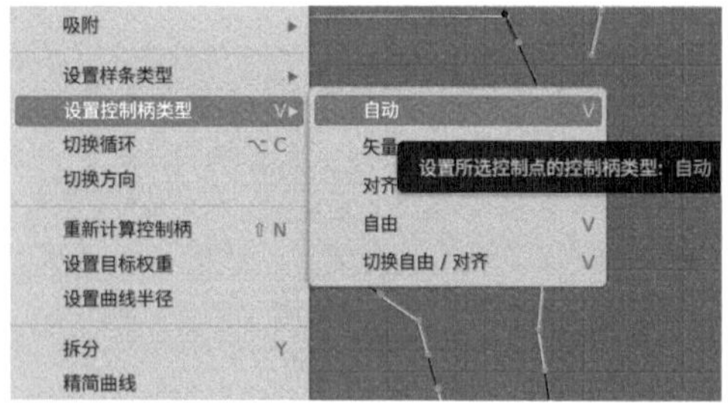

图 3-52

09 接下来，可以通过调整顶点控制柄的位置来改变曲线的弧度，如图3-53所示。

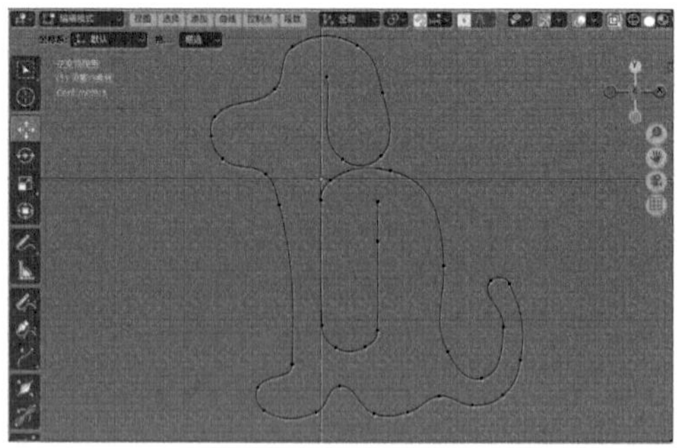

图 3-53

10 再次按Tab键，退出“编辑模式”。在“数据”面板中，展开“几何数据”卷展栏，设置“深度”为0.005m，勾选“封盖”，如图3-54所示。

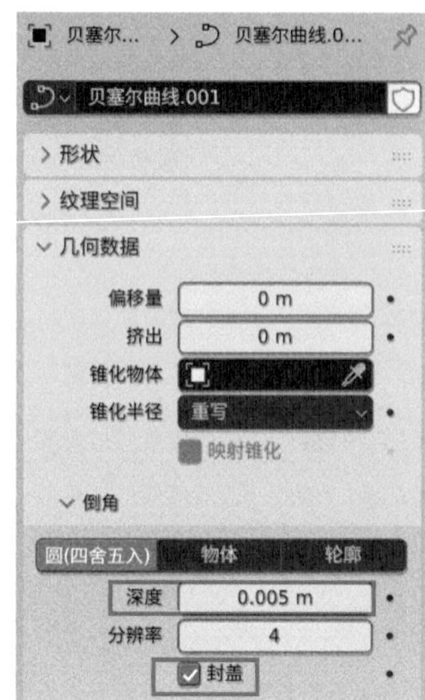

图 3-54

11 设置完成后，模型效果如图3-55所示。

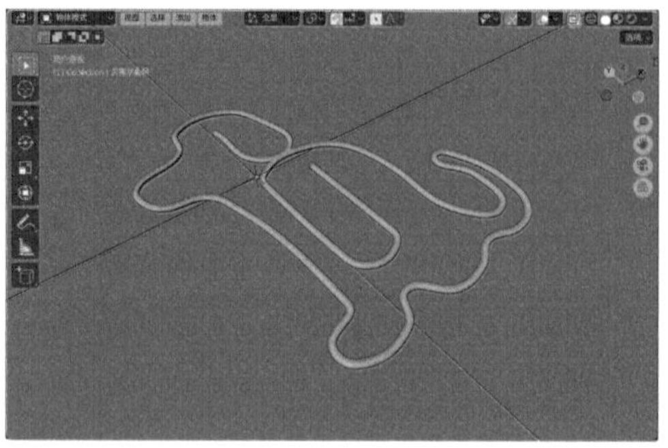

图 3-55

技巧与提示

使用NURBS曲线制作模型的思路与使用贝塞尔曲线制作模型的思路基本一样，但是这两种曲线的绘制技巧及相关命令有很大不同，读者学习完本课后习题后应仔细思考两者在绘制曲线时的不同之处。

3.3.2 课后习题：制作铁链模型

效果文件	铁链 .blend
素材文件	无
视频名称	制作铁链模型 .mp4

本课后习题主要练习使用曲线建模技术来制作铁链模型，结果如图3-56所示。

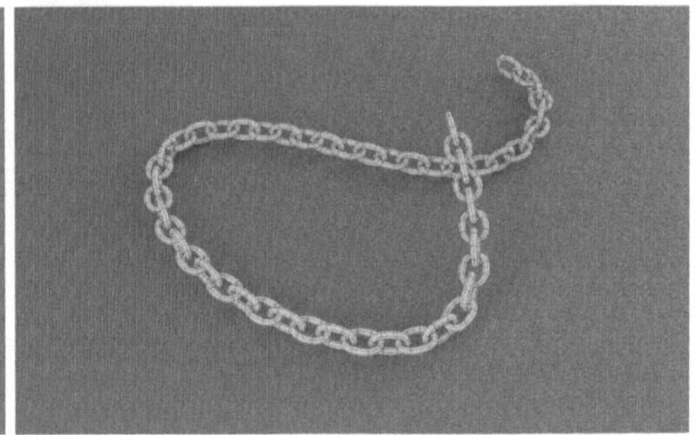

图 3-56

01 启动Blender，将其中自带的立方体模型删除后，执行菜单栏中的“添加>网格>环体”命令，如图3-57所示，在场景中创建一个环体模型。

02 在“添加环体”卷展栏中，设置“主环段数”为6，“小环段数”为6，“主环半径”为0.03m，“小环半径”为0.01m，如图3-58所示。

图 3-57

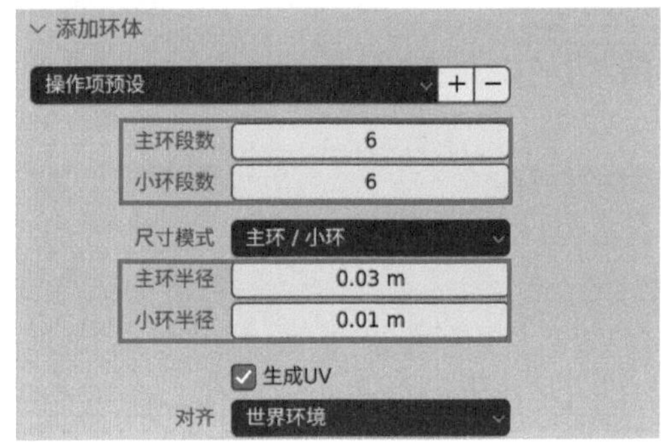

图 3-58

03 设置完成后，环体模型的视图显示效果如图3-59所示。

04 在“编辑模式”中，选择图3-60所示的边线，使用“倒角”工具制作出图3-61所示的模型效果。

05 在“正交顶视图”中，调整环体的顶点至图3-62所示位置，制作出铁链的单体模型。

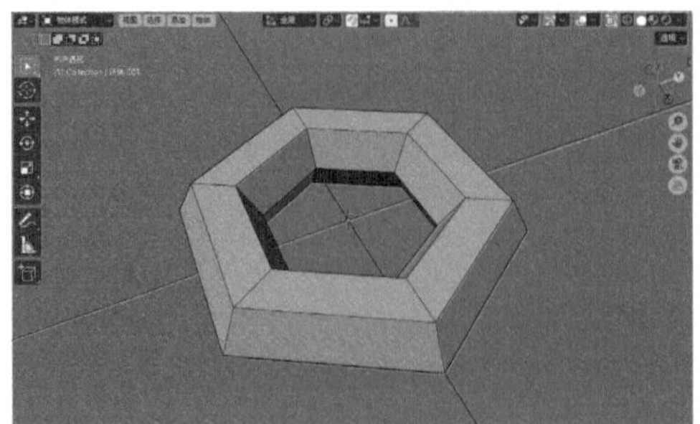

图 3-59

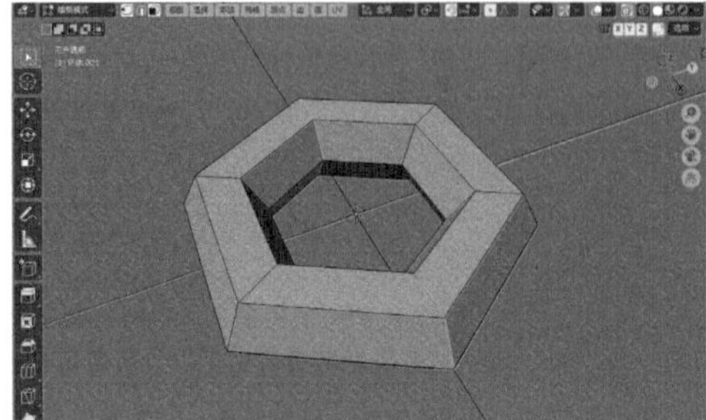

图 3-60

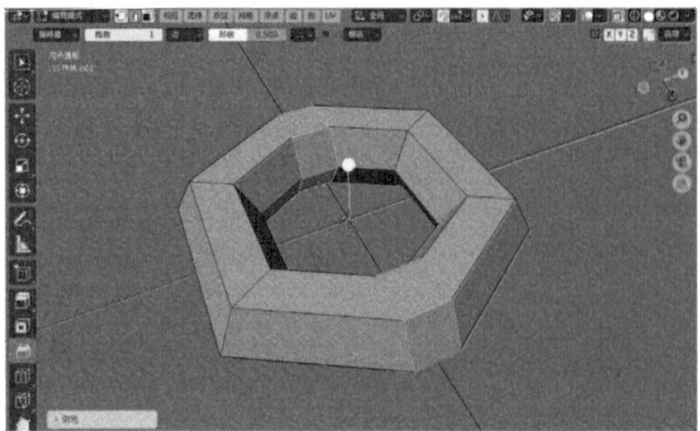

图 3-61

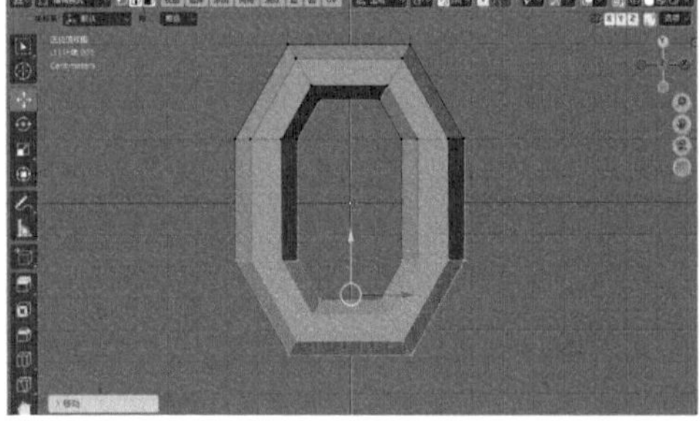

图 3-62

06 执行菜单栏中的“添加>空物体>纯轴”命令，如图3-63所示。在场景中创建一个名称为“空物体”的纯轴。

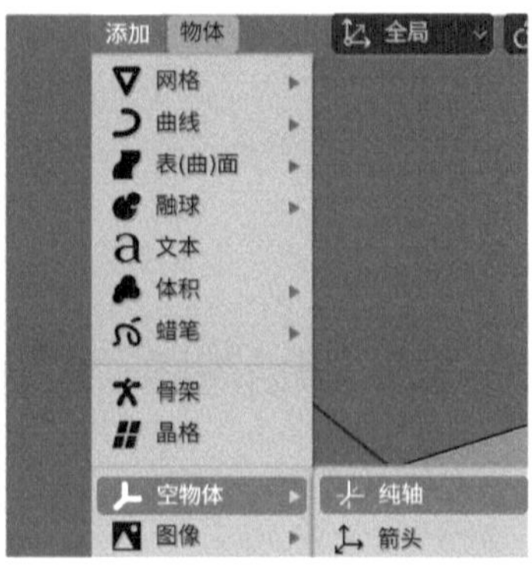

图 3-63

07 选择环体模型，在“修改器”面板中，为其添加“阵列”修改器，设置“数量”为20，“系数Y”为0.6，勾选“物体偏移”，设置“物体”为场景中名称为“空物体”的纯轴，如图3-64所示。

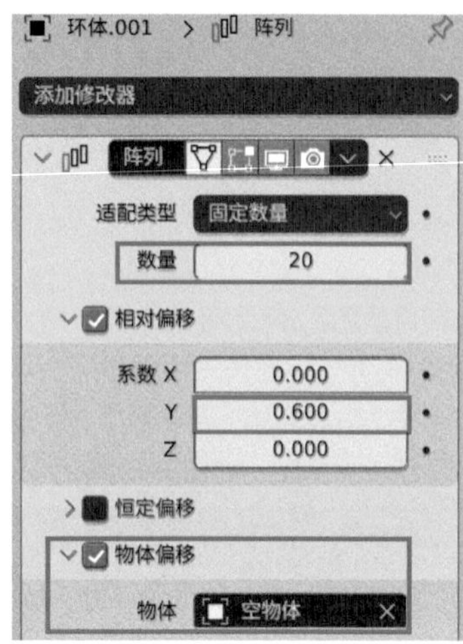

图 3-64

08 设置完成后，铁链模型的视图显示效果如图3-65所示。

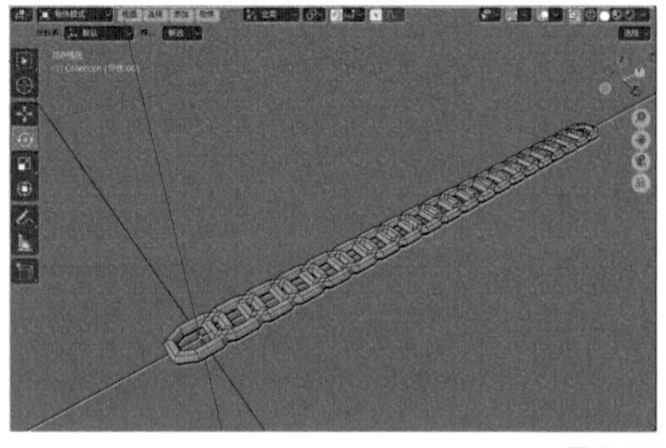

图 3-65

09 选择纯轴，对其进行旋转90°，制作出图3-66所示的铁链模型效果。

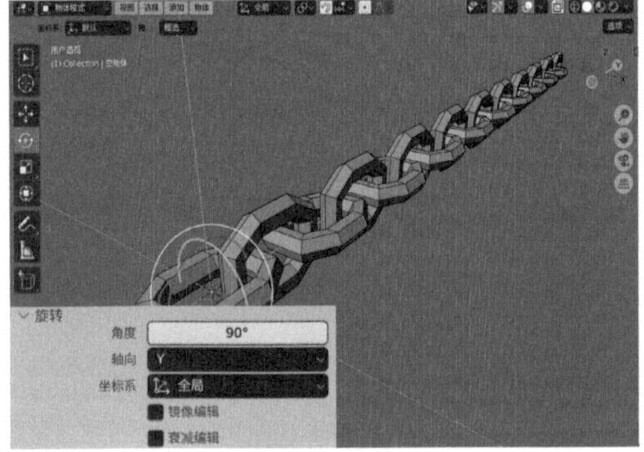

图 3-66

10 执行菜单栏中的“添加>曲线>NURBS曲线”命令，如图3-67所示。在场景中创建一条NURBS曲线。

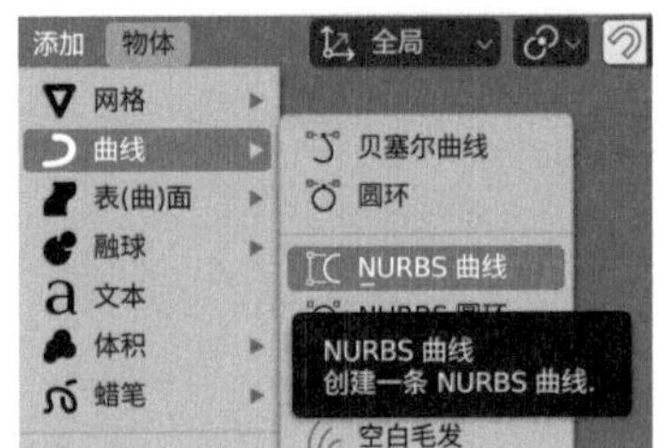

图 3-67

11 在“编辑模式”中，对NURBS曲线的任意顶点进行挤出，制作出图3-68所示的曲线，作为铁链的弯曲路径。

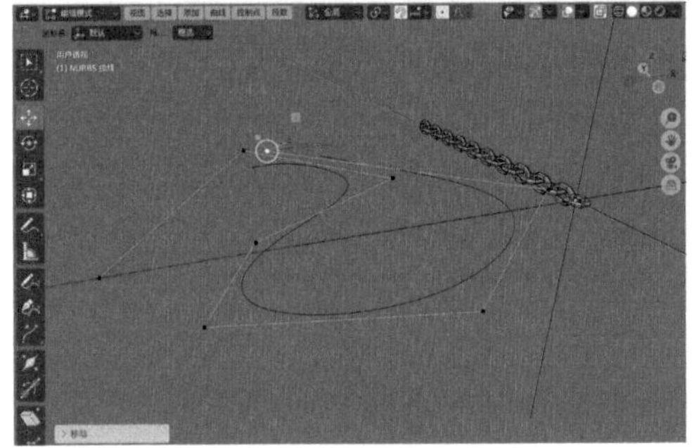
图 3-68

12 选择铁链模型，在“修改器”面板中为其添加“曲线”修改器，设置“曲线物体”为“NURBS曲线”，“形变轴”为Y，如图3-69所示，得到图3-70所示的铁链模型效果。

13 在“阵列”修改器中，设置“数量”为53，如图3-71所示。延长铁链模型，得到图3-72所示的模型效果。

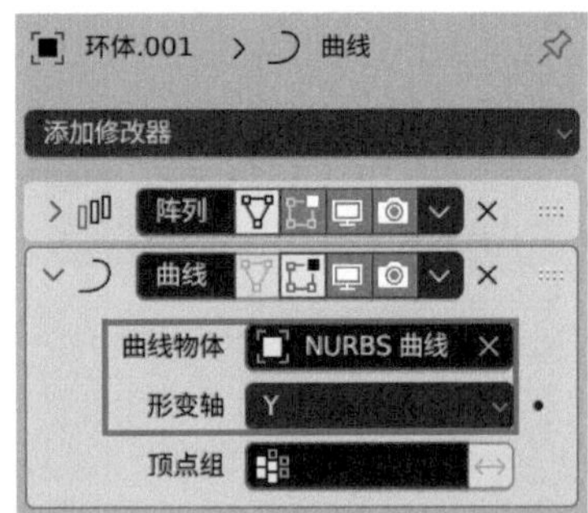

图 3-69

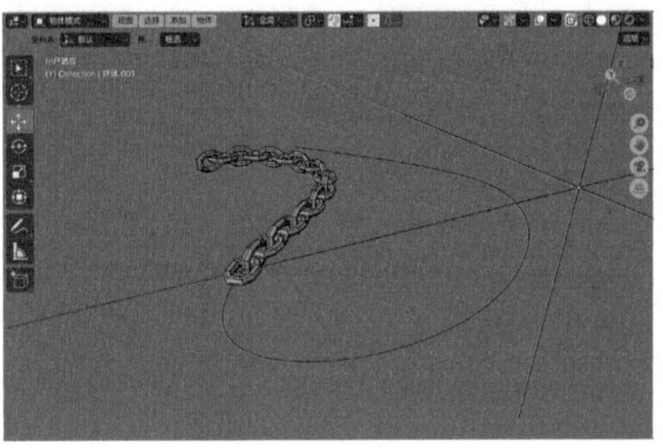
图 3-70

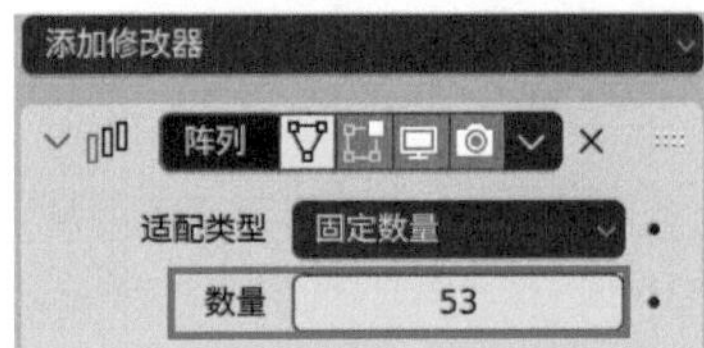

图 3-71

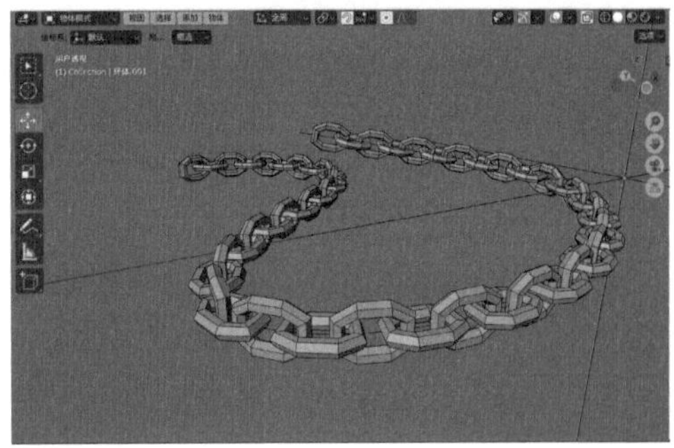
图 3-72

14 在“修改器”面板中，为铁链模型添加“多级精度”修改器，并连续单击“细分”按钮2次，如图3-73所示。最终制作完成的模型效果如图3-74所示。

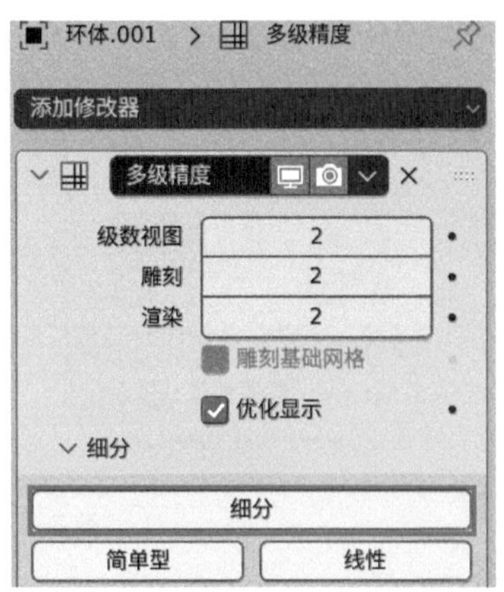

图 3-73

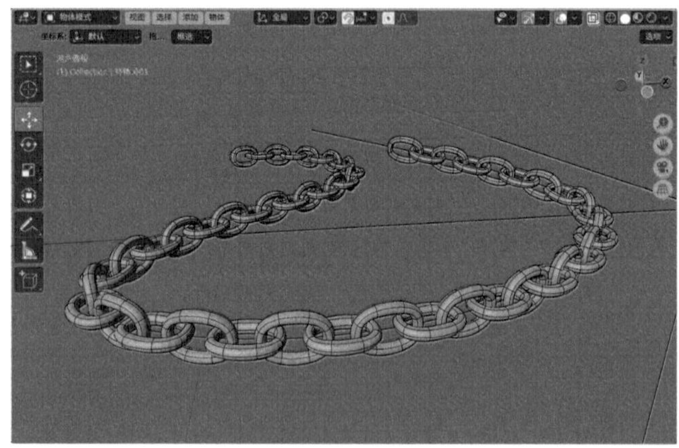

图 3-74

技巧与提示

除了使用“多级精度”修改器可以让模型变得更加光滑，用户还可以使用“表面细分”修改器制作出同样的效果。读者可以通过观看本课后习题对应的教学视频来进行学习。

灯光技术

本章导读

本章将介绍 Blender 4.0 的灯光技术，包含布光的原则、灯光的类型及灯光的参数设置等。灯光在 Blender 中非常重要，在本章中，笔者以常见的灯光场景为例，来为读者详细讲解常用灯光的使用方法。

学习要点

- 掌握灯光的类型
- 掌握点光的使用方法
- 掌握面光的使用方法
- 掌握日光的使用方法
- 掌握天空环境的设置技巧
- 掌握通过后期的方式来调整渲染图像亮度的技巧

4.1 灯光概述

Blender提供了多种不同类型的灯光对象，用户可以根据自己的制作需要来选择使用这些灯光照亮场景。有关灯光的参数、命令相较于其他知识点来说，并不太多，但是这并不意味着灯光设置学习起来就非常容易。灯光的核心设置主要在于颜色和强度这两个方面，即便是同一个场景，在不同的时间段、不同的天气所拍摄出来的照片，其色彩与亮度也大不相同，所以在为场景制作灯光之前，优秀的灯光师通常需要寻找大量的相关素材进行参考，这样才能在灯光制作这一环节得心应手，制作出更加真实的灯光效果。图4-1和图4-2为笔者所拍摄的室外环境光影照片。

图 4-1

图 4-2

使用灯光不仅可以影响其周围物体表面的光泽和颜色，还可以渲染出镜头光斑、体积光等特殊效果，图4-3和图4-4所示分别为笔者所拍摄的一些带有镜头光斑及沙尘暴效果的照片。在Blender中，灯光通常还需要配合模型及材质才能得到丰富的色彩和明暗对比效果，从而使我们的三维图像达到犹如照片级别的真实效果。

图 4-3

图 4-4

4.2 灯光

Blender为用户提供了4种灯光，分别是“点光”“日光”“聚光”“面光”，如图4-5所示。

点光
日光
聚光
面光

图 4-5

4.2.1 课堂案例：制作产品表现照明效果

效果文件	产品 - 完成 .blend
素材文件	产品 .blend
视频名称	制作产品表现照明效果 .mp4

本案例为读者详细讲解如何制作产品表现照明效果，图4-6所示为最终完成效果。

图 4-6

01 启动Blender，打开配套场景文件“产品.blend”，里面有一个树形的艺术品摆件模型，并且已经设置好了材质和摄像机，如图4-7所示。

图 4-7

02 制作灯光之前，我们需要先观察场景，单击“切换摄像机视角”按钮，如图4-8所示。

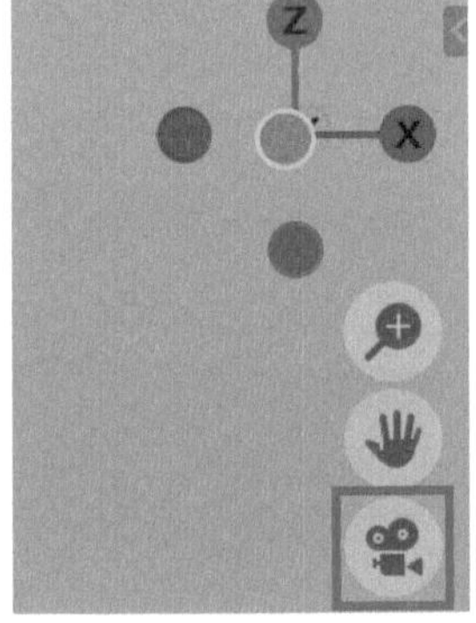

图 4-8

03 将视图切换至“用户透视”视图后，我们可以看到这个树形摆件是放置于一个室内空间里面的，如图4-9所示。

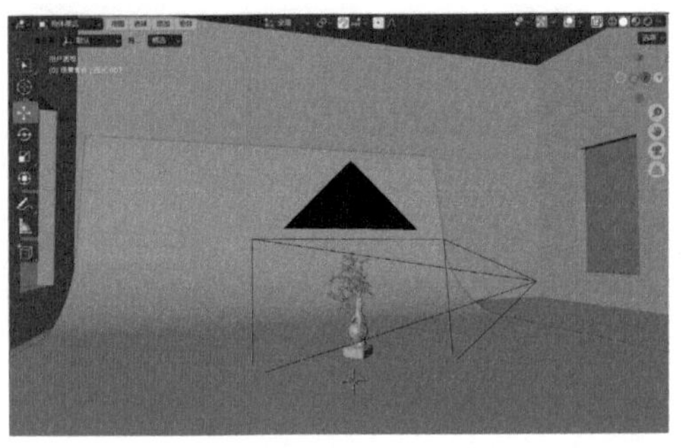

图 4-9

04 执行菜单栏中的“添加>灯光>面光”命令，在场景中创建一个面光，如图4-10所示。

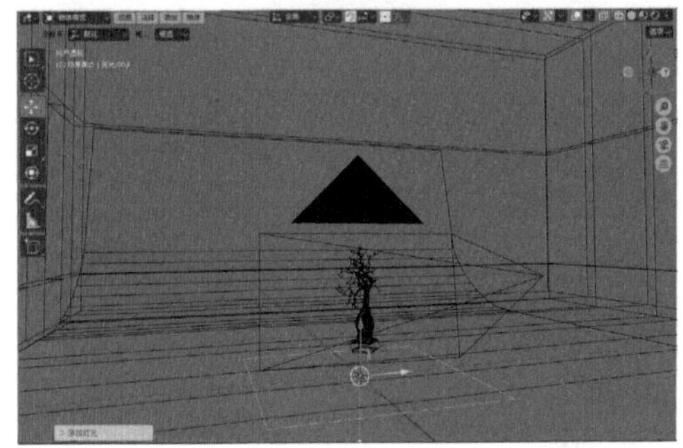

图 4-10

05 将面光移动至房屋模型的外面，并对其进行旋转，调整灯光的照射方向，如图4-11所示。

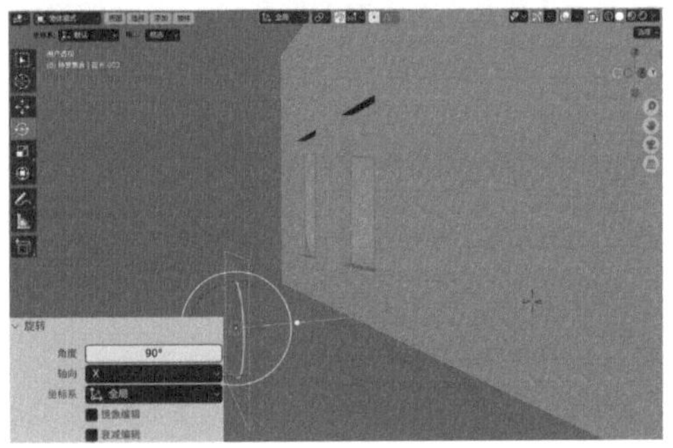

图 4-11

06 在“正交前视图”中，调整灯光的位置和大小，如图4-12所示。

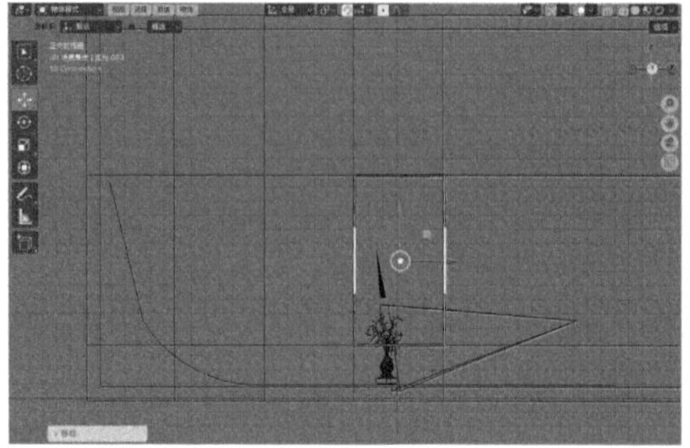

图4-12

07 选择灯光，按Alt+D快捷键，再按X键，对所选择的灯光进行关联复制，并沿*x*轴向调整位置，如图4-13所示。

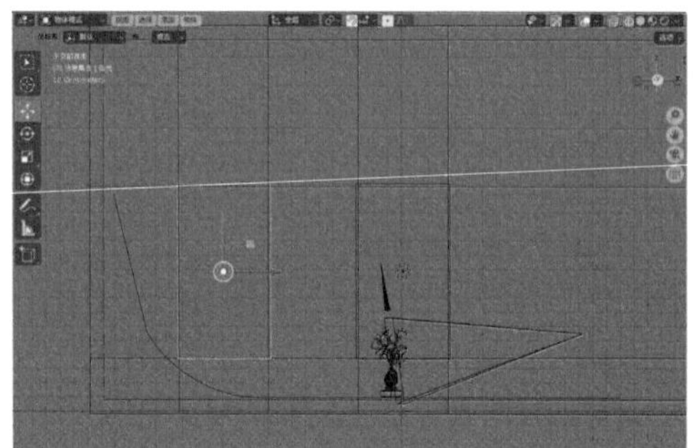

图4-13

08 在“正交顶视图”中，调整2个灯光至图4-14所示位置。

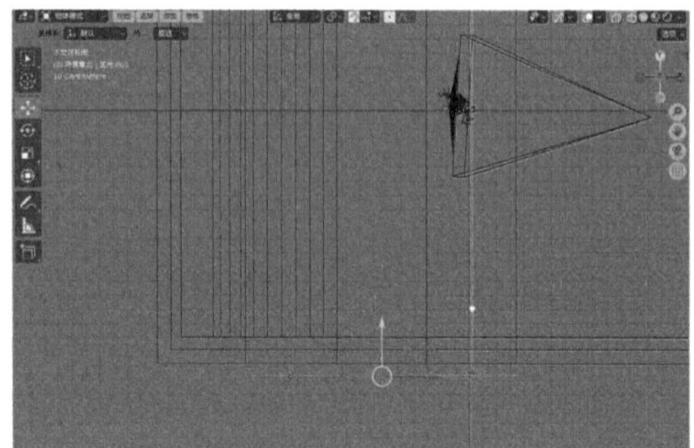

图4-14

09 在“摄像机透视”视图中，按Z键，并单击“渲染”，如图4-15所示。

10 我们可以查看摄像机视图的“渲染预览”状态，如图4-16所示。

图4-15

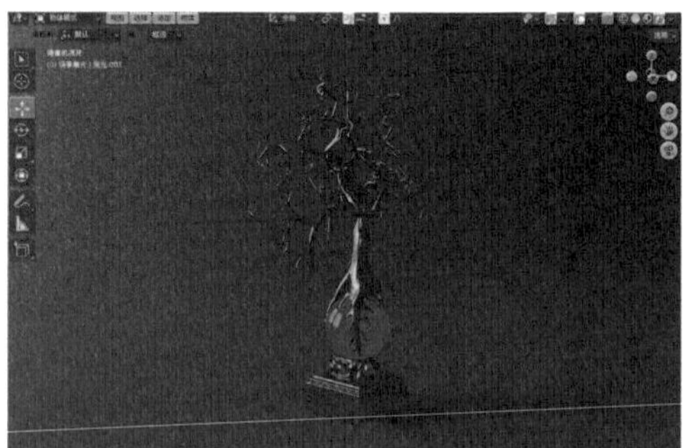

图4-16

11 在“渲染”面板中，设置“渲染引擎”为Cycles，如图4-17所示。

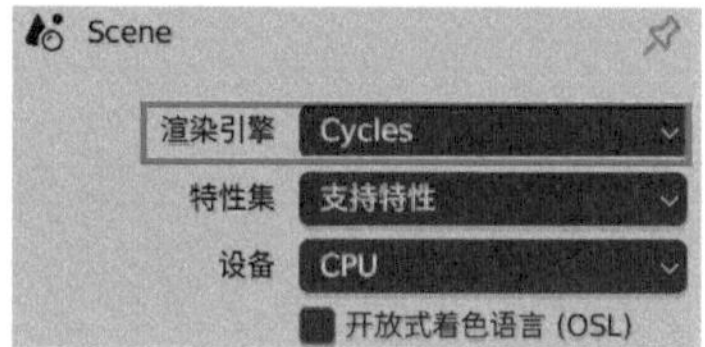

图4-17

12 再次观察“渲染预览”显示效果，如图4-18所示。我们可以发现更换了渲染引擎后，渲染出来的图像结果要真实了许多，摆件的投影及地面上的反射也更加清晰了。

图4-18

13 选择灯光，在“灯光”卷展栏中，设置“能量”为100W，如图4-19所示。

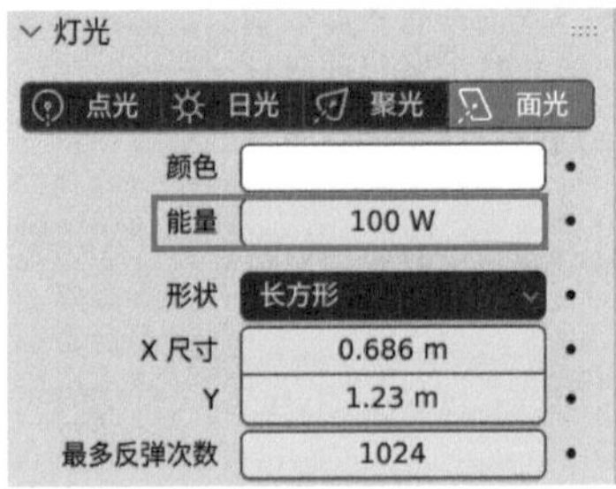

图 4-19

14 再次观察“渲染预览”显示结果，如图4-20所示，我们可以看到场景现在明亮了许多。

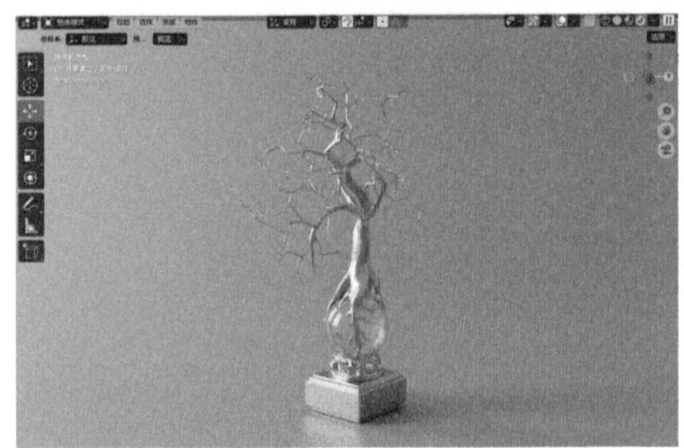

图 4-20

15 执行菜单栏中的“渲染>渲染图像”命令，如图4-21所示。

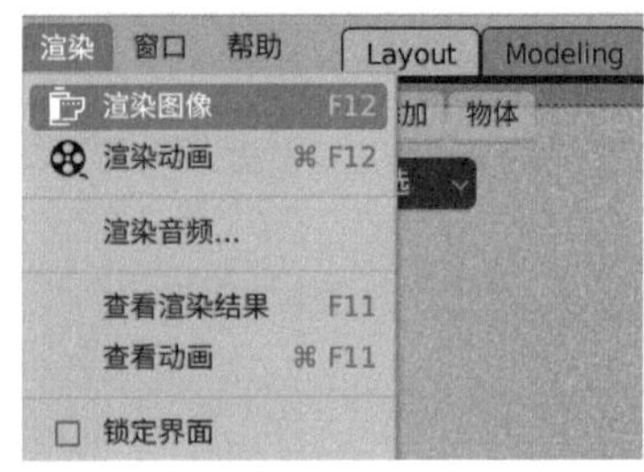

图 4-21

16 渲染场景，最终渲染效果如图4-22所示。

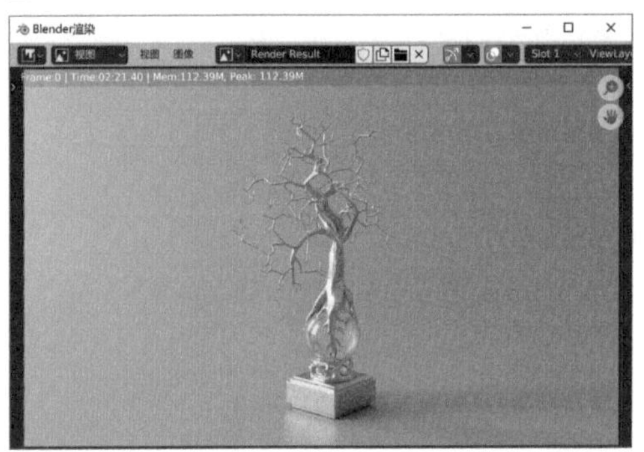

图 4-22

4.2.2 课堂案例：制作室内阳光照明效果

效果文件	客厅－阳光完成 .blend
素材文件	客厅 .blend
视频名称	制作室内阳光照明效果 .mp4

本案例通过制作室内阳光照明效果来为读者详细讲解天空纹理的使用方法，图4-23所示为最终完成效果。

图 4-23

01 启动Blender，打开配套场景文件“客厅.blend”，里面是一个室内客厅模型，并且已经设置好了材质和摄像机，如图4-24所示。

图 4-24

02 在“世界环境”面板中，单击“颜色”后面的黄色圆点，如图4-25所示。

图 4-25

03 在弹出的菜单中执行“天空纹理”命令，如图4-26所示。

图 4-26

04 按Z键，在弹出的菜单中执行“渲染”命令，将视图切换为“渲染预览”，如图4-27所示。观察一下本场景的渲染预览结果，如图4-28所示。

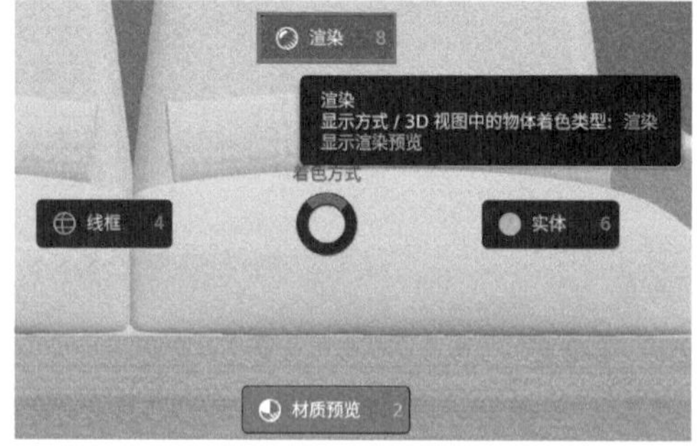

图 4-27

图 4-28

05 在“渲染”面板中，设置“渲染引擎”为Cycles，如图4-29所示。

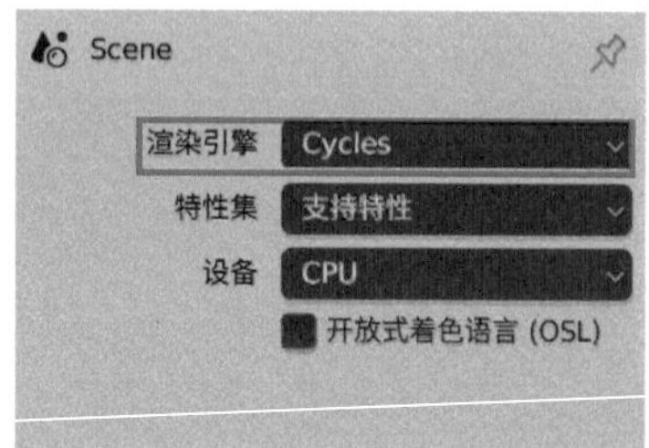

图 4-29

06 设置完成后，“摄像机透视”视图的渲染预览显示结果如图4-30所示。

图 4-30

07 在“表（曲）面”卷展栏中，设置“太阳高度”为20°，“太阳旋转”为120°，调整太阳在天空中的位置，如图4-31所示。

08 设置完成后，“摄像机透视”视图的渲染预览显示结果如图4-32所示，我们可以看到阳光穿透窗户在房间内所产生的投影效果。

09 在“表（曲）面”卷展栏中，设置“太阳尺寸”为1°，如图4-33所示。

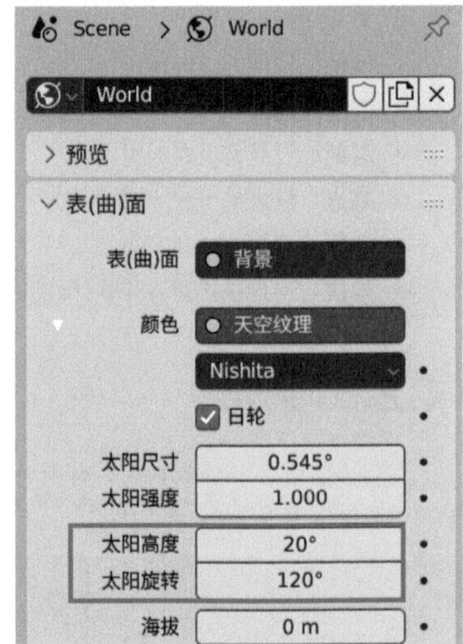

图 4-31

图 4-32

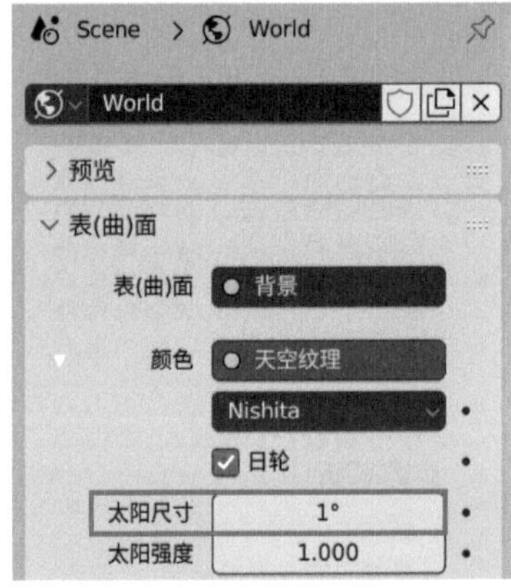

图 4-33

10 设置完成后，“摄像机透视”视图的渲染预览显示结果如图4-34所示，我们可以看到窗户在墙上的投影会比之前要虚一些。

图 4-34

11 执行菜单栏中的“渲染>渲染图像”命令，渲染场景，最终渲染效果如图4-35所示。

图 4-35

4.2.3 点光

新建场景时，场景中自动添加的灯光就是点光，如图4-36所示。其参数设置如图4-37所示。

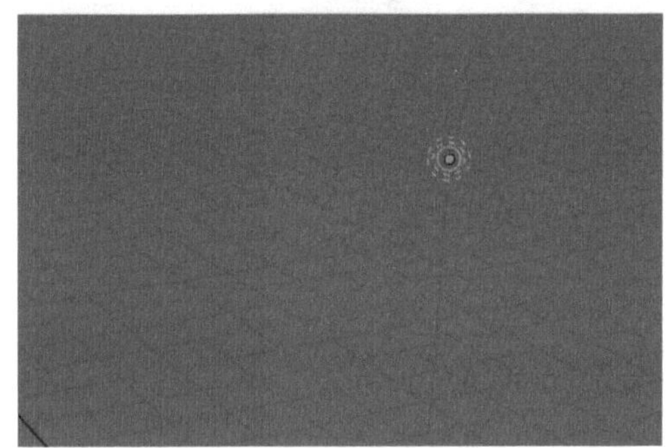

图 4-36

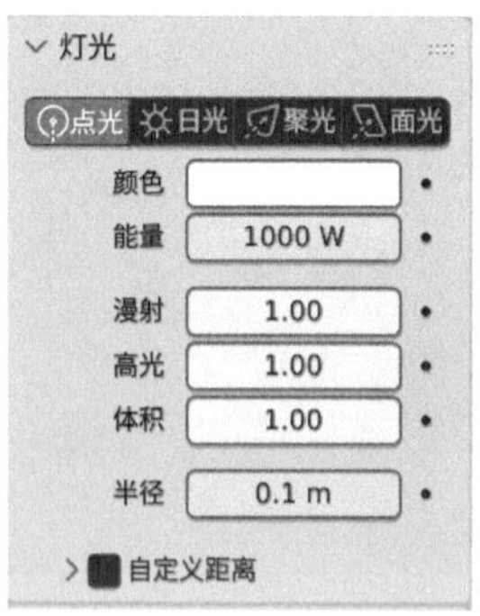

图 4-37

参数解析

- **颜色：** 设置灯光的颜色。
- **能量：** 设置灯光的照射强度。
- **漫射：** 设置灯光的漫射系数。
- **高光：** 设置灯光的高光系数。
- **体积：** 设置灯光的体积系数。
- **半径：** 设置灯光的软阴影效果。

4.2.4 日光

将灯光设置为日光后，灯光视图显示如图4-38所示。其参数设置如图4-39所示。

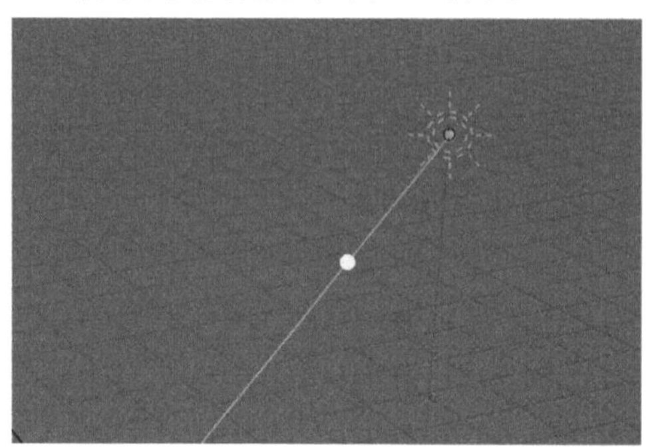

图 4-38

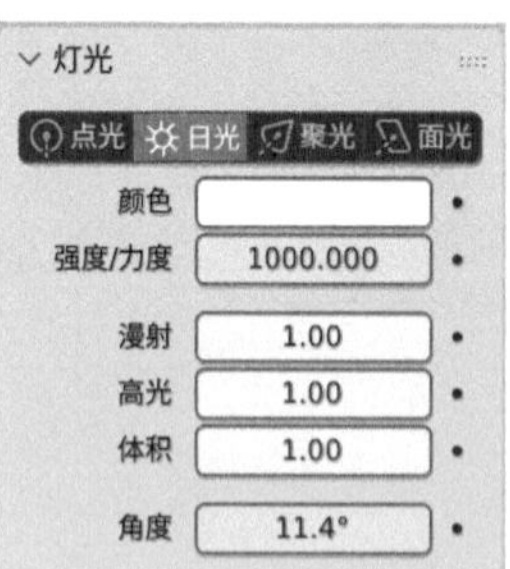

图 4-39

参数解析

- **颜色：** 设置灯光的颜色。
- **强度/力度：** 设置灯光的照射强度。
- **漫射：** 设置灯光的漫射系数。
- **高光：** 设置灯光的高光系数。
- **体积：** 设置灯光的体积系数。
- **角度：** 模拟从地球上看到日光的角度。

4.2.5 聚光

将灯光设置为聚光后，灯光视图显示如图4-40所示。其参数设置如图4-41所示。

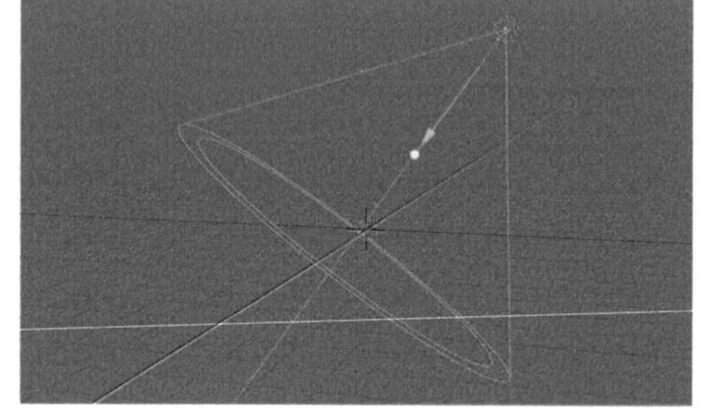

图 4-40

图 4-41

参数解析

- **颜色：** 设置灯光的颜色。
- **能量：** 设置灯光的照射强度。
- **漫射：** 设置灯光的漫射系数。
- **高光：** 设置灯光的高光系数。
- **体积：** 设置灯光的体积系数。
- **半径：** 设置灯光的软阴影效果。
- **尺寸：** 设置聚光的照射范围，图4-42和图4-43

所示分别为该值是50° 和80° 的视图显示结果。

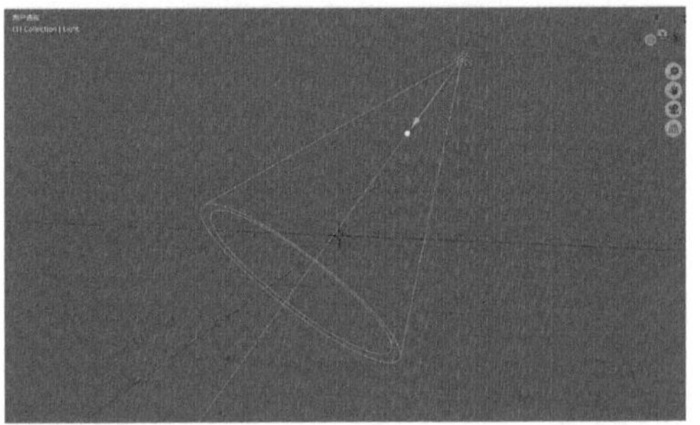

图 4-42

图 4-43

- **混合：** 设置聚光照射范围的边缘效果，图4-44和图4-45所示分别为该值是0.1和0.5的视图显示结果。

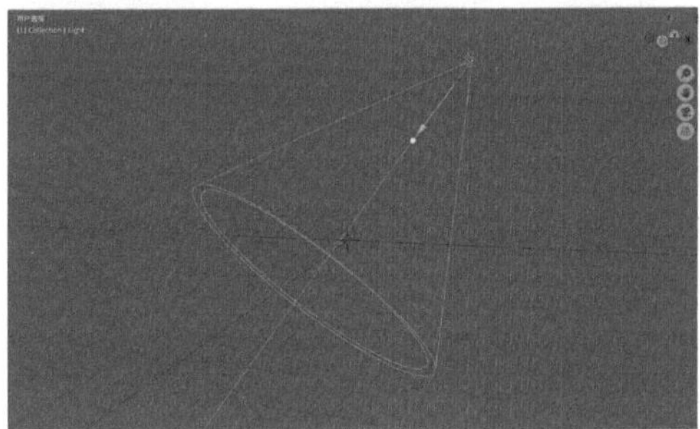

图 4-44

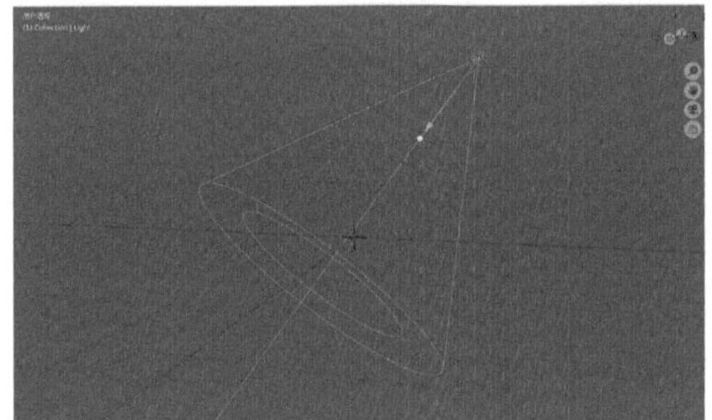

图 4-45

- **显示区域：** 勾选该选项可以在视图中显示出灯光的照射区域，如图4-46所示。

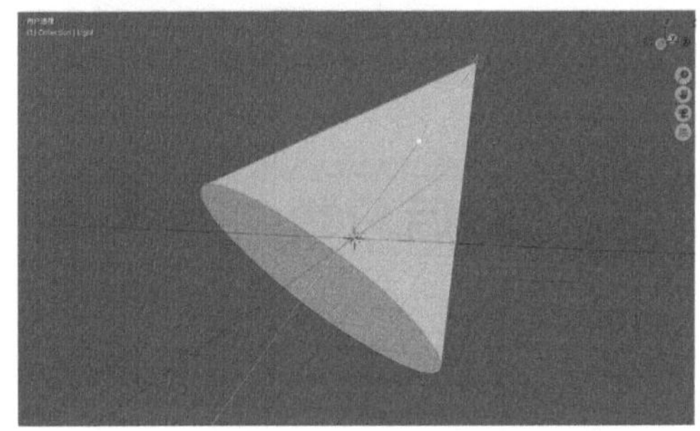

图 4-46

4.2.6 面光

将灯光设置为面光后，灯光视图显示如图4-47所示。其参数设置如图4-48所示。

图 4-47

图 4-48

参数解析

- **颜色：** 设置灯光的颜色。
- **能量：** 设置灯光的照射强度。
- **漫射：** 设置灯光的漫射系数。

- **高光：** 设置灯光的高光系数。
- **体积：** 设置灯光的体积系数。
- **形状：** 设置灯光的形状，有“长方体”“正方体”“碟形”“椭圆形”4种可选。
- **X尺寸/Y：** 分别设置灯光x轴和y轴方向的尺寸。

4.3 课后习题

4.3.1 课后习题：制作室内天光照明效果

效果文件	客厅 - 天光完成 .blend
素材文件	客厅 .blend
视频名称	制作室内天光照明效果 .mp4

本课后习题通过制作室内天光照明效果来带领读者练习面光的使用方法，图4-49所示为最终完成效果。

01 启动Blender，打开配套场景文件“客厅.blend”，里面是一个室内客厅模型，并且已经设置好了材质和摄像机，如图4-50所示。

图 4-49

图 4-50

02 将视图切换至“材质预览”，我们可以观察场景中模型上的材质显示，如图4-51所示。

03 执行菜单栏中的“添加>灯光>面光”命令，在场景中创建一个面光，如图4-52所示。

图 4-51

图 4-52

04 将面光移动至房屋模型的外面，并对其进行旋转，调整其照射方向，如图4-53所示。

05 在“正交右视图”中，调整灯光至窗户模型位置处，如图4-54所示。

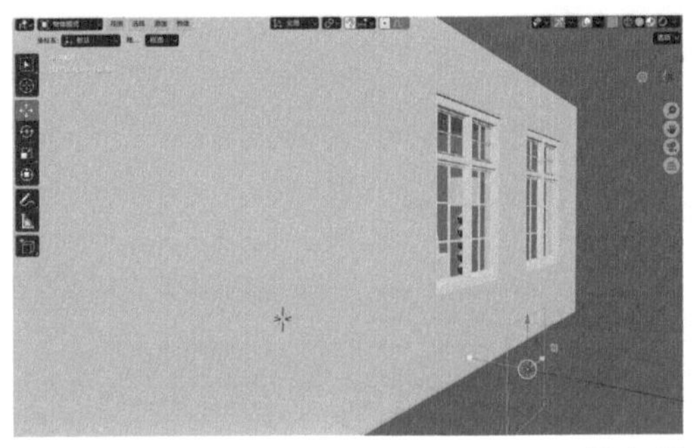
图 4-53

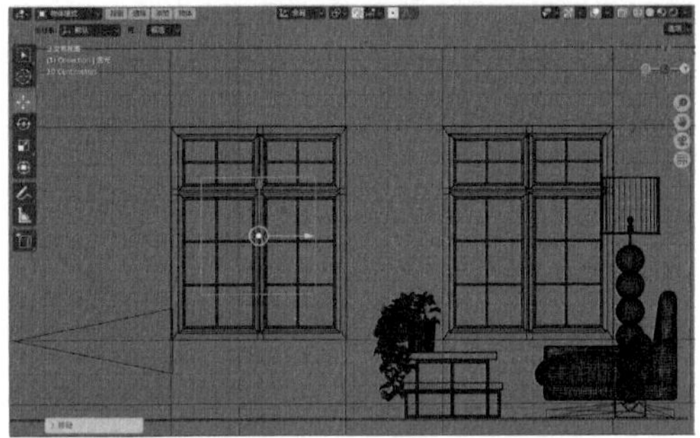
图 4-54

06 在“灯光”卷展栏中，设置灯光的“能量”为300W，“形状”为“长方形”，如图4-55所示。

07 在场景中选择面光，并将鼠标指针放置于面光边缘位置处，当面光边缘呈黄色高亮显示状态时，可以以拖动的方式来调整面光的大小，使其与窗户模型大小接近，如图4-56所示。

图 4-55

图 4-56

08 在“正交顶视图”中，调整面光至图4-57所示位置。

09 选择灯光，按Alt+D快捷键，对灯光进行关联复制，并调整其位置至图4-58所示位置处。

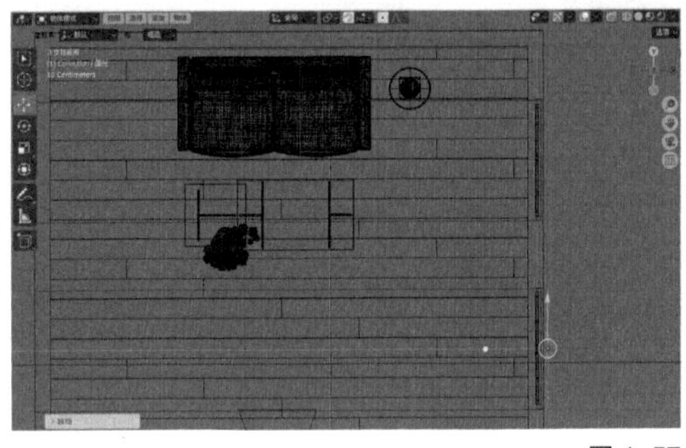
图 4-57

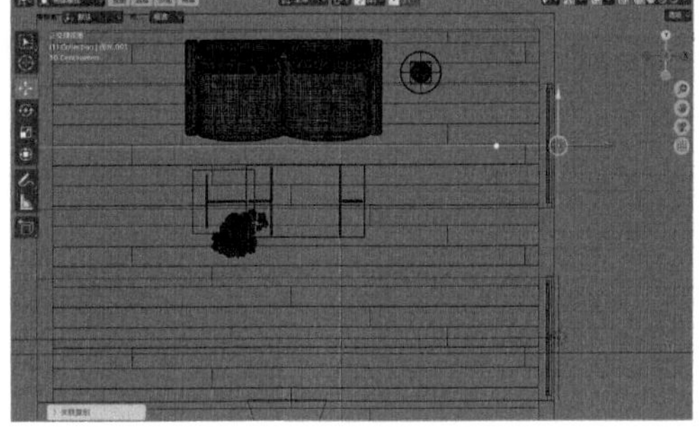
图 4-58

10 在“渲染”面板中，设置“渲染引擎”为Cycles，如图4-59所示。

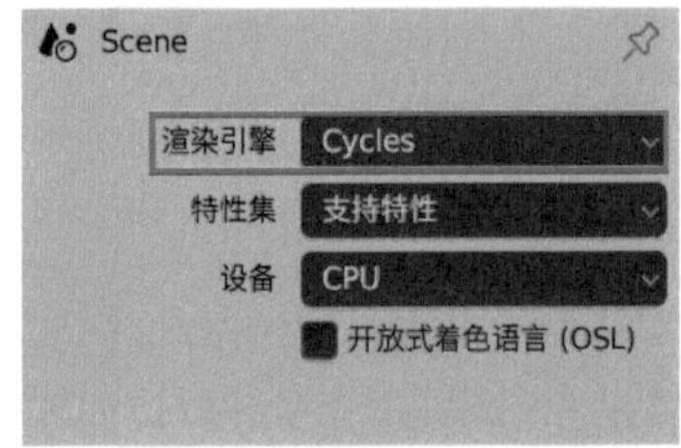

图 4-59

11 在视图中单击摄像机形状的“切换摄像机视角”按钮，将视图切换至“摄像机透视”视图，再单击视图上方右侧的“渲染预览”按钮，将视图的着色方式设置为“渲染预览”，如图4-60所示。我们就可以在视图中查看设置了灯光后的场景渲染效果了，如图4-61所示。

12 执行菜单栏中的“渲染>渲染图像”命令，渲染场景，最终渲染效果如图4-62所示。

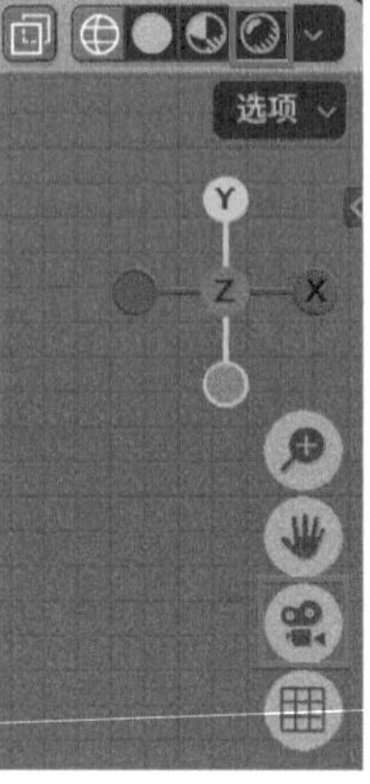

图 4-60

图 4-61

图 4-62

4.3.2 课后习题：制作射灯照明效果

效果文件	置物架 - 完成 .blend
素材文件	置物架 .blend
视频名称	制作射灯照明效果 .mp4

本课后习题带领读者练习使用IES文件来制作射灯照明效果，最终渲染结果如图4-63所示。

图 4-63

01 启动Blender，打开配套场景文件“置物架.blend”，里面是一个放着摆件的置物架模型，并且已经设置好了材质和摄像机，如图4-64所示。

图 4-64

02 执行菜单栏中的“添加>灯光>点光”命令，在场景中创建一个点光，并调整其位置至图4-65所示。

03 在“数据”面板中，展开“节点”卷展栏，单击“使用节点”按钮，如图4-66所示。

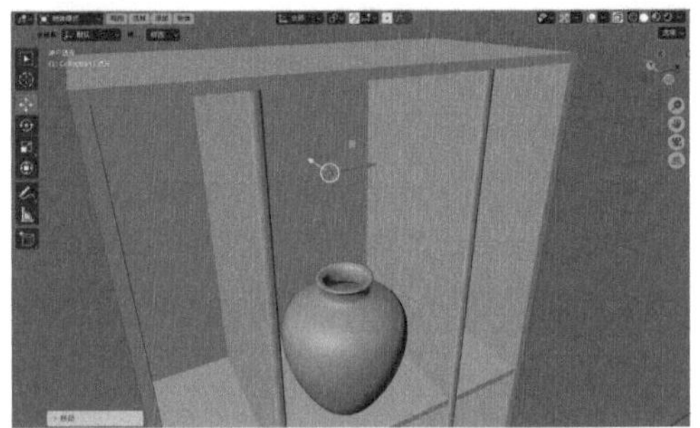

图 4-65

图 4-66

04 在“着色器编辑器”面板中，执行菜单栏中的“添加>纹理>IES纹理”命令，并将“IES纹理”的“系数”连接至“自发光(发射)”的“颜色”上，如图4-67所示。

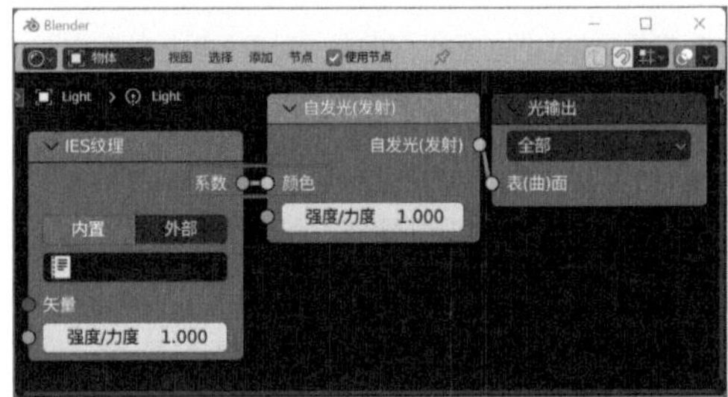

图 4-67

05 在“节点”卷展栏中，设置“源”为“外部”，并单击下方文件夹形状的按钮，浏览并选择本书配套资源文件“射灯.ies”，如图4-68所示。

图 4-68

06 在“灯光”卷展栏中，设置点光的“颜色”为黄色，“能量”为100mW，如图4-69所示。

图 4-69

技巧与提示

“能量”值的默认单位为W，当我们输入0.1后，其单位会自动更改为mW。

07 设置完成后，“摄像机透视”视图的渲染预览显示结果如图4-70所示。

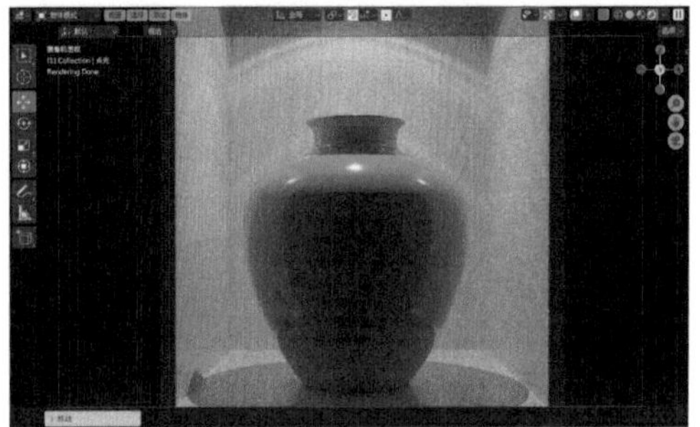

图 4-70

08 执行菜单栏中的“添加>灯光>面光”命令，在场景中创建一个面光，并调整其位置至图4-71所示。

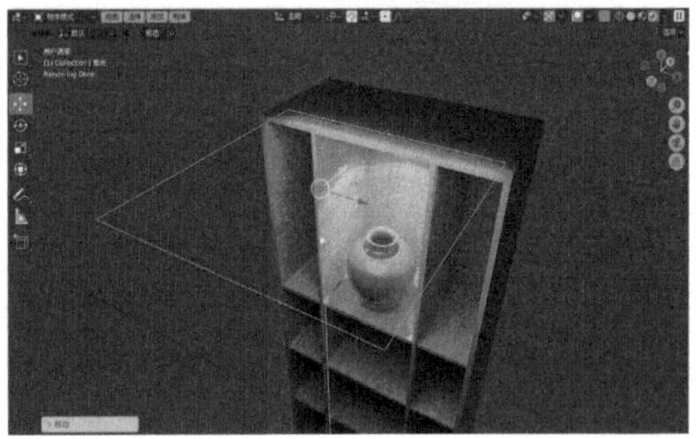

图 4-71

09 在“灯光”卷展栏中，设置“能量”为50W，如图4-72所示。

图 4-72

10 设置完成后，“摄像机透视”视图的渲染预览显示结果如图4-73所示。

图 4-73

11 执行菜单栏中的“渲染>渲染图像”命令，渲染场景，最终渲染效果如图4-74所示。

图 4-74

第 5 章

摄像机技术

本章导读

本章将介绍 Blender 4.0 的摄像机技术，主要包含如何创建摄像机及其基本参数的设置。希望读者能够通过本章的学习，掌握摄像机的使用技巧。本章内容相对比较简单，希望大家勤加练习，熟练掌握。

学习要点

- 了解摄像机的类型
- 掌握摄像机的基本参数
- 掌握摄像机景深特效的制作方法

5.1 摄像机概述

Blender中的摄像机中所包含的参数与现实中我们所使用的摄像机参数非常相似，如焦距、光圈、尺寸等，也就是说如果用户是一个摄像爱好者，那么学习本章的内容将会得心应手。当我们新建一个场景时，Blender会自动在场景中添加一个摄像机。当然，我们也可以为我们的场景创建多个摄像机来记录场景中的美好角度，与其他章的内容相比较，本章内容相对较少，但是并不意味着每个人都可以轻松地掌握摄像机技术。学习摄像机技术就像我们拍照一样，读者最好额外多学习一些有关画面构图方面的知识，这有助于读者将作品中较好的一面展示出来。图5-1和图5-2所示为笔者日常生活中所拍摄的一些画面。

图 5-1

图 5-2

5.2 摄像机

当用户新建一个“常规”文件后，场景中会自动添加一个摄像机，如图5-3所示。我们可以通过单击界面右侧的“切换摄像机视角”按钮在“用户透视”视图和“摄像机透视”视图之间切换，如图5-4所示。

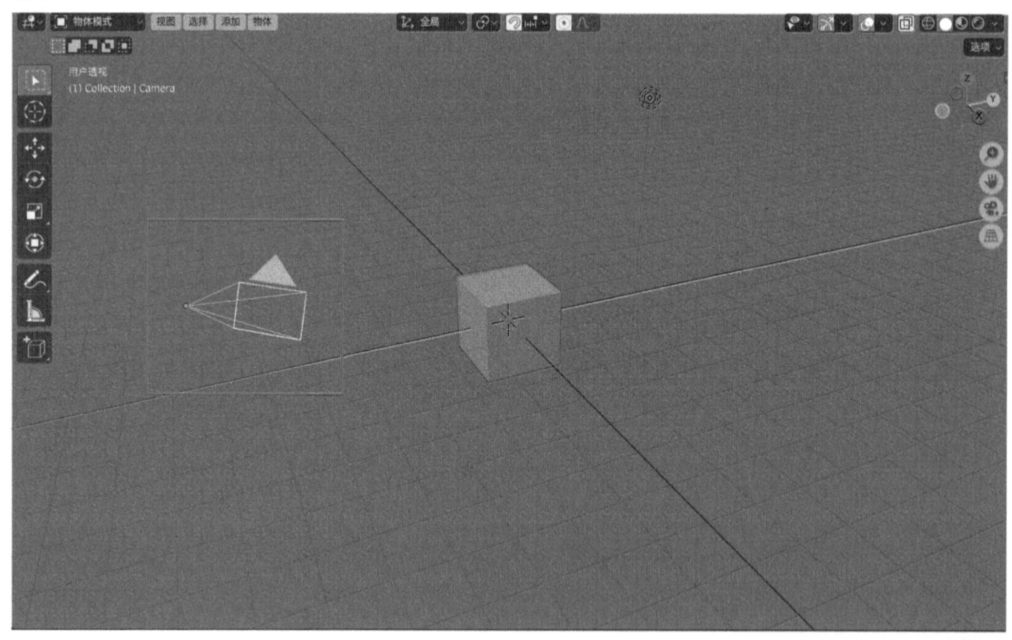

图 5-3

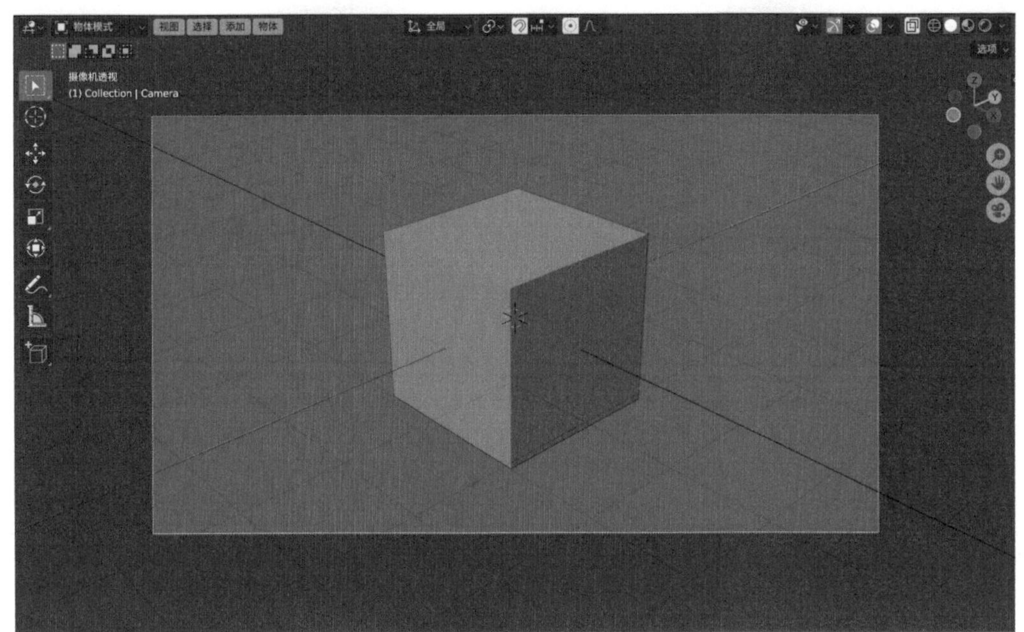

图 5-4

在“摄像机透视”视图中，当我们按住鼠标中键并拖动旋转视图时，可以自动切换回“用户透视”视图，而不会更改摄像机的位置。

5.2.1 课堂案例：创建摄像机

效果文件	厨具 - 完成 .blend
素材文件	厨具 .blend
视频名称	创建摄像机 .mp4

本案例为读者详细讲解摄像机的创建及参数设置技巧，图5-5所示为最终完成效果。

01 启动Blender，打开配套场景文件“厨具.blend”，如图5-6所示。

图 5-5

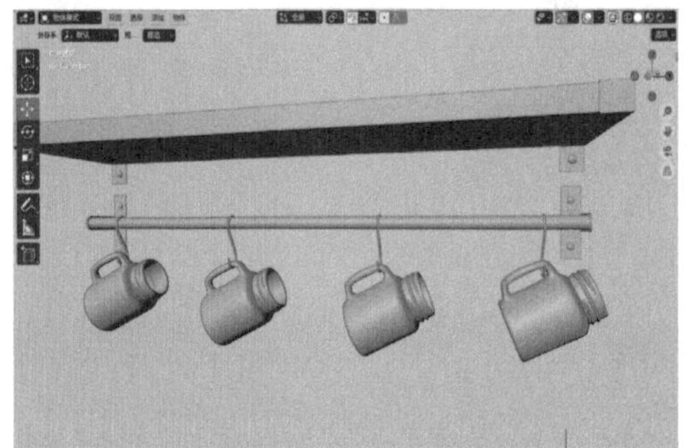

图 5-6

02 执行菜单栏中的“添加>摄像机”命令，在场景中创建一个摄像机，如图5-7所示。

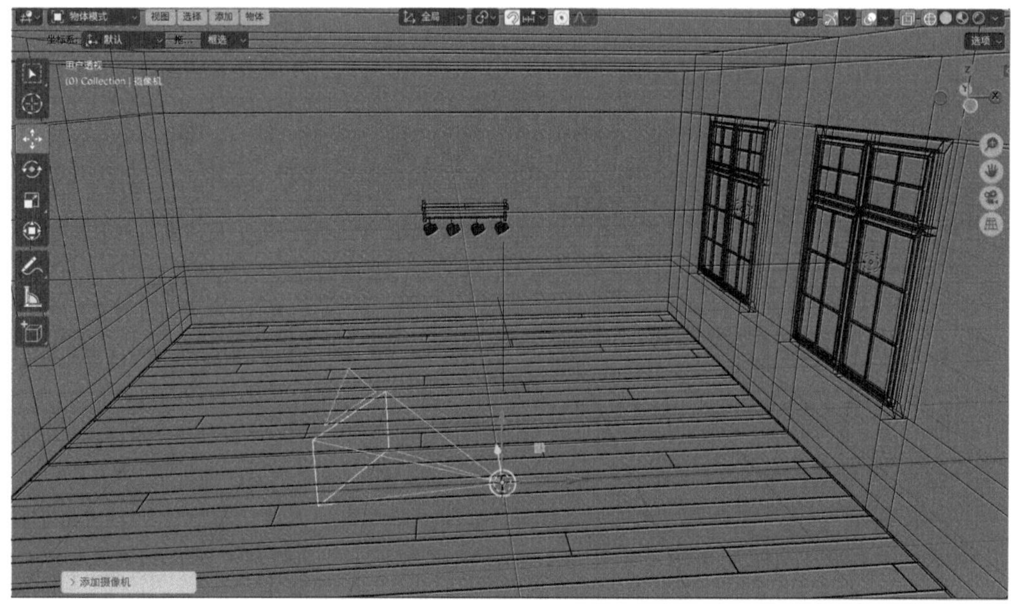

图 5-7

03 在“正交顶视图”中，调整摄像机的位置和角度，如图5-8所示。

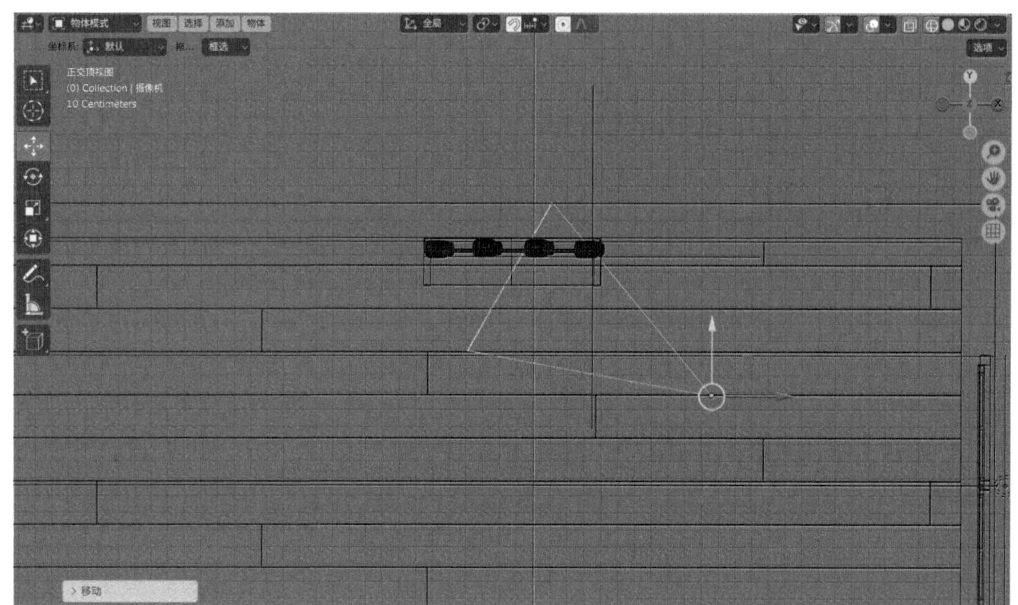

图 5-8

04 在“正交左视图”中，调整摄像机的位置和角度，如图5-9所示。

技巧与提示

切换到摄像机视图后，先不要按鼠标中键拖动旋转视图，因为这样又会回到透视视图。

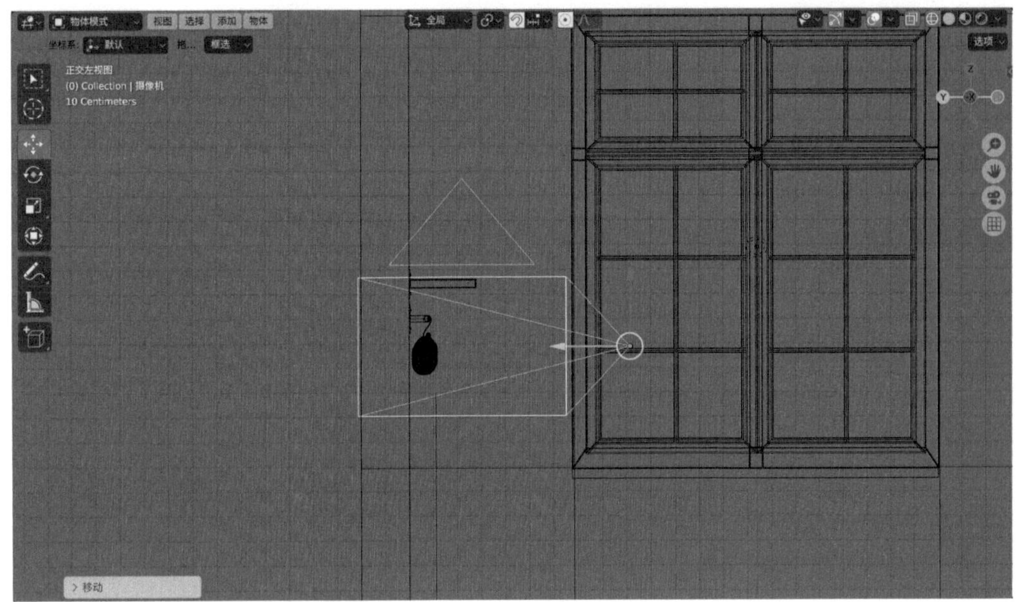

图 5-9

05 单击视图上方右侧摄像机形状的“切换摄像机视角”按钮，如图5-10所示，即可将视图切换至“摄像机透视”视图，如图5-11所示。接下来，准备微调摄像机的拍摄角度。

06 按N键，弹出“视图”面板，在“视图锁定”卷展栏中，勾选“锁定摄像机”，如图5-12所示。这样，再按鼠标中键拖动旋转视图时，就不会回到透视视图，而是在摄像机视图里调整摄像机的拍摄角度。最终调整好的摄像机视图如图5-13所示。

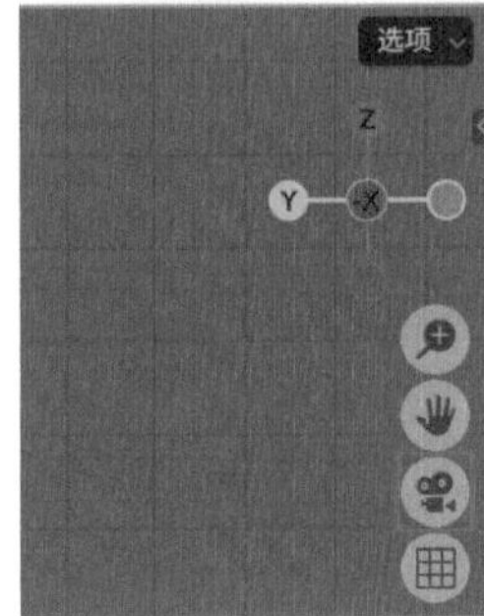

图 5-10

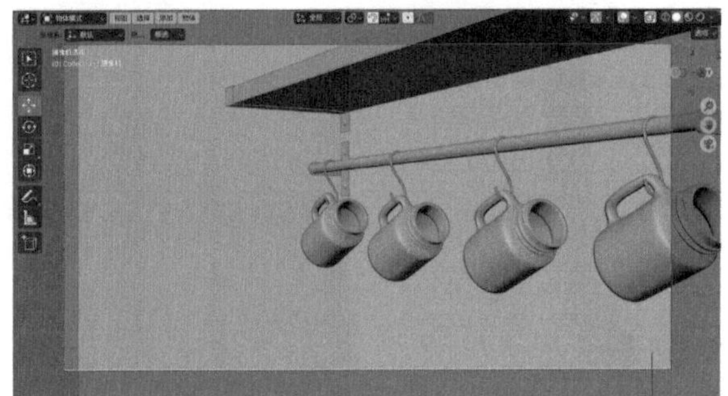

图 5-11

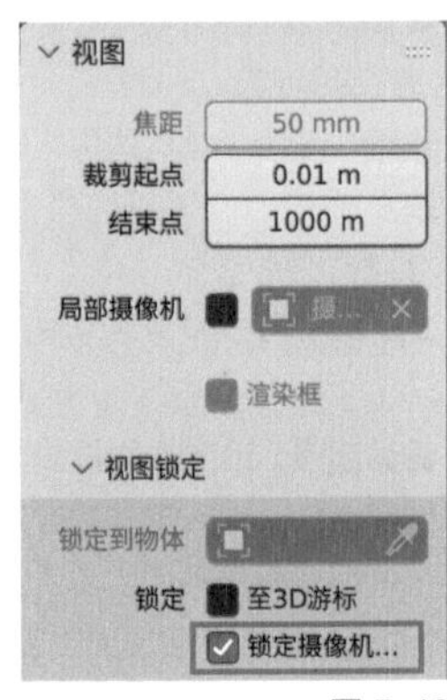

图 5-12

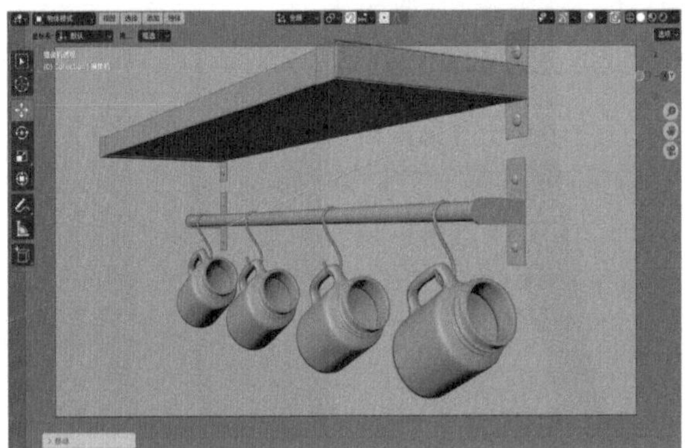

图 5-13

技巧与提示

在本案例中，摄像机的位置及旋转角度，读者可以参考图5-14所示来进行设置。

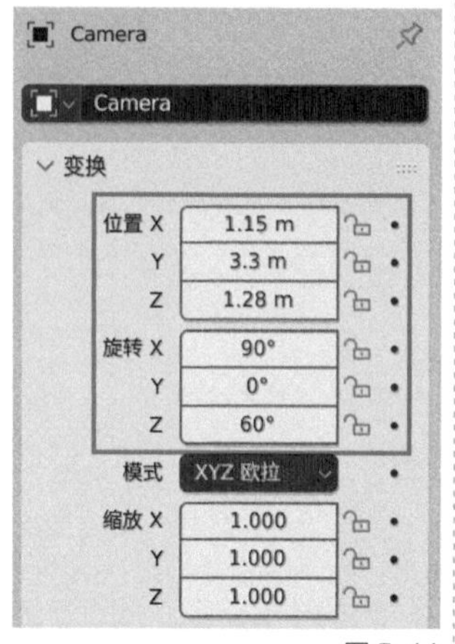

图 5-14

07 设置完成后，取消勾选"锁定摄像机"，如图5-15所示。这样可以防止因误操作而更改摄像机的拍摄角度。

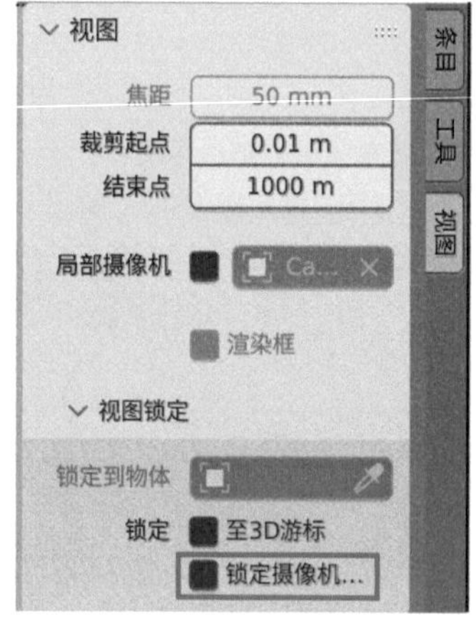

图 5-15

08 执行菜单栏中的"渲染>渲染图像"命令，渲染场景，最终渲染效果如图5-16所示。

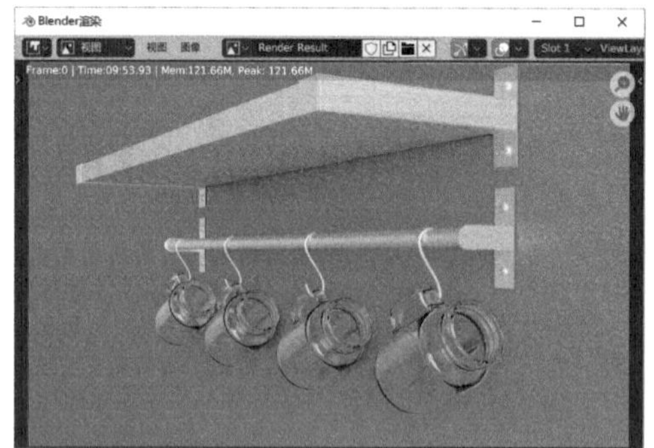

图 5-16

5.2.2 创建摄像机

执行菜单栏中的"添加>摄像机"命令，即可在场景中游标位置创建一个摄像机，如图5-17所示。

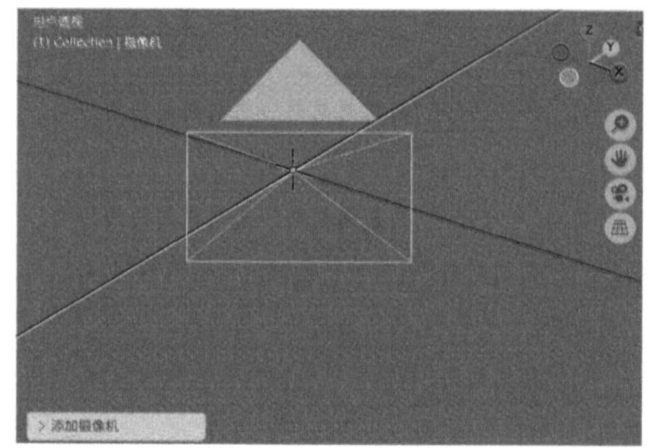

图 5-17

Lens卷展栏如图5-18所示。

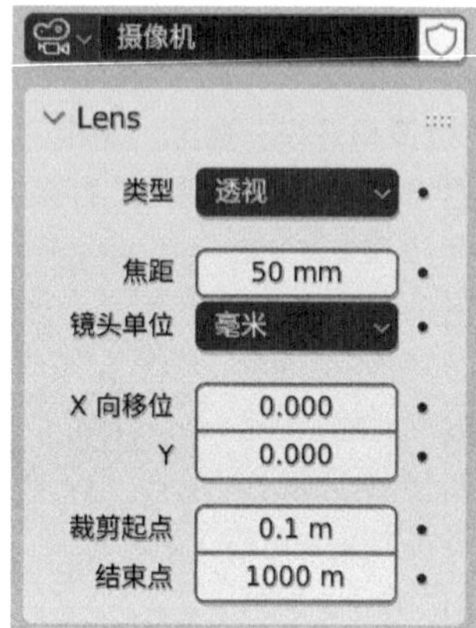

图 5-18

参数解析

- **类型：** 设置摄像机的类型，有"透视""正交""全景"3种可选。
- **焦距：** 设置摄像机的焦距值。
- **镜头单位：** 设置摄像机的镜头单位，有"毫米"和"视野"2种可选。
- **X向移位/Y：** 分别设置摄像机*x*轴/*y*轴方向的偏移值。
- **裁剪起点：** 设置摄像机裁剪的起点位置。
- **结束点：** 设置摄像机裁剪的结束点位置。

5.2.3 活动摄像机

有时需要在场景中创建多个摄像机来记录画面，但是在渲染场景时，Blender只会渲染活动摄像机的拍摄视角。场景中的活动摄像机只允许有一个，用户可以通过摄像机上的黑色三角形来判断哪个摄像机现在为活动摄像机，如图5-19所示。

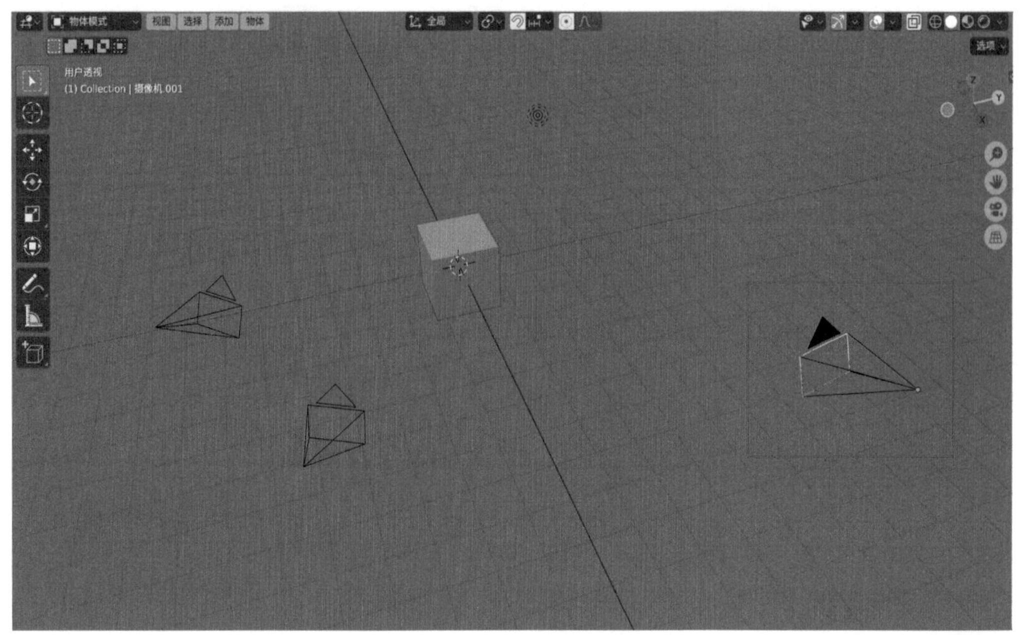

图 5-19

可在“大纲视图”面板中，单击摄像机后面的摄像机图标来设置该摄像机为活动摄像机。被设置为活动摄像机后，其摄像机图标会有较深的背景颜色，如图5-20所示。

也可选择摄像机，单击鼠标右键，在弹出的菜单中执行“设置活动摄像机”命令，如图5-21所示，来设置所选择的摄像机为活动摄像机。

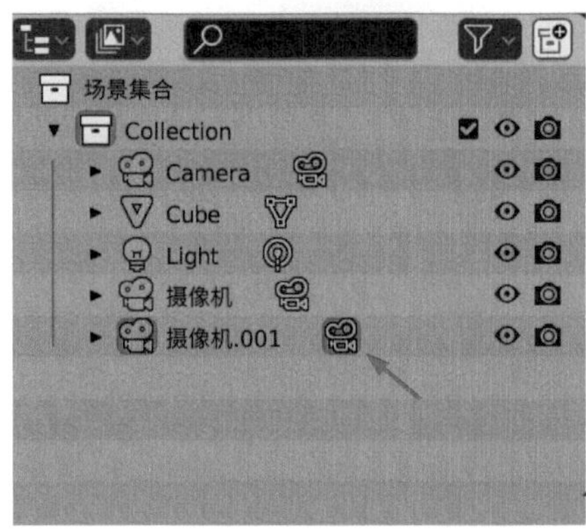

图 5-20

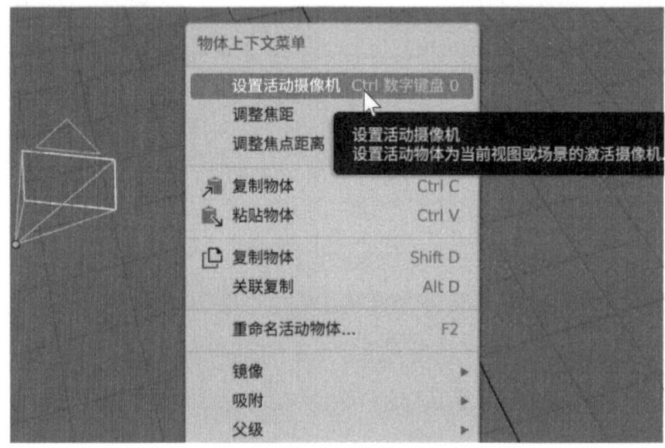

图 5-21

5.3 课后习题

5.3.1 课后习题：制作景深效果

效果文件	厨具 - 景深完成 .blend
素材文件	厨具 - 完成 .blend
视频名称	制作景深效果 .mp4

在本课后习题中，使用5.2节完成的文件来练习用摄像机渲染景深效果的方法，最终渲染结果如图5-22所示。

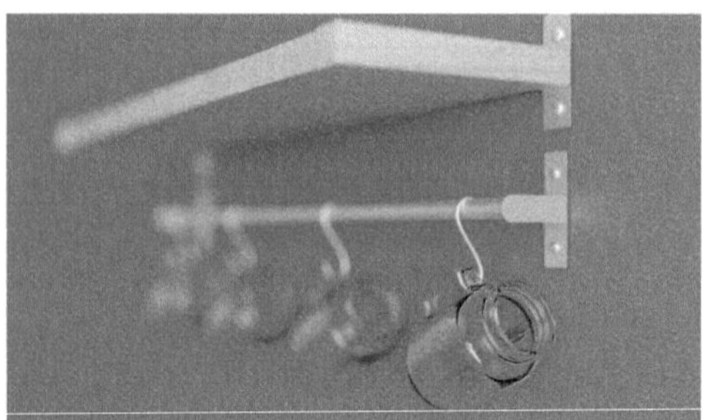

图 5-22

01 启动Blender软件，打开配套场景文件“厨具-完成.blend”，如图5-23所示。

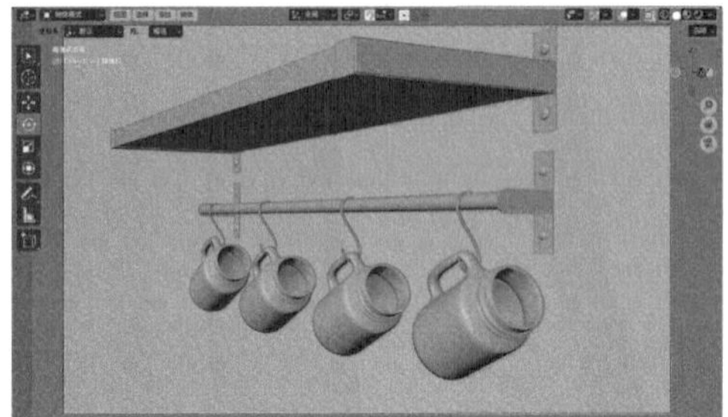

图 5-23

02 按Z键，并执行“渲染”命令，场景的渲染预览显示结果如图5-24所示。

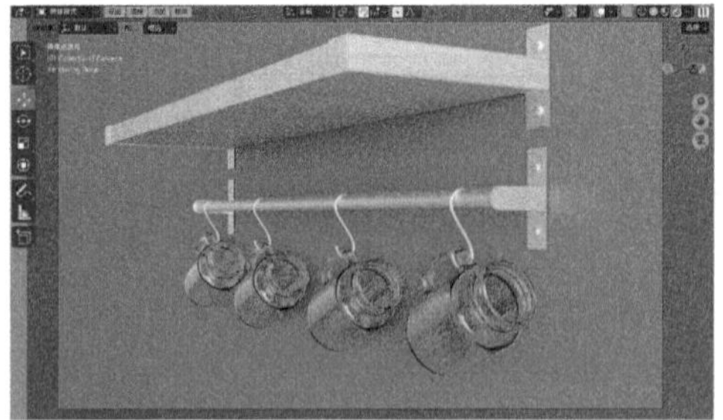

图 5-24

03 选择摄像机，在“数据”面板中，勾选“景深”，如图5-25所示。

图 5-25

04 观察场景的渲染预览效果，默认景深效果如图5-26所示，我们可以看到画面已经出现了一定的模糊。

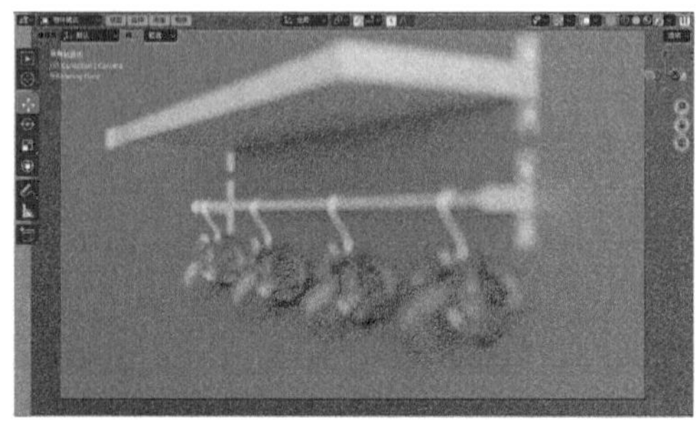

图 5-26

05 执行菜单栏中的“添加>空物体>纯轴”命令，在场景中创建一个名称为“空物体”的纯轴，如图5-27所示。

06 在“正交顶视图”中，调整纯轴至图5-28所示位置。

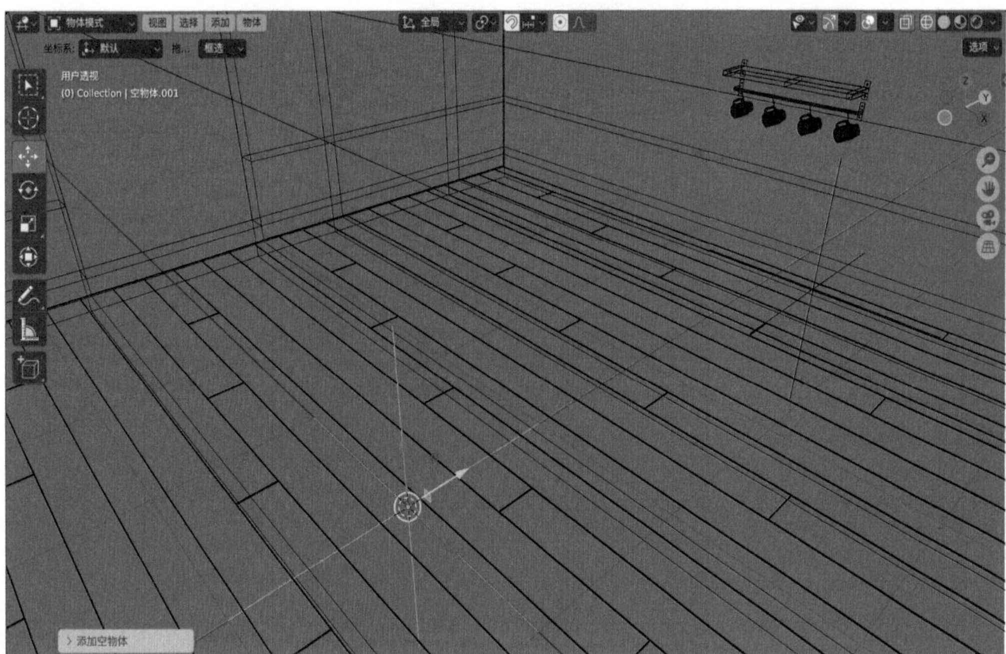

图 5-27

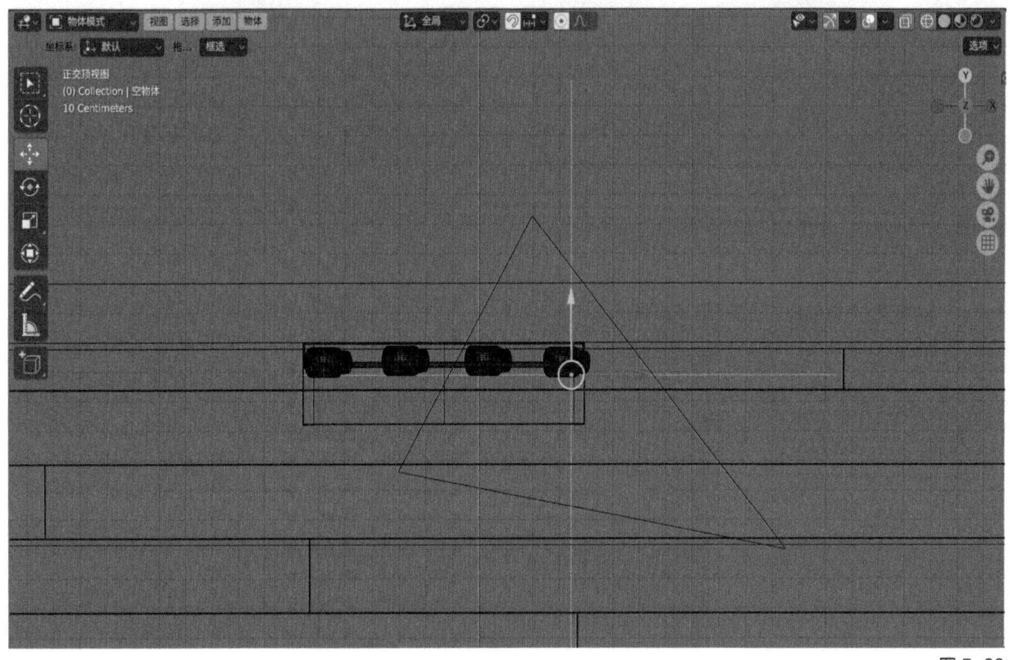

图 5-28

07 在“景深”卷展栏中，设置纯轴为“焦点物体”后，纯轴的名称会出现在“焦点物体”的后方，如图5-29所示。

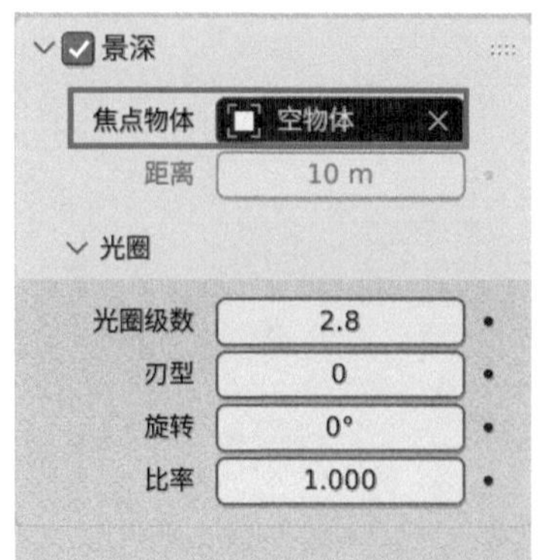

图 5-29

08 在设置完成后，观察“摄像机透视”视图，其渲染预览效果如图5-30所示。可以看到纯轴位置处的杯子渲染结果较为清楚，后面的杯子则看起来较为模糊。

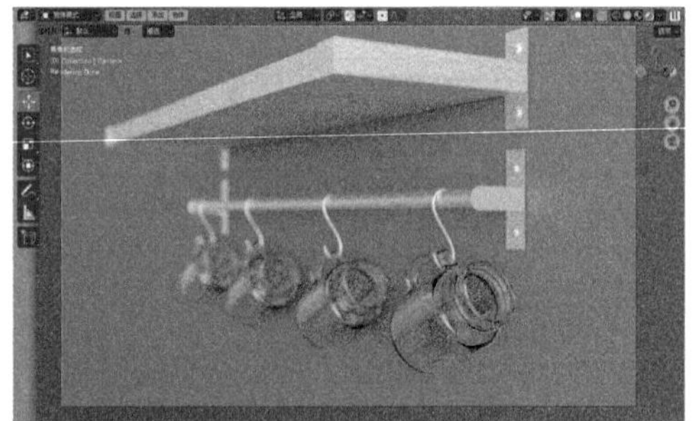

图 5-30

09 在“景深”卷展栏中，设置“光圈级数”为1，如图5-31所示。

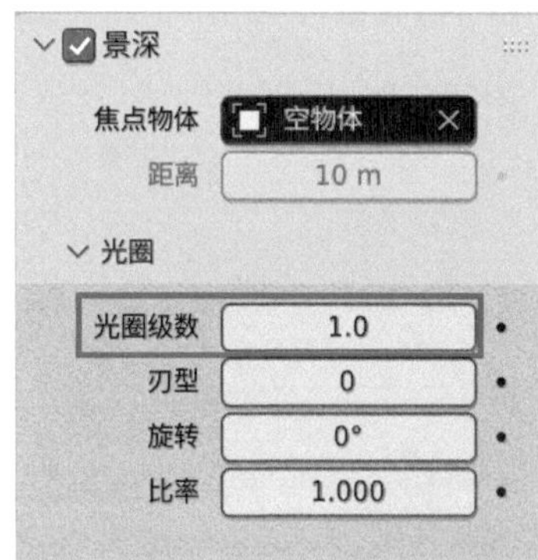

图 5-31

10 “摄像机透视”视图的渲染预览显示效果如图5-32所示。

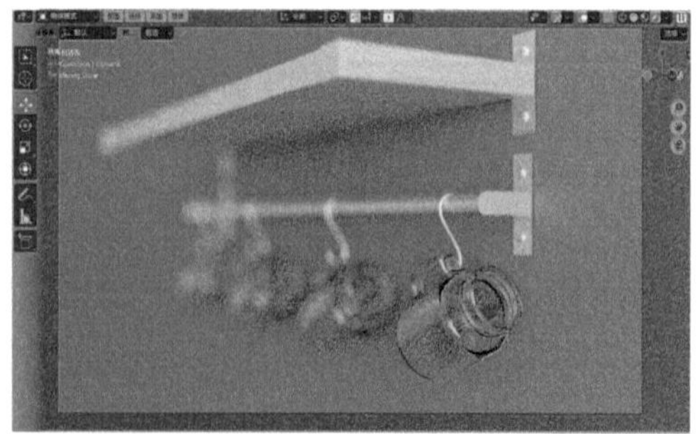

图 5-32

技巧与提示

“光圈级数”值越小，景深的模糊效果越明显。

11 渲染场景，效果如图5-33所示。

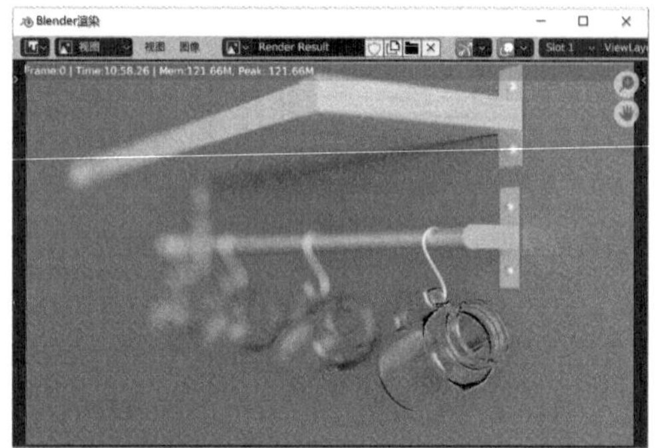

图 5-33

技巧与提示

在“景深”卷展栏中，“刃型”值可以控制“光圈”的形状。设置“刃型”为3，如图5-34所示，渲染出来的光圈则为三角形，如图5-35所示。如果“刃型”为5，则渲染出来的光圈为五边形，如图5-36所示。

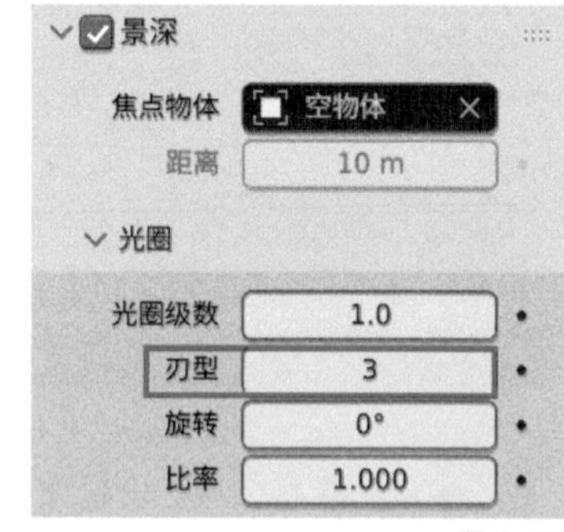

图 5-34

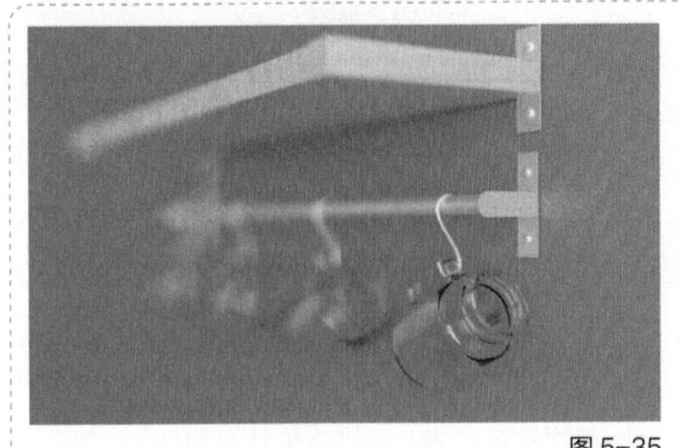
图 5-35

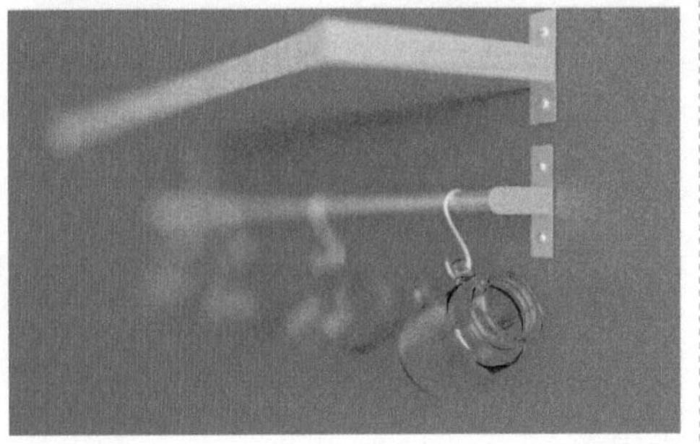
图 5-36

5.3.2 课后习题：制作运动模糊效果

效果文件	风力发电机 - 完成 .blend
素材文件	风力发电机 .blend
视频名称	制作运动模糊效果 .mp4

本课后习题带领读者练习运动模糊效果的制作方法，最终渲染结果如图5-37所示。

图 5-37

01 启动Blender，打开配套场景文件“风力发电机.blend”，该文件已经设置好了材质、灯光及简单的扇叶旋转动画，如图5-38所示。

图 5-38

02 播放场景动画，可以看到扇叶旋转的动画效果如图5-39和图5-40所示。

图 5-39

图 5-40

03 渲染场景，效果如图5-41所示。

04 在“渲染”面板中，勾选“运动模糊”，如图5-42所示。

图5-41

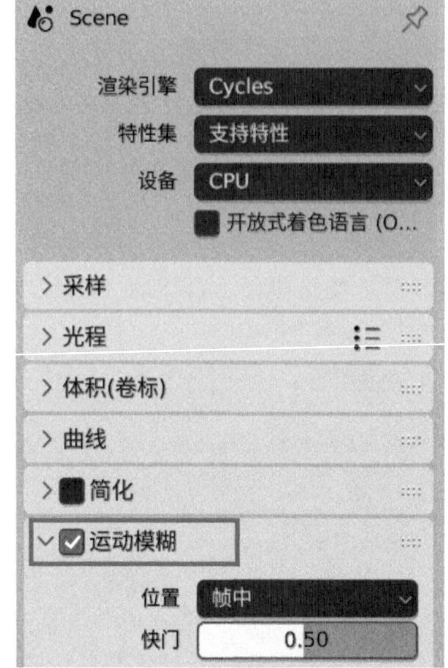

图5-42

05 渲染场景，渲染结果如图5-43所示，可以看到现在扇叶边缘位置处已经出现一些运动模糊的效果。

图5-43

06 在“运动模糊”卷展栏中，设置“快门”为2，如图5-44所示。

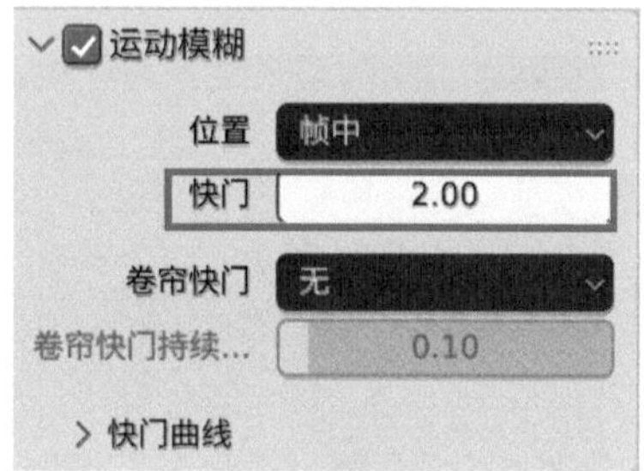

图5-44

07 再次渲染场景，最终渲染结果如图5-45所示。

图5-45

技巧与提示

“快门”值越大，运动模糊的效果越明显。

材质与纹理

本章导读

本章将介绍 Blender 4.0 的材质及纹理技术，通过讲解常用材质的制作方法来介绍各种材质和纹理的知识点。好的材质不但可以美化模型，加强模型的质感表现，还能弥补模型上的欠缺与不足。本章是非常重要的一章，请读者务必对本章内容多加练习，熟练掌握材质的设置方法与技巧。

学习要点

- 了解材质的类型
- 掌握原理化 BSDF 材质的基本参数
- 掌握玻璃 BSDF 材质的基本参数
- 掌握常见材质的制作方法

6.1 材质概述

Blender为用户提供了功能丰富的材质编辑系统，用于模拟自然界所存在的各种各样的物体质感。就像绘画中的色彩一样，材质可以为我们的三维模型注入生命，使得场景充满活力，渲染出来的作品仿佛原本就是存在于这真实的世界之中一样。Blender的默认材质“原理化BSDF”可以制作出物体的表面纹理、高光、透明度、自发光、反射及折射等多种属性，要想利用好这些属性制作出效果逼真的质感纹理，读者应多观察身边真实世界中物体的质感特征。图6-1~图6-4所示为笔者所拍摄的几种较为常见的质感照片。

新建场景，选择场景中自带的立方体模型，在“材质”面板中，可以看到Blender为其指定的默认材质类型为“原理化BSDF”，如图6-5所示。

图6-1 图6-2 图6-3 图6-4 图6-5

6.2 材质类型

Blender为用户提供了多种不同类型的材质，使用这些材质可以快速制作出一些特定的质感效果。我们首先学习一下其中较为常用的材质类型。

6.2.1 课堂案例：制作玻璃材质

效果文件　玻璃材质 - 完成 .blend

素材文件　玻璃材质 .blend

视频名称　制作玻璃材质 .mp4

本案例为读者详细讲解玻璃材质的制作方法，图6-6所示为最终完成效果。

01 启动Blender，打开配套场景文件“玻璃材质.blend”，本案例为一个简单的室内模型，里面主要包含一组玻璃杯子模型及简单的配景模型，并且已经设置好了灯光及摄像机，如图6-7所示。

02 选择场景中的杯子模型，如图6-8所示。

图 6-6

图 6-7

图 6-8

03 在“材质”面板中，单击“新建”按钮，如图6-9所示，为其添加一个新的材质。

04 在“材质”面板中，更改材质的名称为“玻璃材质”。在“表（曲）面”卷展栏中，设置“表（曲）面”为“玻璃BSDF”材质，“颜色”为浅绿色，“糙度”为0，如图6-10所示。其中，颜色的参数设置如图6-11所示。

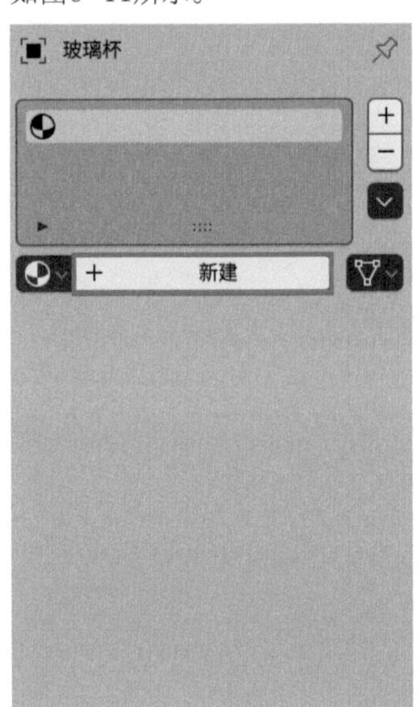

图 6-9

图 6-10

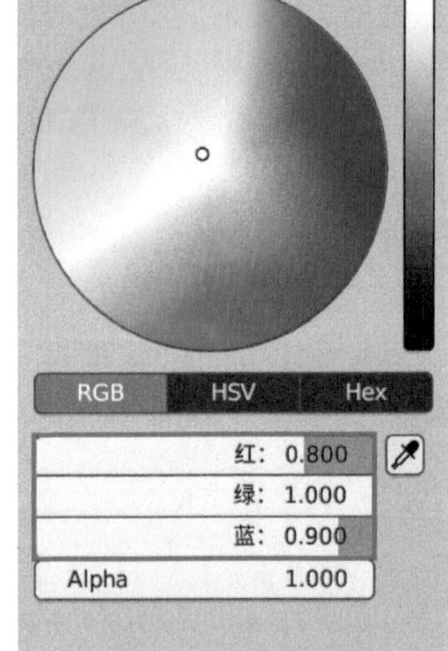

图 6-11

05 设置完成后，“摄像机透视”视图中的渲染预览效果如图6-12所示。

06 在“预览”卷展栏中，制作好的玻璃材质球显示效果如图6-13所示。

07 执行菜单栏中的“渲染>渲染图像”命令，渲染场景，最终渲染结果如图6-14所示。

图6-12

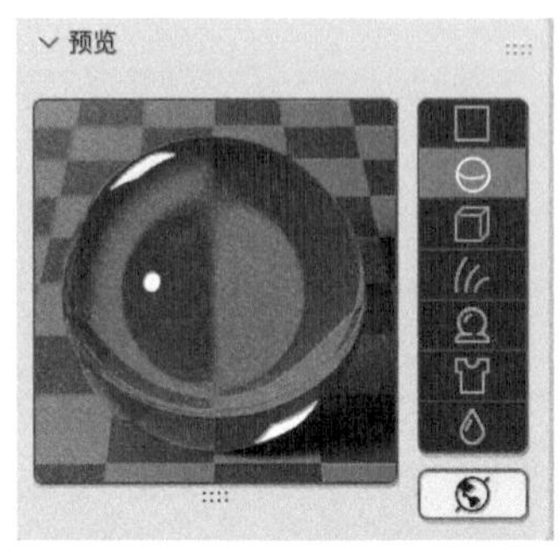

图6-13

图6-14

6.2.2 课堂案例：制作金属材质

效果文件　金属材质 - 完成 .blend

素材文件　金属材质 .blend

视频名称　制作金属材质 .mp4

本案例为读者详细讲解金属材质的制作方法，图6-15所示为最终完成效果。

01 启动Blender，打开配套场景文件“金属材质.blend”，本案例为一个简单的室内模型，里面主要包含两个水壶模型及简单的配景模型，并且已经设置好了灯光及摄像机，如图6-16所示。

02 选择场景中水壶模型，如图6-17所示。

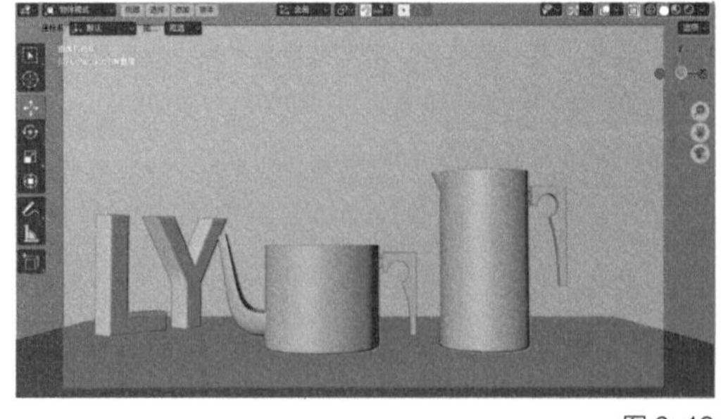
图6-15

图6-16

图6-17

03 在“材质”面板中，单击“新建”按钮，如图6-18所示，为其添加一个新的材质。

04 在“材质”面板中，更改材质的名称为“金色金属”。在“表（曲）面”卷展栏中，设置“表（曲）面”为“光泽BSDF”材质，“颜色”为黄色，“糙度”为0.1，如图6-19所示。其中，颜色的参数设置如图6-20所示。

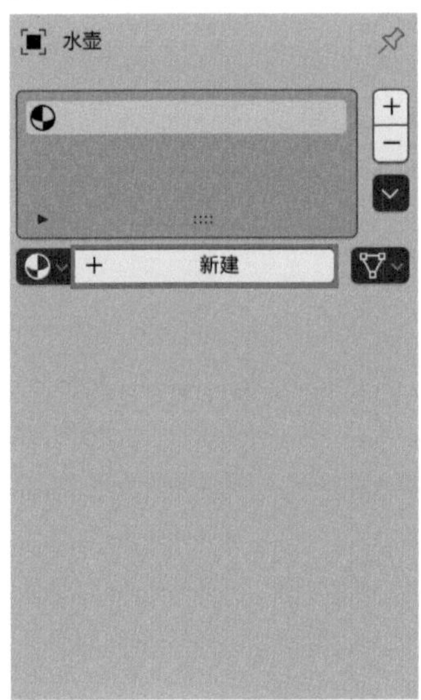

图 6-18

图 6-19

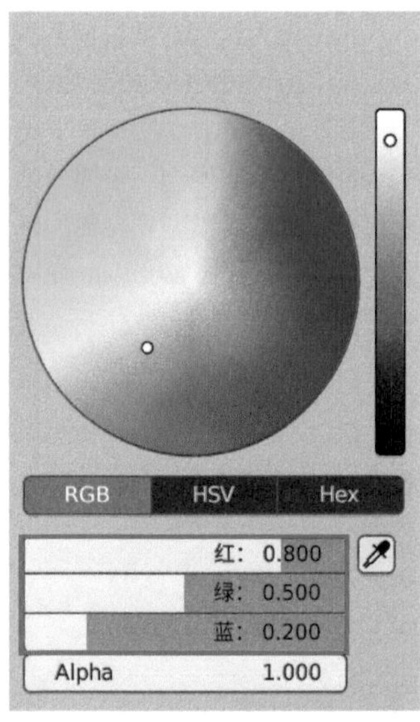

图 6-20

05 设置完成后，“摄像机透视”视图中的渲染预览结果如图6-21所示。

06 在“预览”卷展栏中，制作好的金属材质球如图6-22所示。

07 执行菜单栏中的“渲染>渲染图像”命令，渲染场景，最终渲染结果如图6-23所示。

图 6-21

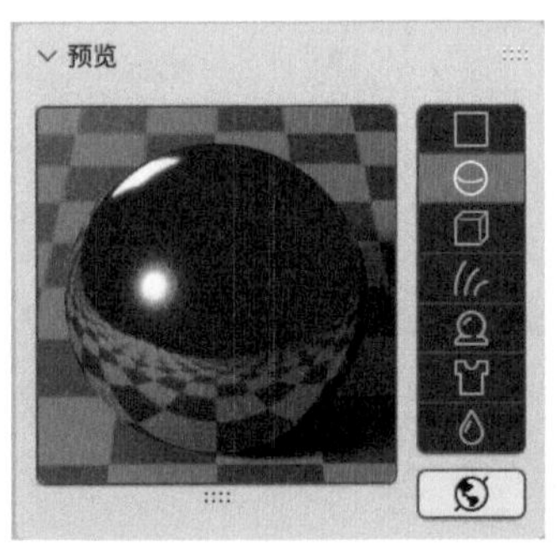

图 6-22

图 6-23

6.2.3 课堂案例：制作陶瓷材质

效果文件　陶瓷材质 - 完成 .blend

素材文件　陶瓷材质 .blend

视频名称　制作陶瓷材质 .mp4

本案例为读者详细讲解陶瓷材质的制作方法，图6-24所示为最终完成效果。

01 启动Blender，打开配套场景文件“陶瓷材质.blend”，本案例为一个简单的室内模型，里面主要包含一组餐具模型及简单的配景模型，并且已经设置好了灯光及摄像机，如图6-25所示。

02 选择场景中的餐具模型，如图6-26所示。

图 6-24

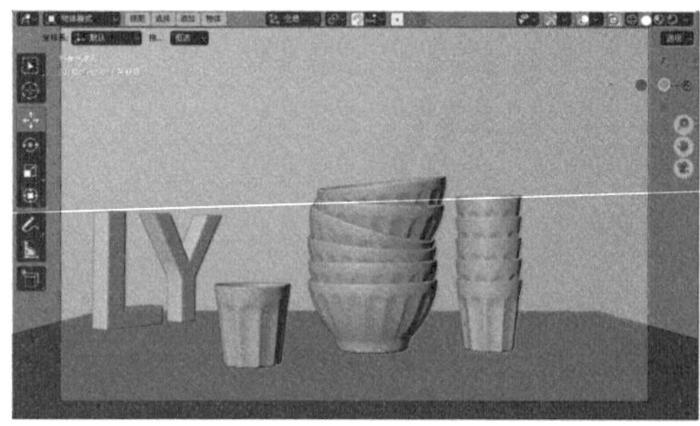

图 6-25

图 6-26

03 在“材质”面板中，单击“新建”按钮，如图6-27所示，为其添加一个新的材质。

04 在“材质”面板中，更改材质的名称为“蓝色陶瓷”。在“表(曲)面”卷展栏中，设置“基础色”为蓝色，“高光”为1，“糙度”为0.3，如图6-28所示。其中，基础色的参数设置如图6-29所示。

图 6-27

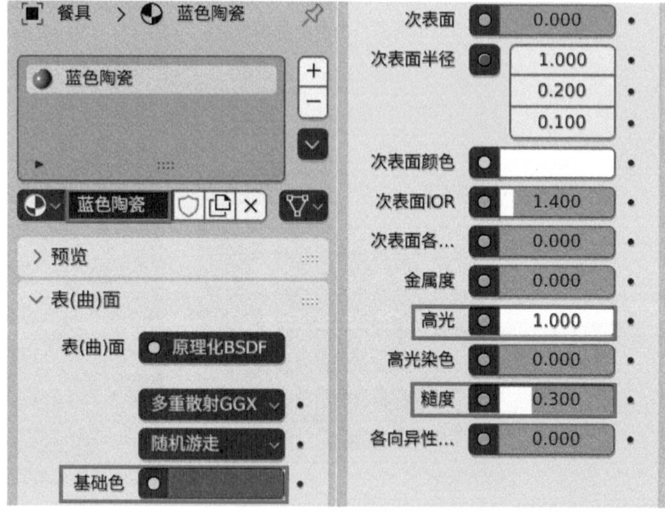

图 6-28

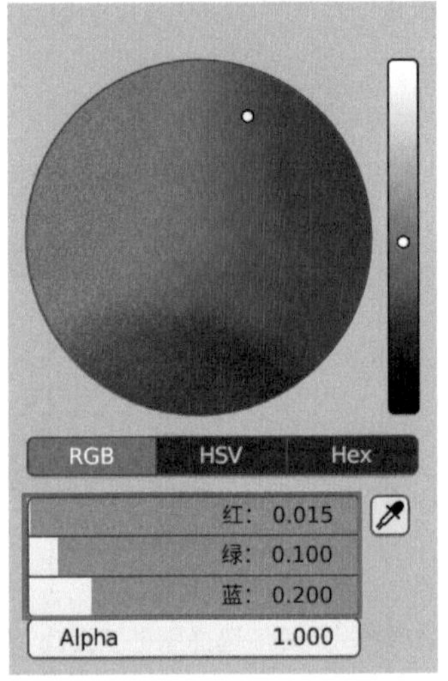

图 6-29

05 设置完成后，“摄像机透视”视图中的渲染预览结果如图6-30所示。

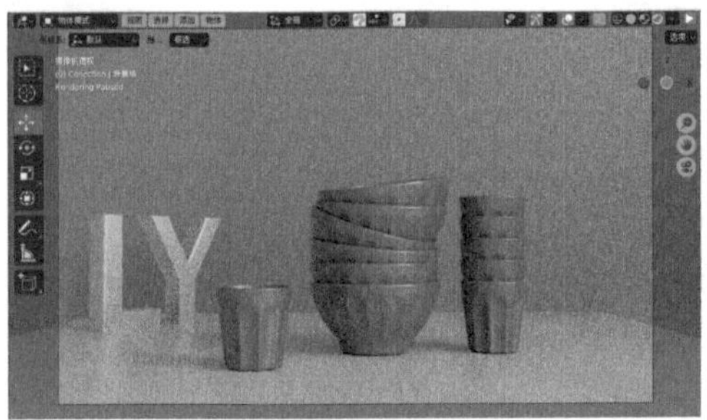

图 6-30

06 在“预览”卷展栏中，制作好的蓝色陶瓷材质球如图6-31所示。

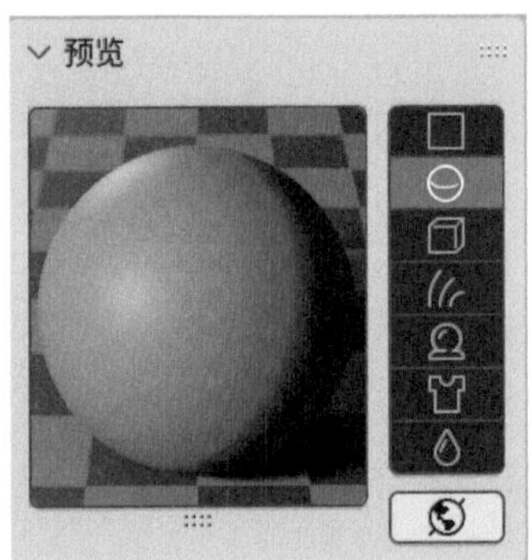

图 6-31

07 执行菜单栏中的“渲染>渲染图像”命令，渲染场景，渲染结果如图6-32所示。

08 在“材质”面板中，单击“+”形状的“添加材质槽”按钮，如图6-33所示。

图 6-32

图 6-33

09 单击“新建”按钮，为刚刚添加的材质槽新增一个材质，如图6-34所示。

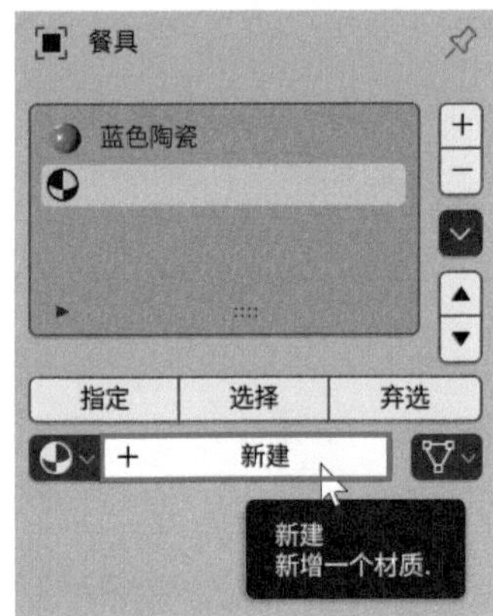

图 6-34

10 在“材质”面板中，更改材质的名称为“黄色陶瓷”。在“表（曲）面”卷展栏中，设置“基础色”为黄色，“高光”为1，“糙度”为0.1，如图6-35所示。其中，基础色的参数设置如图6-36所示。

图6-35

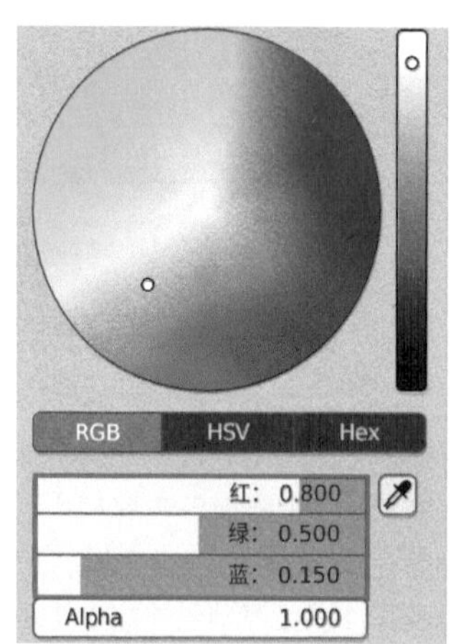

图6-36

⑪ 在“预览”卷展栏中，制作好的黄色陶瓷材质球如图6-37所示。

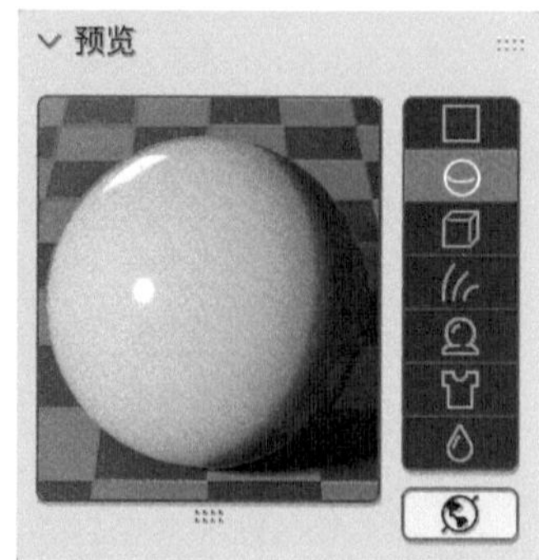

图6-37

⑫ 在“编辑模式”中，选择图6-38所示的面。

图6-38

⑬ 在“材质”面板中，单击“指定”按钮，如图6-39所示，为所选择的面指定“黄色陶瓷”材质。

图6-39

⑭ 设置完成后，“摄像机透视”视图中的渲染预览结果如图6-40所示。

⑮ 执行菜单栏中的“渲染>渲染图像”命令，渲染场景，最终渲染结果如图6-41所示。

图 6-40

图 6-41

6.2.4 原理化BSDF

“原理化BSDF”材质是Blender的默认材质类型，也是功能最强大的材质类型，就像3ds Max的“物理材质”和Maya的“标准曲面材质”一样，使用该材质几乎可以制作出我们日常生活中所接触的绝大部分材质，如陶瓷、金属、玻璃等。当我们为一个没有材质的模型进行材质指定后，所添加的默认材质就是原理化BSDF材质。其中，BSDF代表双向散射分布函数，用来定义光如何在物体表面进行反射和折射。其参数主要分布于“表（曲）面”卷展栏中，如图6-42所示。

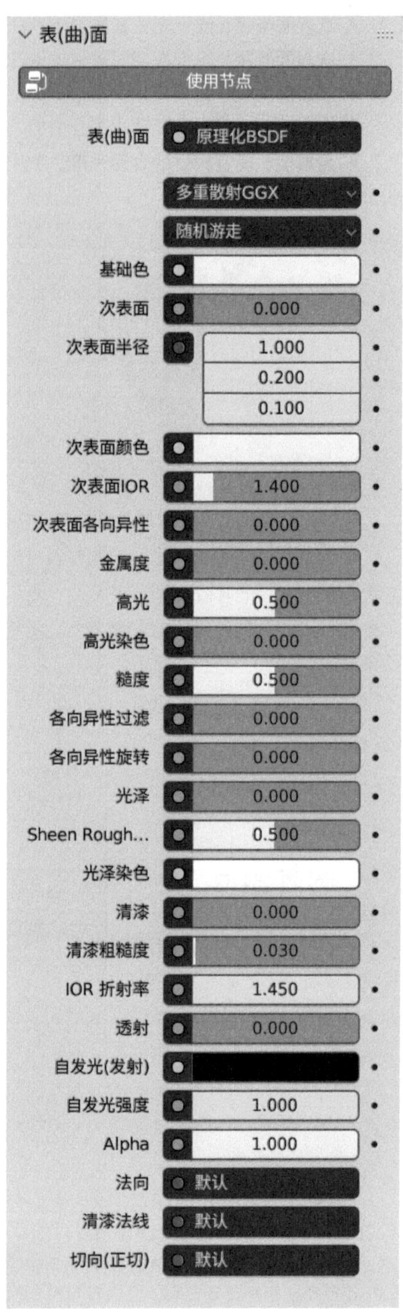

图 6-42

参数解析

- **基础色：** 设置材质的基础颜色，图6-43所示为将基础色设置为蓝色后的渲染结果。
- **次表面：** 设置材质次表面散射效果，图6-44所示为该值设置为0.1后的渲染结果。

- **次表面半径：**设置光线在散射出曲面前在曲面下可能传播的平均距离。
- **次表面颜色：**设置次表面散射效果的颜色。
- **次表面IOR：**设置次表面散射效果的折射率。
- **次表面各向异性：**设置次表面散射效果的各向异性效果。
- **金属度：**设置材质的金属程度，当该值为1时，材质表现为明显的金属光泽特性。图6-45所示为该值是1的渲染结果。

图6-43

图6-44

图6-45

- **高光：**设置材质的高光，值越大，材质的高光越亮。图6-46所示分别为该值是默认值0和1的渲染结果对比。

图6-46

- **高光染色：**设置高光的染色效果。
- **糙度：**设置材质表面的粗糙度，图6-47所示为该值分别是0.1和0.3的渲染结果对比。

图6-47

- **IOR折射率：**设置材质的折射率，当材质具有透射效果后参与计算，图6-48所示为该值分别为1.45和2.42的渲染结果对比。

图6-48

- **透射：** 设置材质的透明程度。
- **自发光（发射）：** 设置自发光的颜色。
- **自发光强度：** 设置材质自发光的强度，图6-49所示为“自发光（发射）”是蓝色，“自发光强度”为6的渲染结果。

图 6-49

6.2.5 玻璃BSDF

利用“玻璃BSDF”材质可以快速制作玻璃质感的材质，其参数主要分布于“表（曲）面”卷展栏中，如图6-50所示。

图 6-50

参数解析

- **颜色：** 设置玻璃材质的颜色，图6-51所示分别为设置了不同颜色的渲染结果对比。

图 6-51

- **糙度：** 设置玻璃材质的粗糙程度，图6-52所示分别为该值为0和0.4的渲染结果对比。
- **IOR折射率：** 设置玻璃材质的折射率。

图 6-52

6.2.6 光泽BSDF

利用“光泽BSDF”材质可以快速制作金属质感的材质，其参数主要分布于“表（曲）面”卷展栏中，如图6-53所示。

参数解析

- **颜色：**设置光泽材质的颜色。
- **糙度：**设置光泽材质表面的粗糙程度，图6-54所示分别为该值为0和0.5的渲染结果对比。
- **各向异性：**用于设置各向异性模糊效果，图6-55所示为该值为0.8的渲染结果。

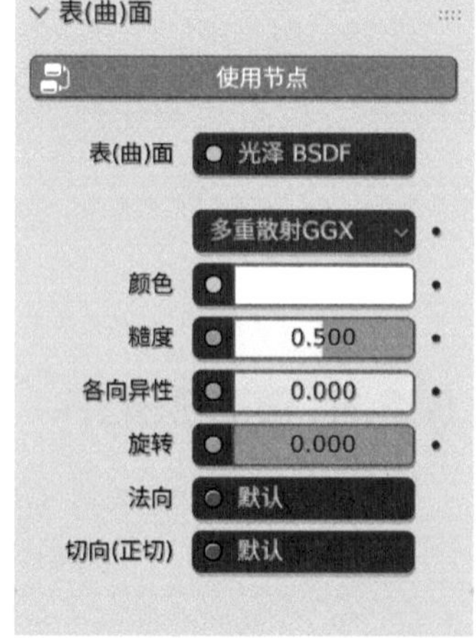

图 6-53

图 6-54

图 6-55

6.3 纹理类型

使用贴图纹理的效果要比仅仅使用单一颜色能更加直观地表现出物体的真实质感，添加了纹理，可以使得物体的表面看起来更加细腻，配合材质的反射、折射、凹凸等属性，可以使得渲染出来的场景更加真实和自然。Blender为用户提供了多种不同类型的纹理，我们首先学习一下其中较为常用的纹理类型。

6.3.1 课堂案例：制作摆台材质

效果文件　摆台材质 - 完成 .blend

素材文件　摆台材质 .blend

视频名称　制作摆台材质 .mp4

本案例为读者详细讲解摆台材质的制作方法，图6-56所示为最终完成效果。

01 启动Blender，打开配套场景文件“摆台材质.blend”，本案例为一个简单的室内模型，里面主要包含一个照片摆台模型及简单的配景模型，并且已经设置好了灯光及摄像机，如图6-57所示。

02 选择摆台模型，如图6-58所示。

图 6-56

图 6-57

图 6-58

03 在“材质”面板中，单击“新建”按钮，如图6-59所示，为其添加一个新的材质。

04 在“材质”面板中，设置材质的名称为“棕色相框”。在“表（曲）面”卷展栏中，设置“基础色”为棕色，如图6-60所示。其中，基础色的参数设置如图6-61所示。

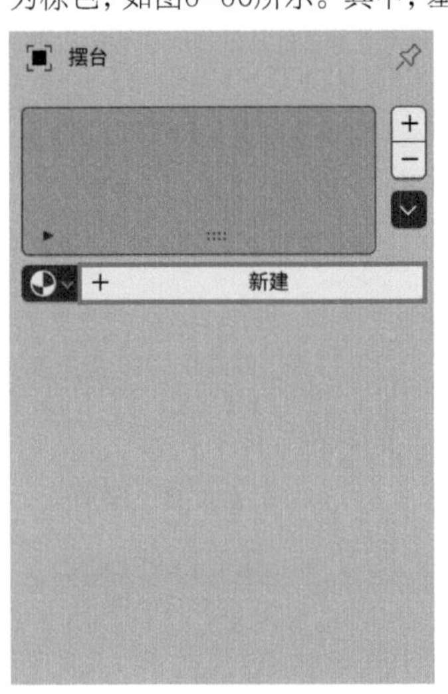

图 6-59

图 6-60

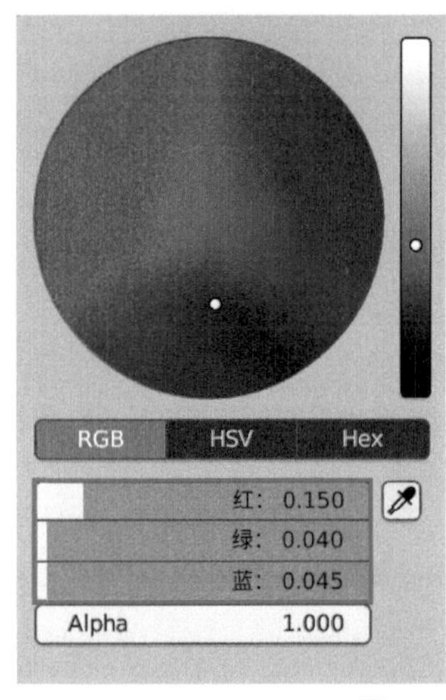

图 6-61

05 单击“+”形状的“添加材质槽”按钮，如图6-62所示。

06 单击“新建”按钮，为刚刚添加的材质槽新增一个材质，如图6-63所示。

07 在“材质”面板中，更改材质的名称为“白边”，如图6-64所示。

图 6-62

图 6-63

图 6-64

08 以同样的操作步骤，再次创建一个新的材质，并重命名为“照片”，如图6-65所示。

09 在“表（曲）面”卷展栏中，单击“基础色”后面的黄色圆点，如图6-66所示。

图 6-65

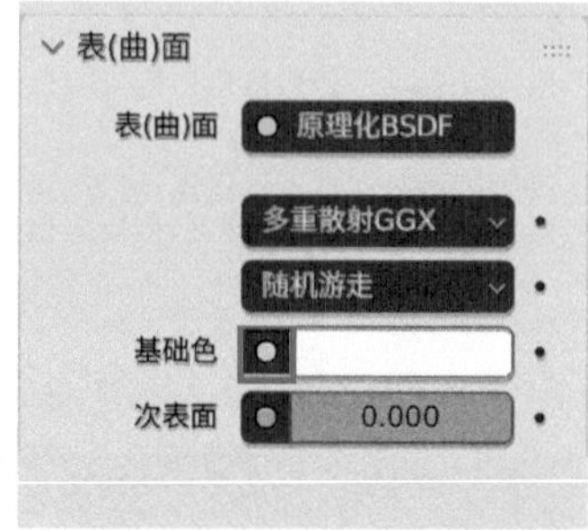

图 6-66

10 在弹出的菜单中执行“图像纹理”命令，如图6-67所示。

图 6-67

11 在“表（曲）面”卷展栏中，单击“打开”按钮，如图6-68所示。浏览并选择“照片.jpeg”贴图，如图6-69所示。

图 6-68

图 6-69

12 选择图6-70所示的面，在“材质”面板中，选择“白边”材质球，单击“指定”按钮，如图6-71所示，为所选择的面指定材质。

图 6-70

图 6-71

13 选择图6-72所示的面，在“材质”面板中，选择“照片”材质球，单击“指定”按钮，如图6-73所示，为所选择的面指定材质。

图 6-72

图 6-73

14 设置完成后，我们可以看到摆台模型的贴图默认效果如图6-74所示。

图 6-74

15 为了方便观察，选择摆台模型后按？键，即可将未选择的对象隐藏，并显示出摆台模型的线框效果，如图6-75所示。

16 按Tab键，进入“编辑模式”，选择图6-76所示的面。在“UV编辑器”面板中查看所选择面的UV状态，如图6-77所示。

17 在“UV编辑器”面板中，调整所选择面的UV顶点至图6-78所示位置。

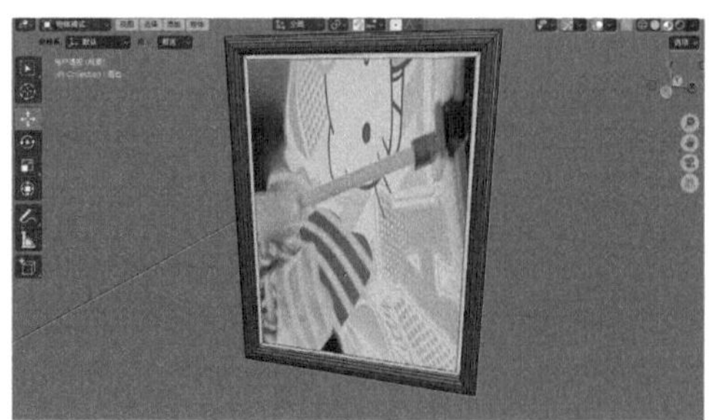

图 6-75

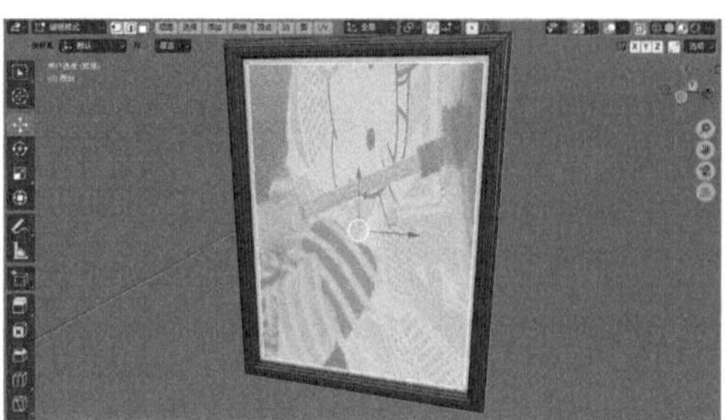

图 6-76

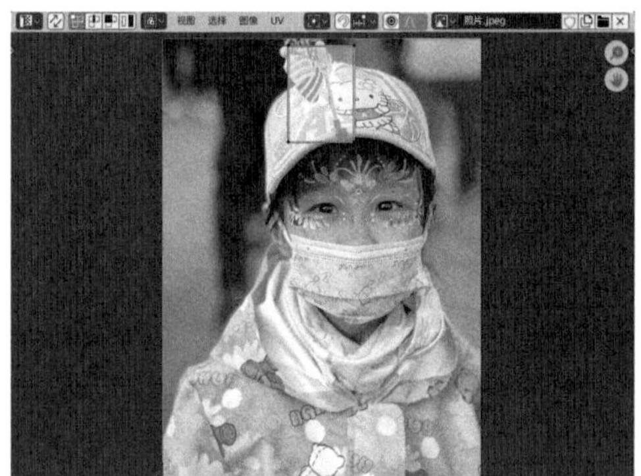

图 6-77

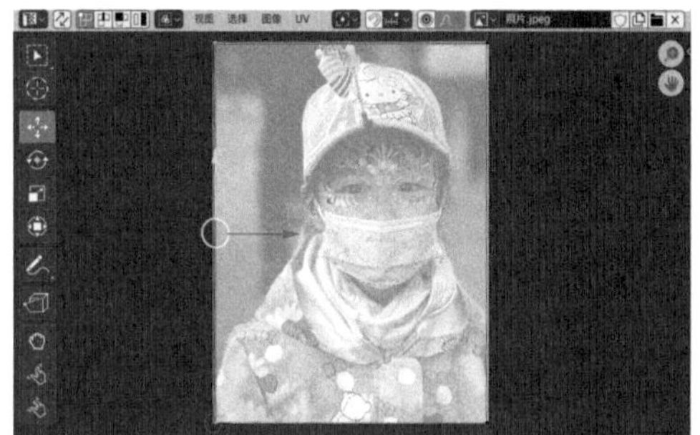

图 6-78

18 设置完成后，观察场景中的摆台模型，照片贴图效果如图6-79所示。

图 6-79

19 在“材质”面板中，设置“高光”为1，“糙度”为0，如图6-80所示。

图 6-80

20 摆台模型的材质制作完成后，再次按？键，显示出场景中隐藏的模型，如图6-81所示。

图 6-81

21 执行菜单栏中的“渲染>渲染图像”命令，渲染场景，最终渲染结果如图6-82所示。

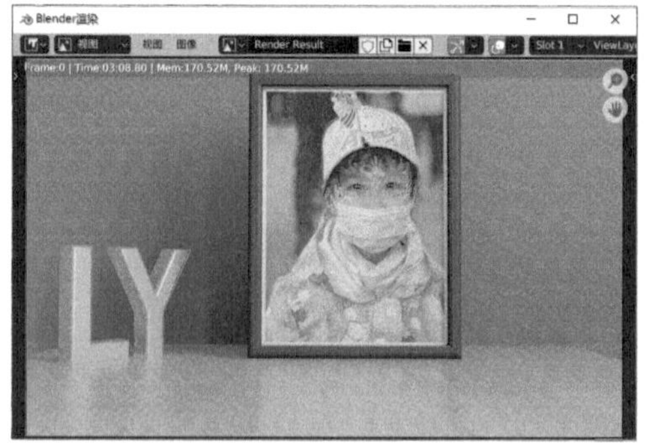

图 6-82

6.3.2 图像纹理

通过“图像纹理”可以将一幅图像用作材质的表面纹理，其参数设置如图6-83所示。

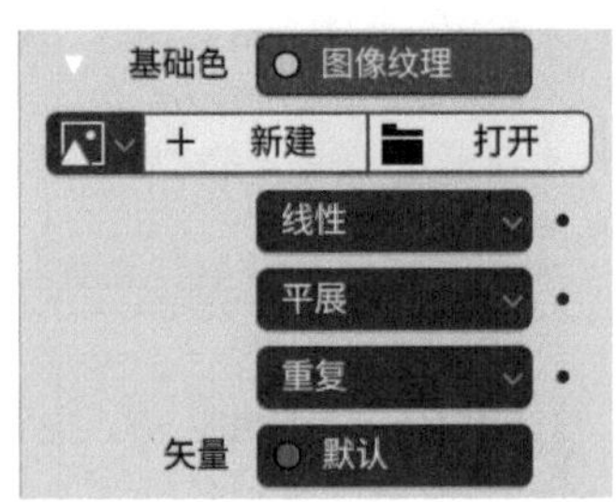

图 6-83

参数解析

- **“新建”按钮：** 单击该按钮可以弹出“新建图像”对话框，用户可以利用该对话框创建一个任意颜色的图像，如图6-84所示。
- **“打开”按钮：** 单击该按钮可以选择本地硬盘上的一幅图像来作为材质的表面纹理。
- **线性：** 设置贴图的插值类型，有“线性”“最近”“三次型”“智能”4种可选。
- **平展：** 设置贴图的投影方式，有“平展”“方框”“球形”“管形”4种可选。
- **重复：** 设置超出原始边界的图像外插方式，有“重复”“扩展”“裁剪”3种可选。

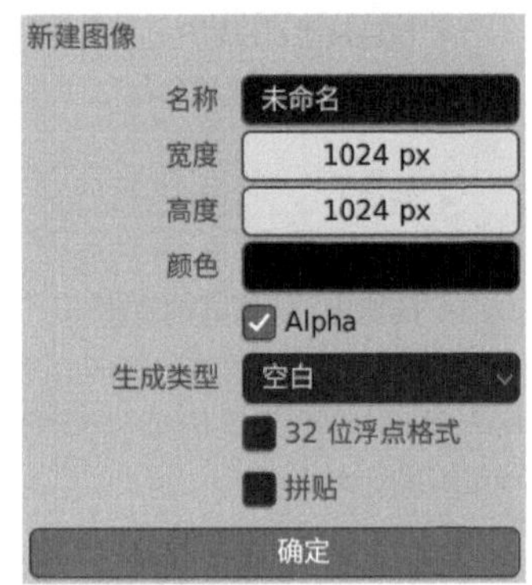

图 6-84

6.3.3 砖墙纹理

通过“砖墙纹理”可以快速制作出砖墙的表面纹理，其参数设置如图6-85所示。

参数解析

- **偏移量：** 设置砖墙相邻图形的偏移程度。
- **频率：** 设置砖墙纹理偏移量的频率值。
- **挤压：** 设置砖墙纹理的挤压量。
- **频率：** 设置挤压的频率值。

图 6-85

• **色彩1/色彩2：** 用来设置砖墙的颜色。图6-86所示为设置了不同颜色后的砖墙纹理渲染结果。

• **灰泥：** 设置砖缝的颜色，图6-87所示为“灰泥”设置为白色后的渲染结果。

图 6-86

图 6-87

• **缩放：** 用来控制砖墙纹理的大小，图6-88所示为该值分别是2和7的渲染结果对比。

• **灰泥尺寸：** 设置砖缝的宽度。

• **灰泥平滑：** 设置砖缝的平滑程度。

• **偏移：** 设置砖墙色彩1和色彩2的混合量。

• **砖宽度：** 设置砖的宽度。

• **行高度：** 设置砖的高度，图6-89所示分别为该值是0.2和0.8的渲染结果对比。

图 6-88

图 6-89

6.3.4 沃罗诺伊纹理

通过“沃罗诺伊纹理”可以快速制作出破碎效果的纹理图像，其参数设置如图6-90所示。

参数解析

• **3D：** 设置输出噪波的维度。

• **F1：** 设置沃罗诺伊纹理的特征效果。

• **欧几里德：** 设置沃罗诺伊纹理的样式，图6-91～图6-93所示为该选项分别设置为“欧几里德”“曼哈顿点距”“闵可夫斯基”的渲染结果。

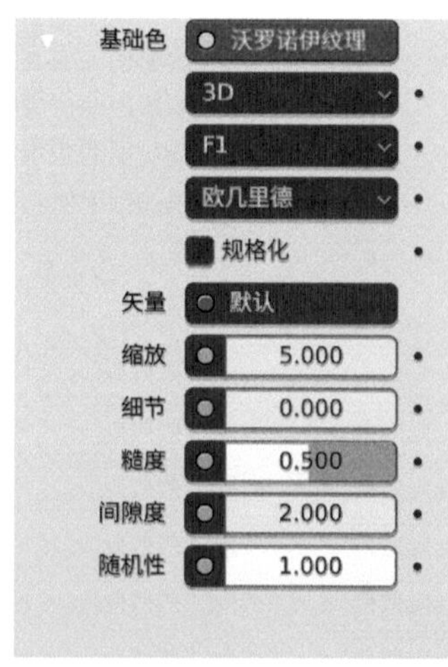

图 6-90

图 6-91

图 6-92

图 6-93

- **缩放：**设置沃罗诺伊纹理的大小，图6-94所示分别为该值是3和12的渲染结果对比。

图 6-94

- **随机性：**设置沃罗诺伊纹理的随机效果，较小的值会得到较为规则的图案，反之，较大的值会得到较为不规则的图案。图6-95所示分别为该值是0和0.3的渲染结果对比。

图 6-95

6.4 课后习题

6.4.1 课后习题：制作彩色玻璃材质

效果文件	彩色玻璃材质 - 完成 .blend
素材文件	彩色玻璃材质 .blend
视频名称	制作彩色玻璃材质 .mp4

本课后习题带领读者练习彩色玻璃材质的制作方法，图6-96所示为最终完成效果。

图 6-96

01 启动Blender，打开配套场景文件“彩色玻璃材质.blend”，本场景为一个简单的室内模型，里面主要包含一个马形状的摆件模型及简单的配景模型，并且已经设置好了灯光及摄像机，如图6-97所示。

02 选择摆件模型，如图6-98所示。

03 在“材质”面板中，单击“新建”按钮，如图6-99所示，为其添加一个新的材质。

04 在“材质”面板中，设置材质的名称为“渐变色玻璃”。在“表（曲）面”卷展栏中，先设置“表（曲）面”为“玻璃BSDF”材质，“糙度”为0，如图6-100所示，再单击“颜色”后面的黄色圆点。

05 在弹出的菜单中执行“颜色渐变”命令，如图6-101所示。

图6-97

图6-98

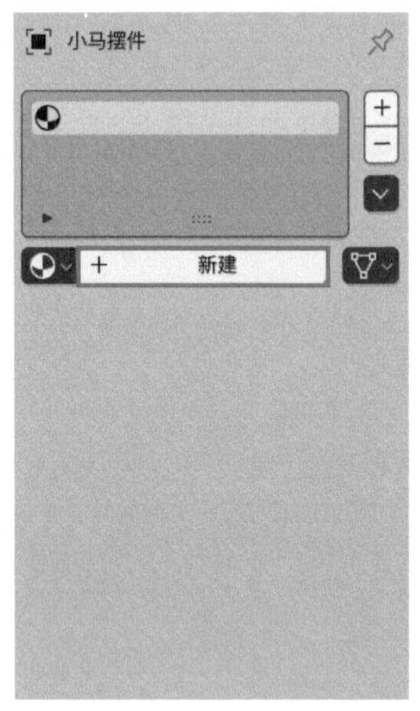

图6-99

图6-100

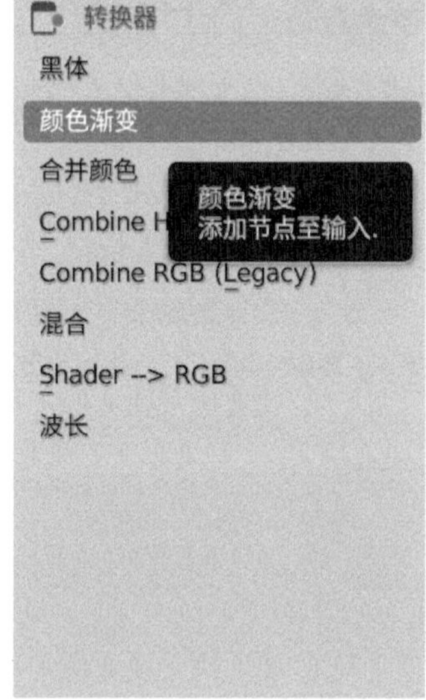

图6-101

06 在“表（曲）面”卷展栏中，设置渐变色如图6-102所示，并单击“系数”后面的灰色圆点。

07 在弹出的菜单中，执行“分离XYZ”贴图下方的X命令，如图6-103所示。

08 单击“矢量”后面的蓝色圆点，如图6-104所示。

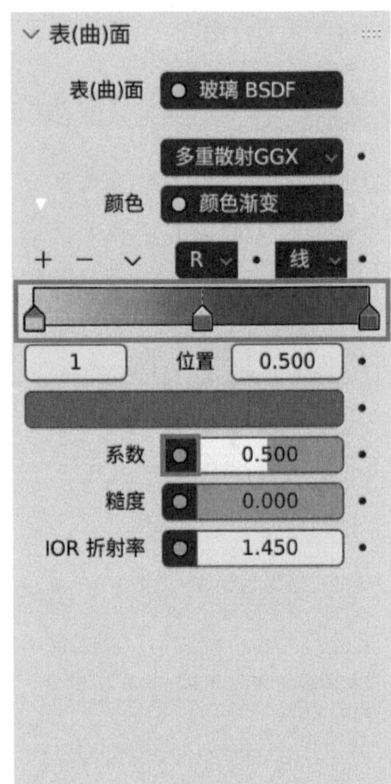

图 6-102

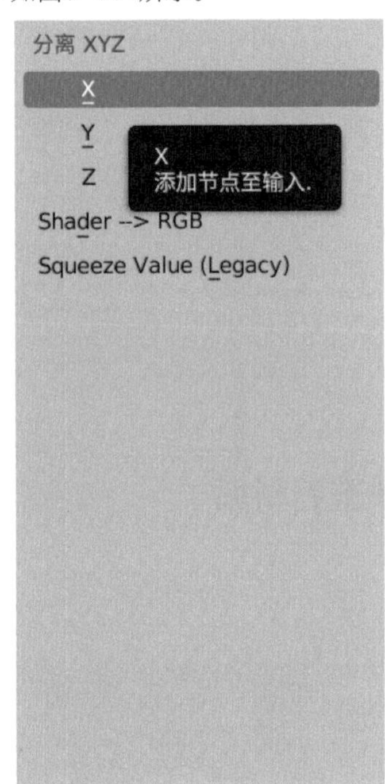

图 6-103

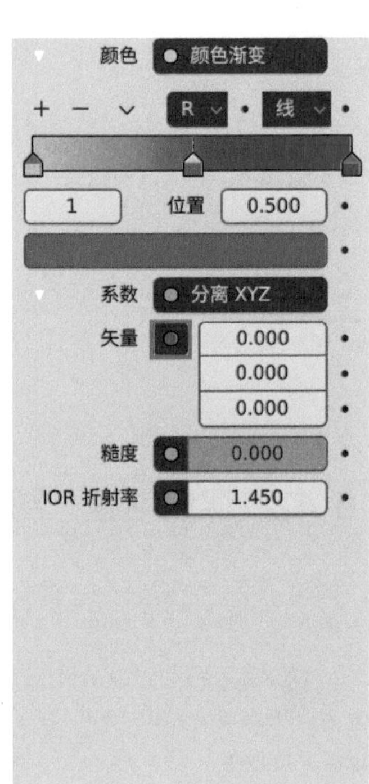

图 6-104

技巧与提示

读者可以单击渐变色上方的“+”和“-”按钮来增加或者减少用于控制渐变颜色的滑块。

09 在弹出的菜单中，执行“纹理坐标”贴图下方的“生成”命令，如图6-105所示。

10 设置完成后，“摄像机透视”视图中的材质预览效果如图6-106所示。

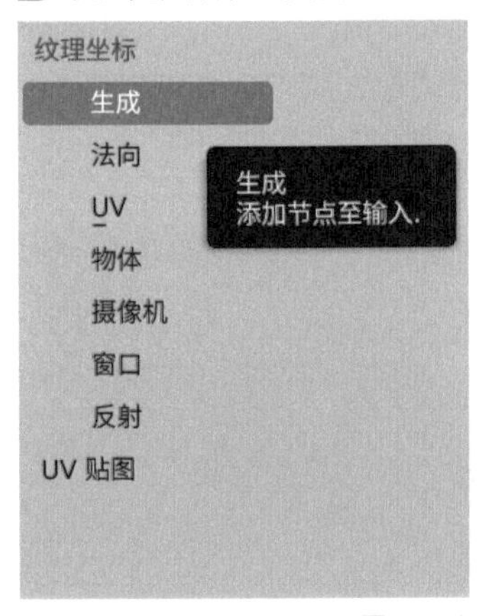

图 6-105

图 6-106

11 执行菜单栏中的"渲染>渲染图像"命令，渲染场景，最终渲染效果如图6-107所示。

图6-107

6.4.2 课后习题：制作玉石材质

效果文件　玉石材质 - 完成 .blend

素材文件　玉石材质 .blend

视频名称　制作玉石材质 .mp4

本课后习题通过制作玉石材质来复习一下本章的知识，图6-108所示为最终完成效果。

图6-108

01 启动Blender，打开配套场景文件"玉石材质.blend"，本场景为一个简单的室内模型，里面主要包含一个鹿形摆件模型及简单的配景模型，并且已经设置好了灯光及摄像机，如图6-109所示。

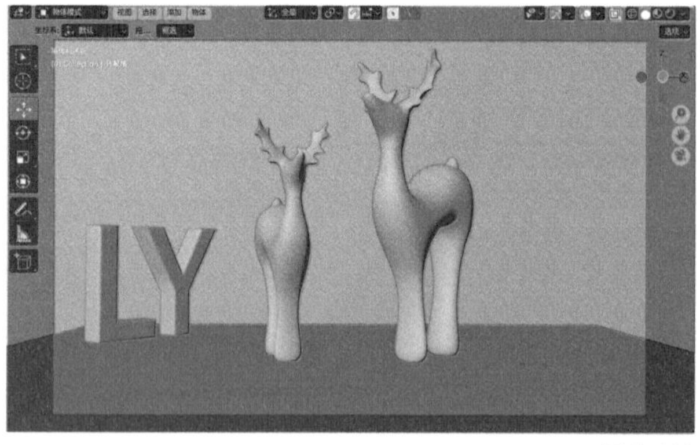

图6-109

02 选择摆件模型，如图6-110所示。

图 6-110

03 在“材质”面板中，单击“新建”按钮，如图6-111所示，为其添加一个新的材质。

04 在“材质”面板中，设置材质的名称为“玉石材质”，如图6-112所示。

图 6-111

图 6-112

05 在“表（曲）面”卷展栏中，设置“基础色”为深绿色，“次表面”为0.5，“次表面颜色”为深绿色，“高光”为1，“糙度”为0，如图6-113所示。其中，基础色与次表面颜色为同一种颜色，参数设置如图6-114所示。

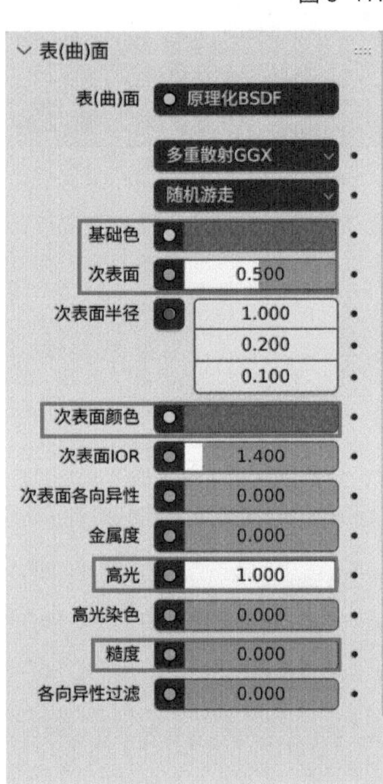

图 6-113

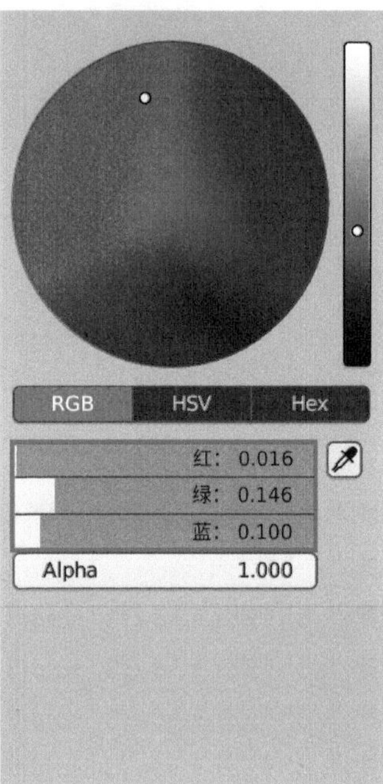

图 6-114

06 设置完成后，“摄像机透视”视图中的渲染预览效果如图6-115所示。

07 在“预览”卷展栏中，制作好的玉石材质球显示效果如图6-116所示。

08 执行菜单栏中的“渲染>渲染图像”命令，渲染场景，最终渲染效果如图6-117所示。

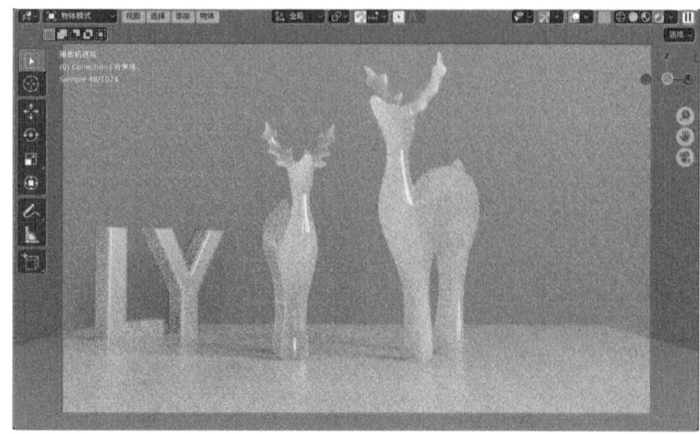

图 6-115

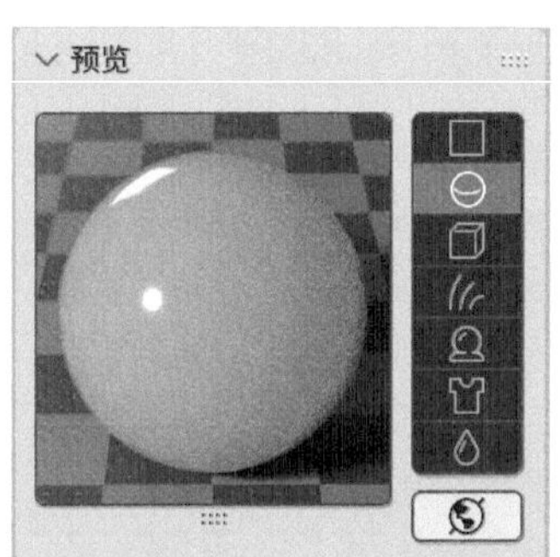

图 6-116

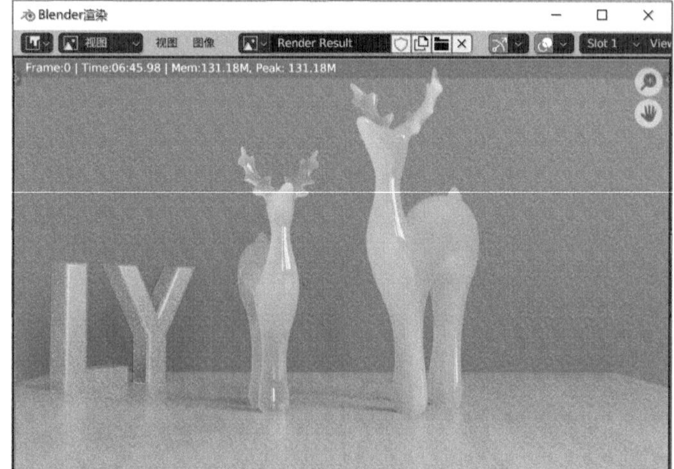

图 6-117

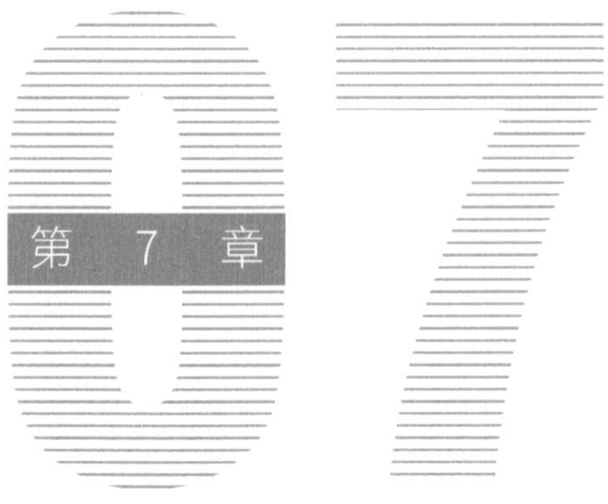

渲染技术

本章导读

本章将介绍 Blender 4.0 的渲染技术，主要包含 Eevee 渲染器和 Cycles 渲染器的基本参数讲解，并通过案例来重点讲解Cycles 渲染器的使用方法。

学习要点

- 了解渲染器基础知识
- 了解 Eevee 渲染器的基本参数
- 掌握 Cycles 渲染器的设置技巧

7.1 渲染概述

在Blender里制作出来的场景模型无论多么细致，都离不开材质和灯光的辅助，在视图中所看到的画面无论显示得多么精美，也比不上执行了渲染命令后所计算得到的图像结果。可以说没有渲染，我们永远也无法将最优秀的作品展示给观众。那什么是“渲染”呢？从狭义的角度来讲，渲染通常指在软件中的“渲染”面板中进行的参数设置。从广义的角度来讲，渲染包括对模型的材质制作、灯光设置、摄像机摆放等一系列的工作。

使用Blender来制作三维项目时，常见的工作流程大多是按照“建模→设置灯光→制作材质→设置摄像机→渲染”来进行，渲染之所以放在最后，说明这一操作是所有流程的最终步骤。图7-1和图7-2所示为笔者所制作的三维渲染作品。

图7-1

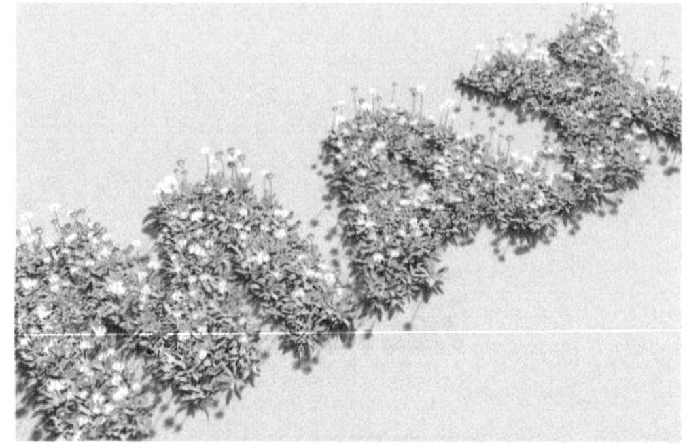

图7-2

Blender包含3个不同的渲染引擎，分别是Eevee、工作台和Cycles，如图7-3所示。用户可以在“渲染”面板中选择使用哪个渲染引擎进行渲染，其中，Eevee和Cycles渲染器可以用于项目的最终输出，而工作台则用于建模和制作动画期间在视图中的显示预览。需要读者注意的是，在进行材质设置前，需要先规划好项目使用哪个渲染引擎进行渲染工作，因为有些材质在不同的渲染引擎中得到的结果完全不同。

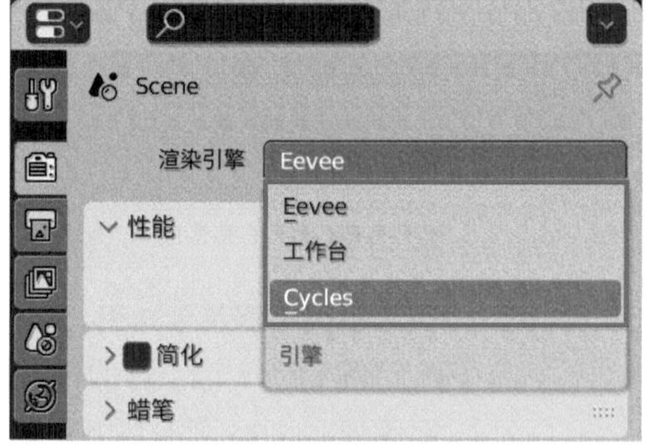

图7-3

7.2 Eevee渲染引擎

Eevee是Blender的实时渲染引擎，相对于Cycles渲染引擎，该渲染引擎的渲染速度具有很大优势，并且可以生成高质量的渲染图像。Eevee不是光线跟踪渲染引擎，其使用了一种被称为光栅化的算法，这使得它在计算图像时有很多限制。下面介绍Eevee渲染引擎中较为常用的卷展栏参数。

7.2.1 “采样”卷展栏

“采样”卷展栏用来设置渲染图像时的抗锯齿效果，其参数设置如图7-4所示。

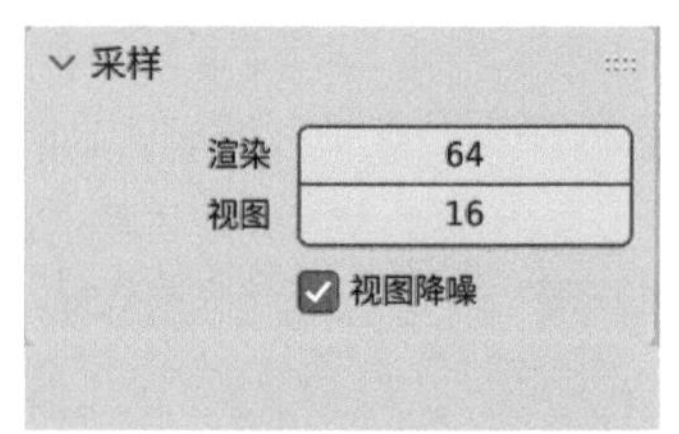

图 7-4

参数解析

- **渲染：** 设置渲染时的采样值。
- **视图：** 设置视图显示时的采样值。
- **视图降噪：** 勾选后，将减少视图中的噪点。

7.2.2 “环境光遮蔽（AO）”卷展栏

“环境光遮蔽（AO）”卷展栏中的参数设置如图7-5所示。

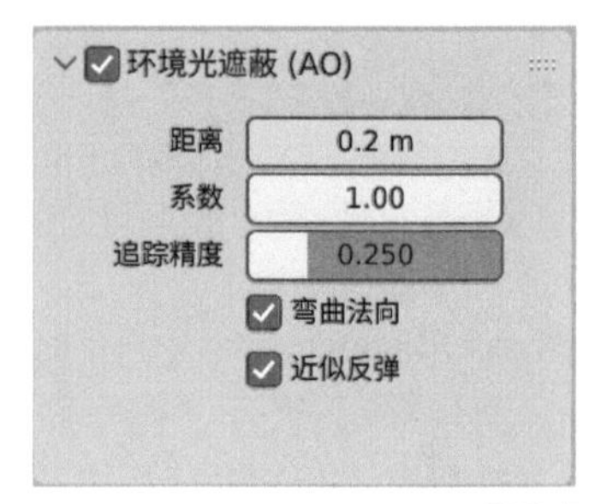

图 7-5

参数解析

- **距离：** 影响环境光遮蔽效果的物体距离。
- **系数：** 设置环境光遮蔽效果的混合因子。
- **追踪精度：** 值越大，渲染越久，画面的精度越高。
- **弯曲法向：** 勾选后在计算环境光遮蔽效果时，以更真实的方式对漫反射计算进行采样。
- **近似反弹：** 勾选后在计算环境光遮蔽效果时，将模拟光线反射计算。

7.2.3 “辉光”卷展栏

“辉光”卷展栏用于模拟镜头光斑效果，其参数设置如图7-6所示。

图 7-6

参数解析

- **阈值：** 用于控制辉光的产生范围。
- **屈伸度：** 使阈值上下之间的效果进行过渡。
- **半径：** 设置辉光的半径。
- **颜色：** 设置辉光的颜色。
- **强度：** 设置辉光的强度。
- **钳制：** 设置辉光的最大强度。

7.3 Cycles渲染引擎

Cycles是Blender自带的功能强大的渲染引擎，借助其内置的物理渲染算法，Cycles可以为用户提供高质量的、比Eevee渲染引擎更加准确的图像效果。

7.3.1 课堂案例：制作卡通云朵效果

效果文件　云朵 .blend

素材文件　无

视频名称　制作卡通云朵效果 .mp4

本案例为读者详细讲解卡通云朵的制作方法，图7-7所示为最终完成效果。

图 7-7

01 启动Blender，将其中自带的立方体模型删除后，执行菜单栏中的“添加>融球>球”命令，如图7-8所示。在场景中创建一个融球，如图7-9所示。

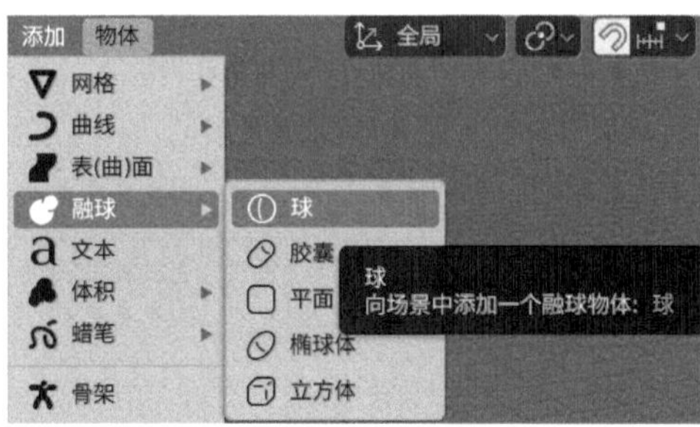

图 7-8

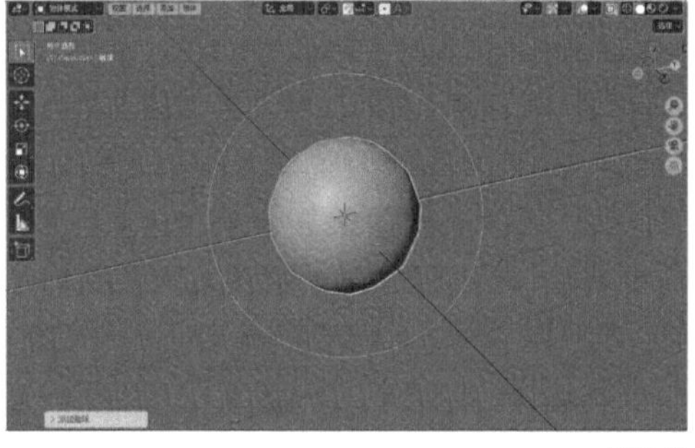

图 7-9

02 在“数据”面板中，展开“融球”卷展栏，设置“视图分辨率”为0.1m，“渲染”为0.1m，“影响阈值”为0.2，如图7-10所示。

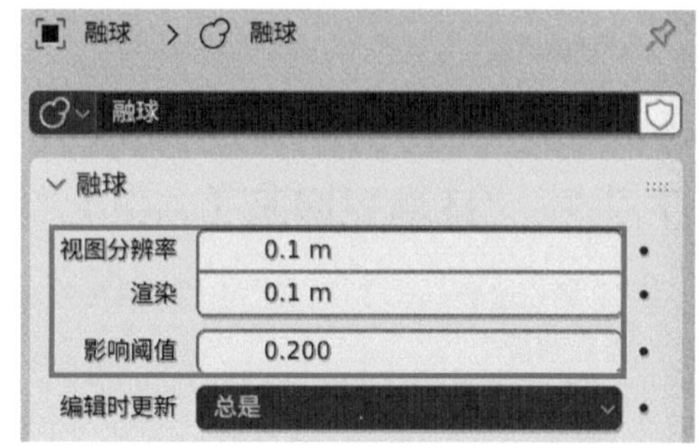

图 7-10

03 设置完成后，融球的视图显示如图7-11所示。

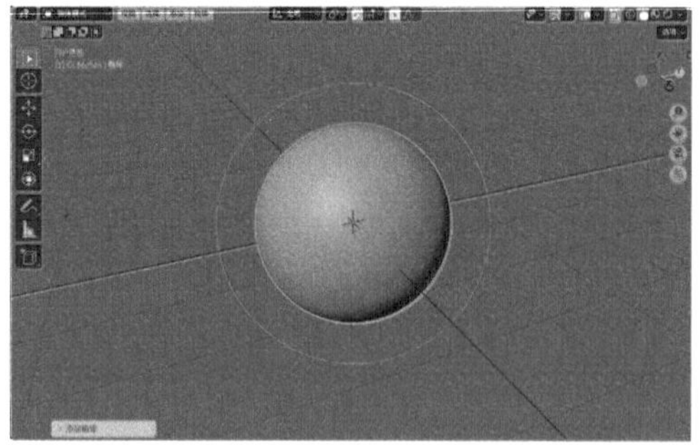

图 7-11

04 按Shift+D快捷键，并移动复制出来的融球至图7-12所示位置。我们可以看到两个融球会融合至一起。

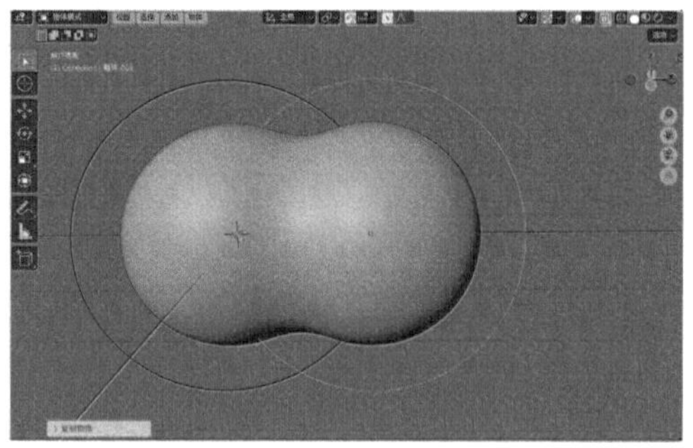

图 7-12

05 多次对融球进行复制并调整至图7-13所示位置，制作出云朵模型的大概形状。

06 调整融球的大小，完善云朵模型的细节，如图7-14所示。

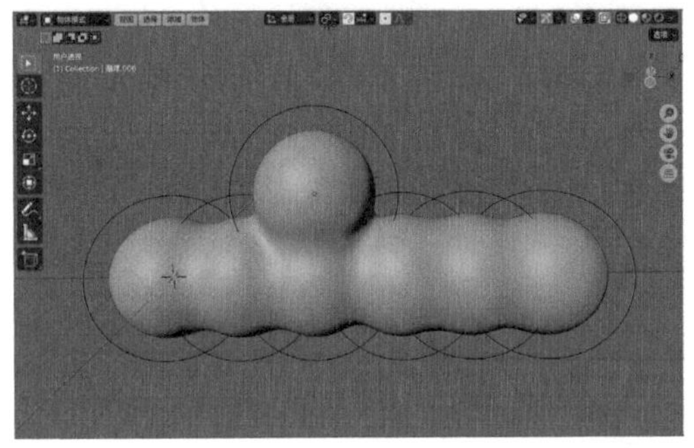

图 7-13

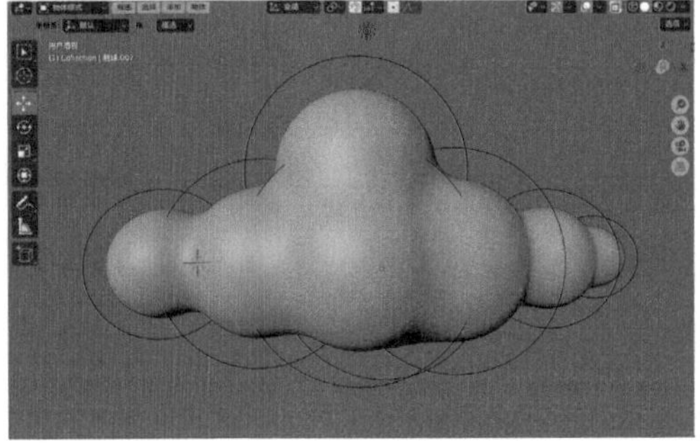

图 7-14

07 在“渲染”面板中，设置“渲染引擎”为Cycles，如图7-15所示。

08 在“输出”面板中，设置“分辨率X”为1300px，“分辨率Y”为800px，如图7-16所示。

09 在“世界环境”面板中，展开“表(曲)面”卷展栏，单击“颜色”后面的黄色圆点，如图7-17所示。

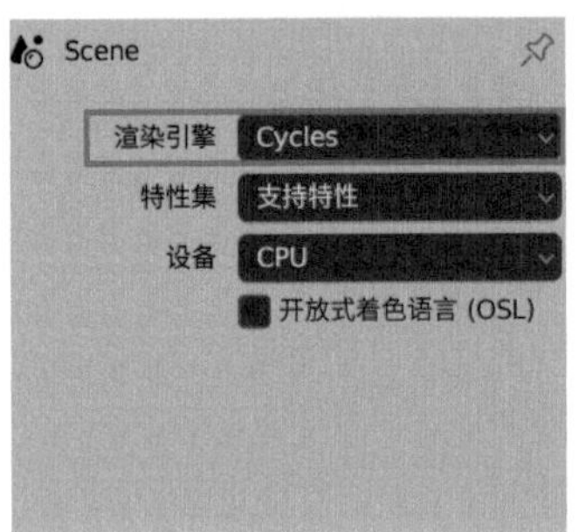

图 7-15

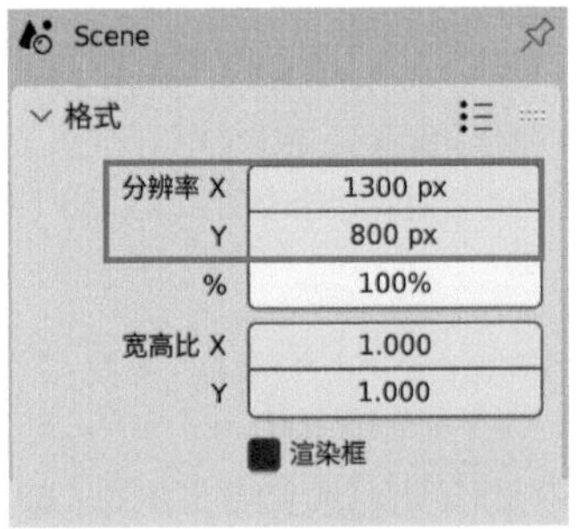

图 7-16

图 7-17

10 在弹出的菜单中执行“天空纹理”命令，如图7-18所示。

11 在“表(曲)面”卷展栏中，设置“太阳高度”为5°，“太阳旋转”为30°，“臭氧”为5，如图7-19所示。

图 7-18

图 7-19

⑫ 设置完成后，调整摄像机的拍摄角度至图7-20所示。

⑬ 将场景中自带的灯光删除后，渲染场景，渲染效果如图7-21所示。

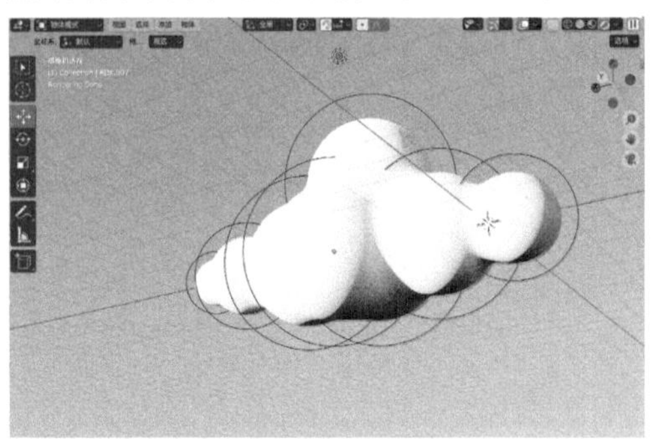

图 7-20

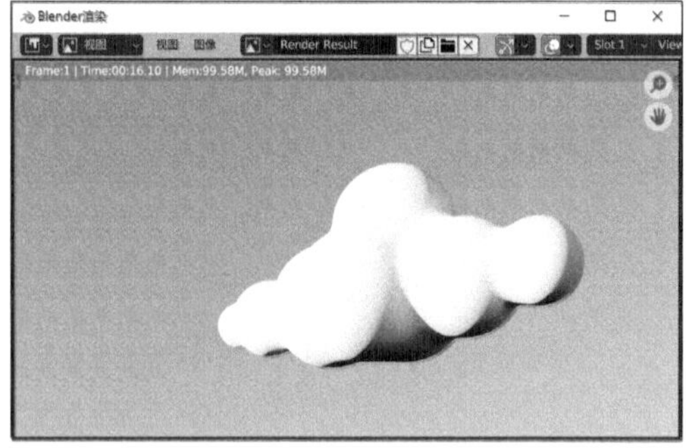

图 7-21

7.3.2 “采样”卷展栏

“采样”卷展栏中的参数设置如图7-22所示。

参数解析

- **噪波阈值：** 决定是否继续采样的阈值，值越小，图像噪波越少。
- **最大采样/最小采样：** 自适应采样计算时像素接收的最大/最小样本数。

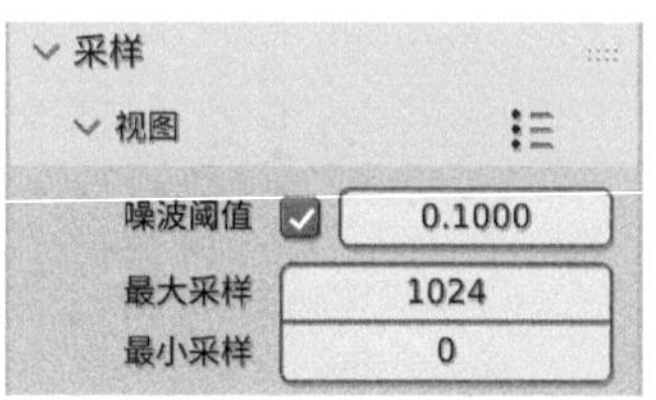

图 7-22

7.3.3 “光程”卷展栏

“光程”卷展栏中的参数设置如图7-23所示。

参数解析

» “最多反弹次数”卷展栏

- **总数：** 设置光线的反弹次数。
- **漫射：** 设置漫反射计算时光线的反弹次数。
- **光泽：** 设置光泽计算时光线的反弹次数。
- **透射：** 设置透射计算时光线的反弹次数。
- **体积：** 设置体积计算时光线的反弹次数。
- **透明：** 设置透明计算时光线的反弹次数。

» “钳制”卷展栏

- **直接光：** 设置直接光的反射次数。默认值为0，代表禁用钳制计算。
- **间接光：** 设置间接光的反射次数。

» “焦散”卷展栏

- **滤除光泽：** 适当增加该值可以改善焦散所产生的噪点效果。
- **焦散反射：** 勾选后计算光线反射时产生的焦散效果。
- **焦散折射：** 勾选后计算光线折射时产生的焦散效果。

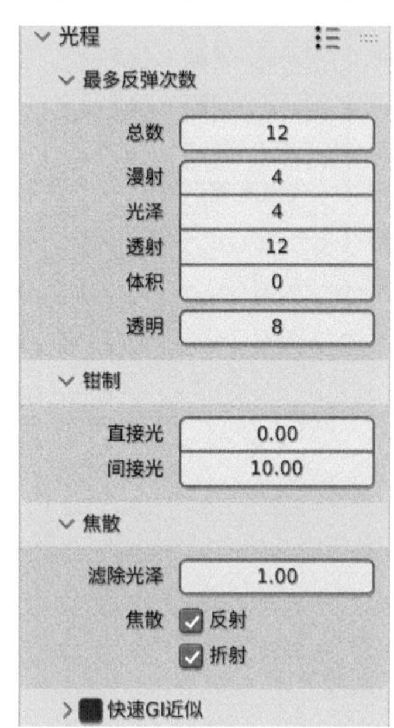

图 7-23

7.4 课后习题

7.4.1 课后习题：制作雪山效果

效果文件	雪山 .blend
素材文件	无
视频名称	制作雪山效果 .mp4

本课后习题为读者详细讲解雪地环境地形效果的制作方法，图7-24所示为最终完成效果。

图 7-24

技巧与提示

“添加网格:A.N.T.Landscape”插件是中文版Blender 4.0自带的一款专门用于制作各种山脉地形效果的插件，激活后才可以使用。

01 启动Blender，执行菜单栏中的“编辑>偏好设置”命令，在弹出的“Blender偏好设置”窗口中，勾选“添加网格：A.N.T.Landscape”，如图7-25所示。

02 将场景中的默认灯光和立方体模型删除后，执行菜单栏中的“添加>网格>Landscape”命令，如图7-26所示，即可在场景中创建一个地形，如图7-27所示。

图 7-25

图 7-26

03 在Another Noise Tool-Landscape（噪波工具-地形）卷展栏中，设置“操作项预设”为canyon（峡谷），如图7-28所示。

04 设置Subdivisions X（细分X）和Subdivisions Y（细分Y）均为1000，如图7-29所示。

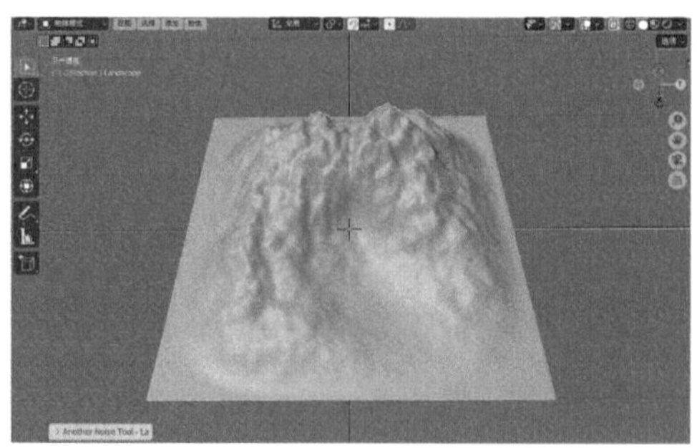

图 7-27

图 7-28

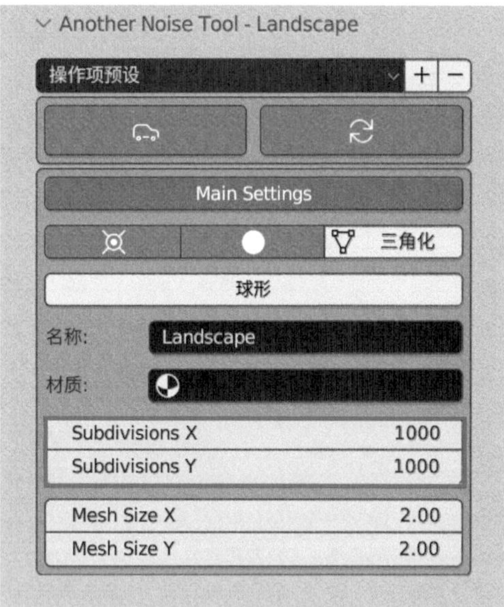

图 7-29

05 这样，我们可以得到一个峡谷地形模型，如图7-30所示。

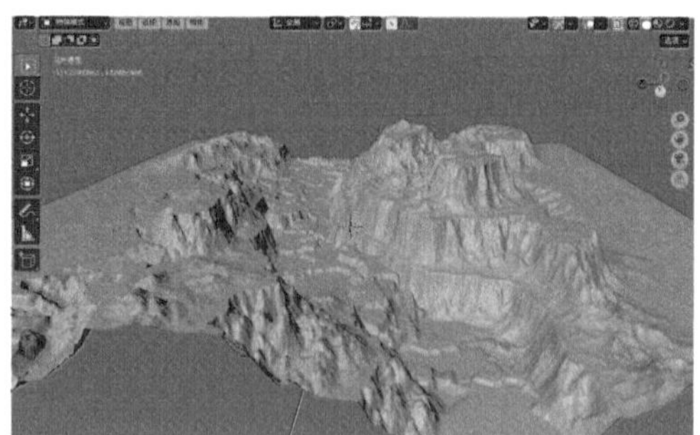

图 7-30

技巧与提示

我们可以通过设置不同的“随机种”值来得到随机的地形效果。

06 在“摄像机透视”视图中，调整摄像机的拍摄角度至图7-31所示位置。

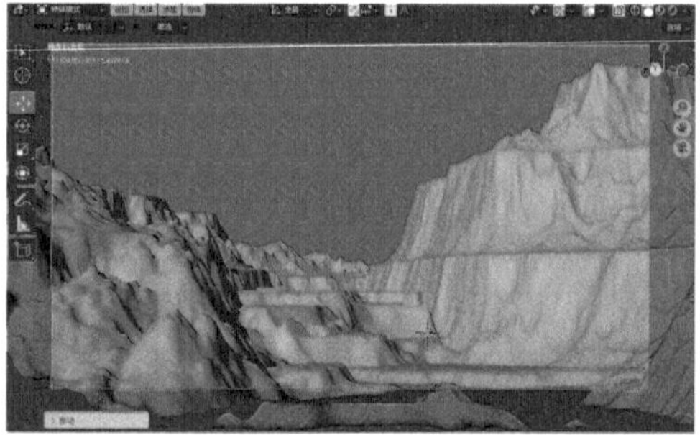

图 7-31

07 在“渲染”面板中，设置“渲染引擎”为Cycles，如图7-32所示。

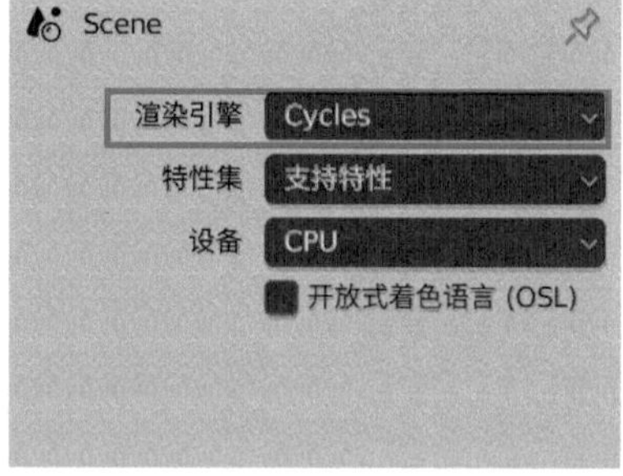

图 7-32

08 在“输出”面板中，设置“分辨率X”为1300px，“分辨率Y”为800px，如图7-33所示。

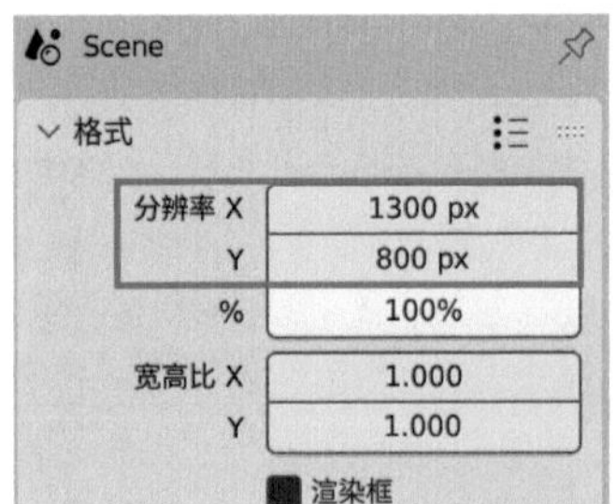

图 7-33

09 在“世界环境”面板中，展开“表(曲)面”卷展栏，单击“颜色”后面的黄色圆点，如图7-34所示。

图 7-34

10 在弹出的菜单中执行“天空纹理”命令，如图7-35所示。

图 7-35

11 在“表(曲)面”卷展栏中，设置“太阳高度”为10°，“太阳旋转”为190°，“海拔”为5000m，“臭氧”为10，如图7-36所示。

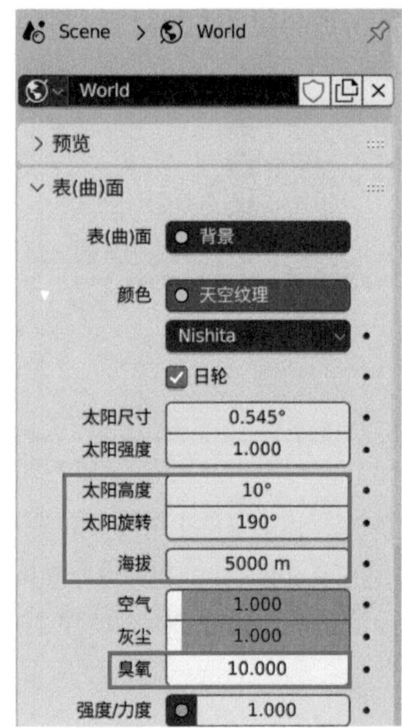

图 7-36

12 设置完成后，渲染场景，渲染结果如图7-37所示。

图 7-37

13 在“材质”面板中，单击“新建”按钮，如图7-38所示，为其添加一个新的材质。

图 7-38

14 在“表(曲)面”卷展栏中，单击“法向”后面的蓝色圆点，如图7-39所示。

15 在弹出的菜单中执行“凹凸”命令，如图7-40所示。

16 单击“高度”后面的灰色圆点，如图7-41所示。

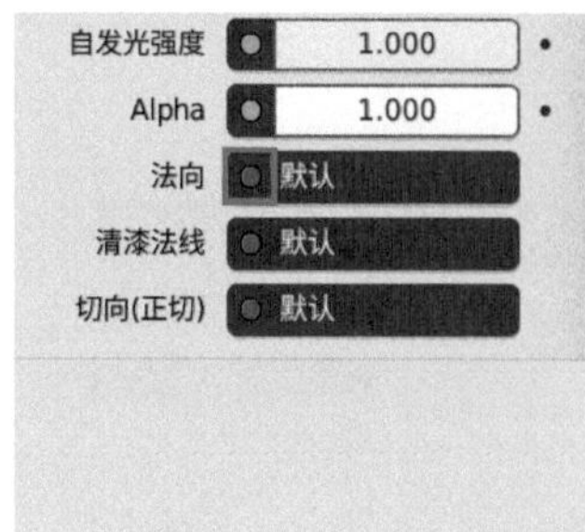

图 7-39

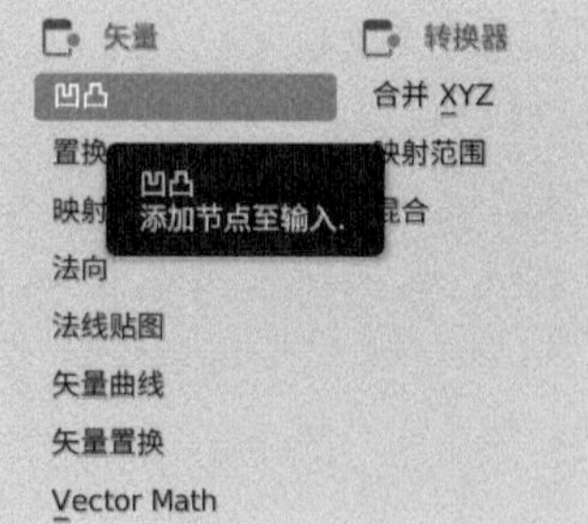

图 7-40

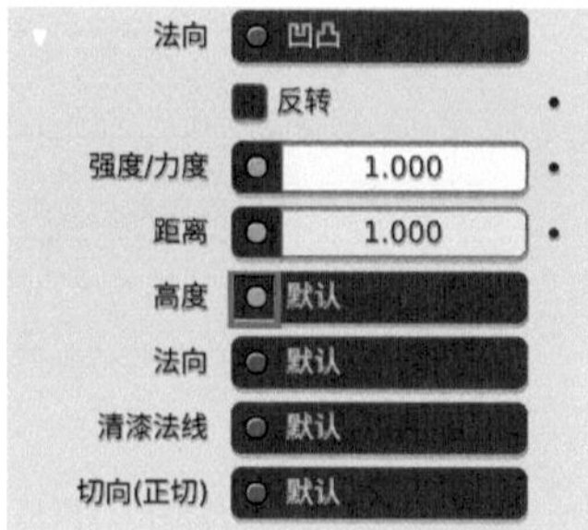

图 7-41

17 在弹出的菜单中执行“噪波纹理”命令，如图7-42所示。

18 设置完成后，雪山的渲染预览结果如图7-43所示。

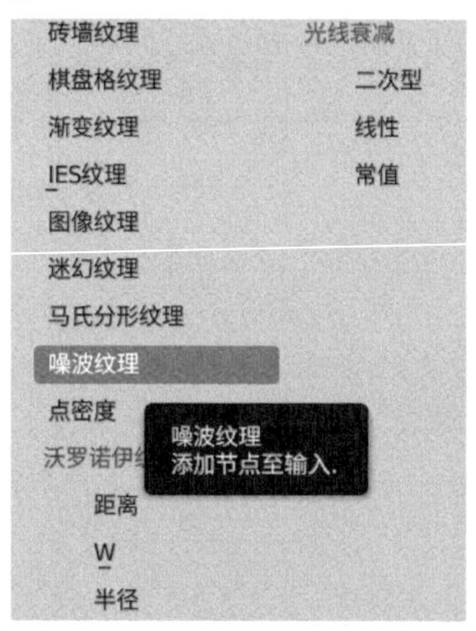

图 7-42

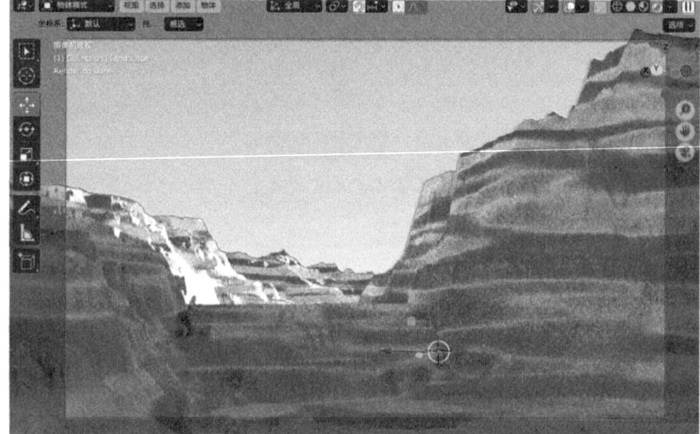

图 7-43

19 设置“强度/力度”为0.3，“缩放”为35，“畸变”为1，如图7-44所示。

20 设置完成后，雪山的渲染预览结果如图7-45所示。

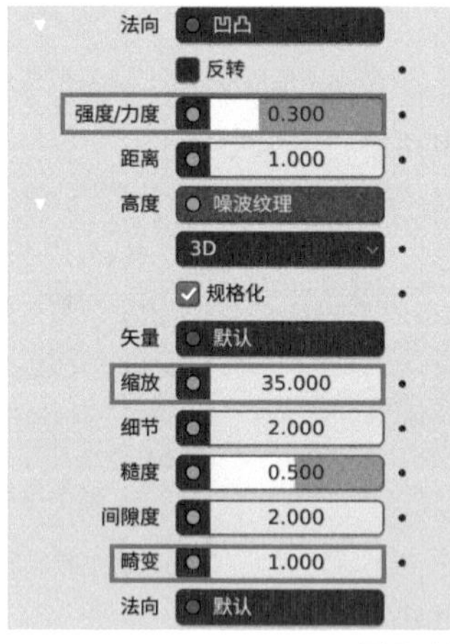

图 7-44

图 7-45

21 执行菜单栏中的“渲染>渲染图像”命令，渲染场景，最终渲染效果如图7-46所示。

图 7-46

7.4.2 课后习题：制作雪块效果

效果文件	雪块场景 – 完成 .blend
素材文件	雪块场景 .blend
视频名称	制作雪块效果 .mp4

本课后习题带领读者练习雪块的制作方法，图7-47所示为最终完成效果。

图 7-47

01 启动Blender，打开配套场景文件“雪块场景.blend”，里面为一个室内空间，并且已经设置好了材质、灯光和摄像机，如图7-48所示。

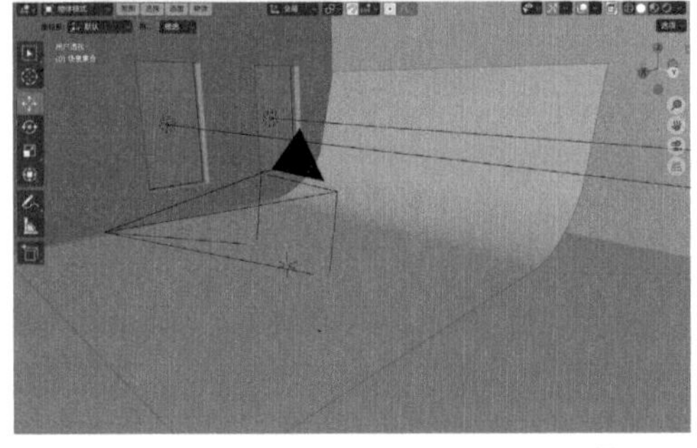

图 7-48

02 执行菜单栏中的“添加>网格>Landscape”命令，如图7-49所示。即可在场景中创建一个地形，如图7-50所示。

图 7-49

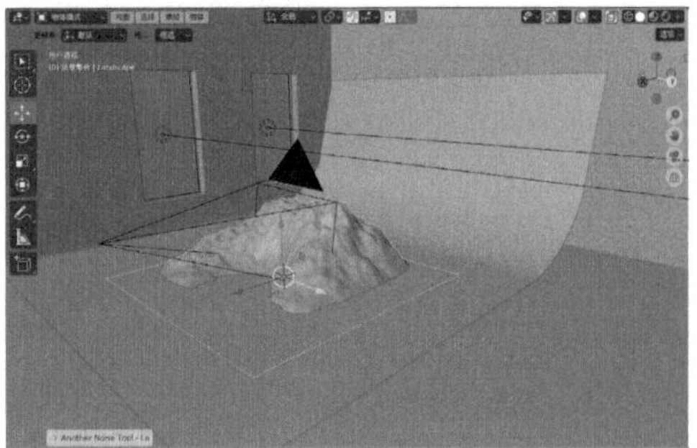

图 7-50

03 在Another Noise Tool-Landscape（噪波工具-地形）卷展栏中，设置“操作项预设”为rock（岩石），如图7-51所示。

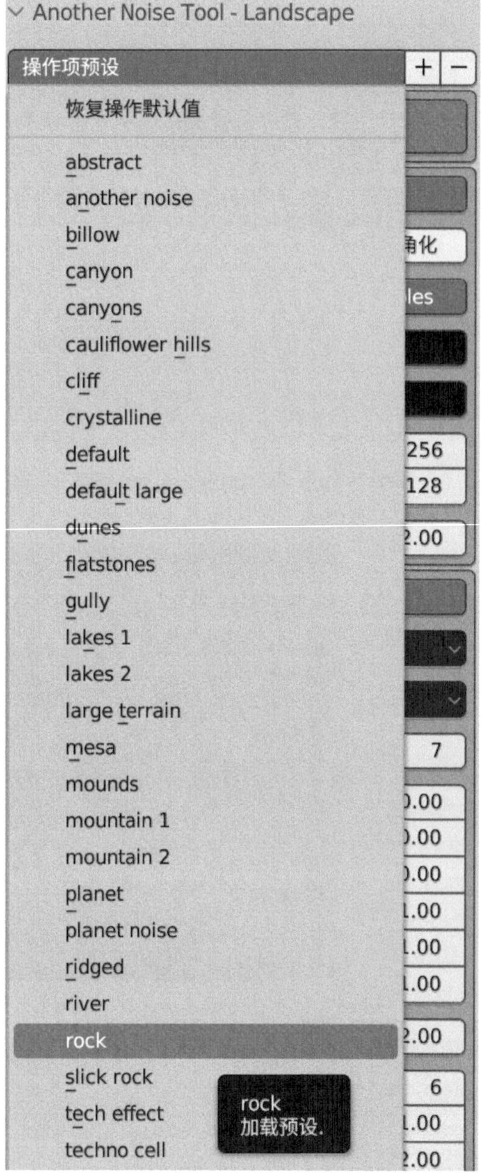

图7-51

04 设置Subdivisions X（细分X）和Subdivisions Y（细分Y）均为500，如图7-52所示。

05 设置完成后，使用“缩放”工具调整雪块模型的大小，如图7-53所示。

图7-52

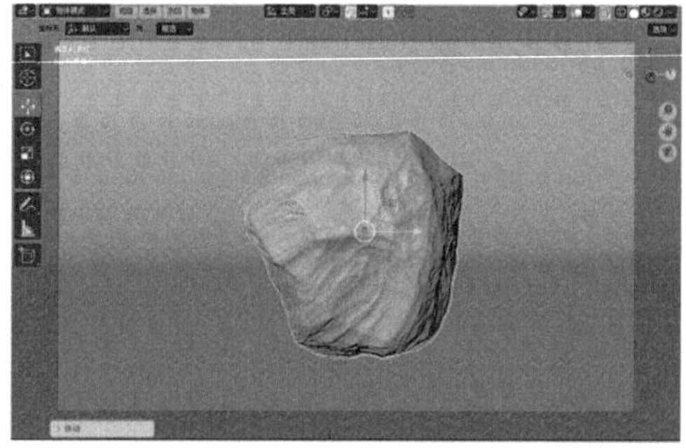

图7-53

06 渲染场景，没有添加材质的雪块模型渲染结果如图7-54所示。

图7-54

07 在“材质”面板中，单击“新建”按钮，如图7-55所示，为其添加一个新的材质。

08 在"材质"面板中，更改材质的名称为"雪块"。展开"置换"卷展栏，单击"置换"后面的蓝色圆点，如图7-56所示。

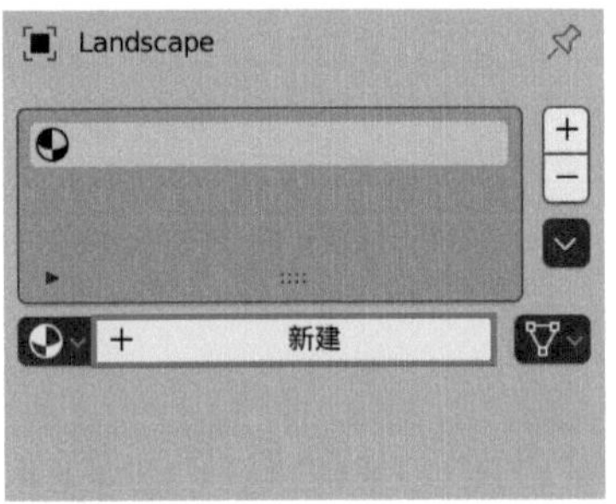

图 7-55

图 7-56

09 在弹出的菜单中执行"置换"命令，如图7-57所示。

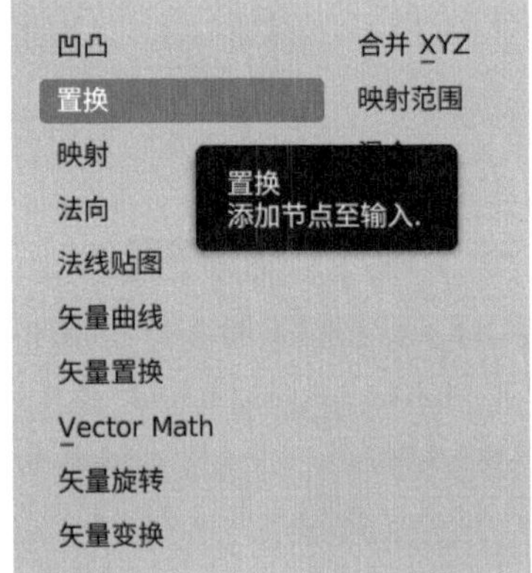

图 7-57

10 在"置换"卷展栏中，单击"高度"后面的灰色圆点，如图7-58所示。

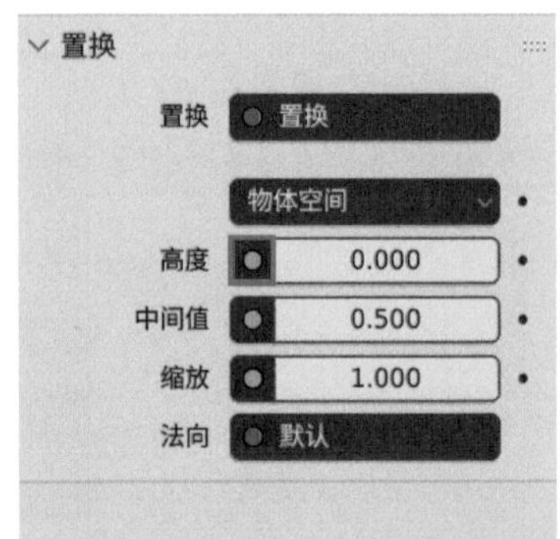

图 7-58

11 在弹出的菜单中执行"噪波纹理"命令，如图7-59所示。

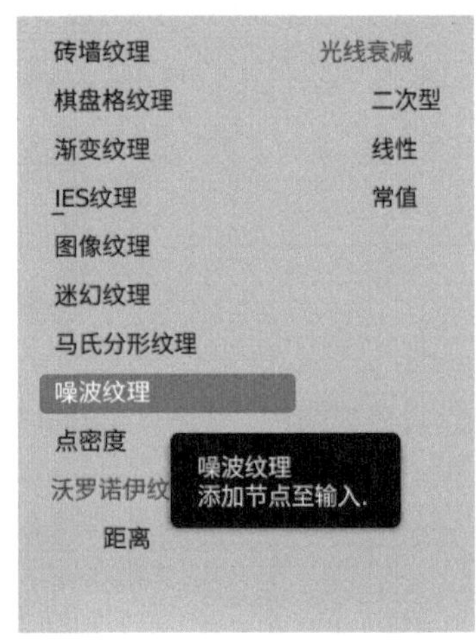

图 7-59

12 在"设置"面板中，设置"置换"为"置换与凹凸"，如图7-60所示。

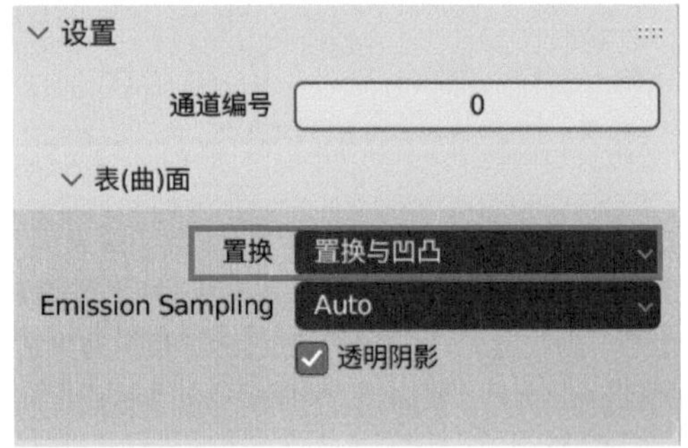

图 7-60

技巧与提示

默认状态下，置换仅作用于凹凸效果。

13 在“置换”卷展栏中，设置“噪波纹理”的“缩放”为120，“置换”的“缩放”为0.1，如图7-61所示。

图 7-61

14 设置完成后，雪块模型的渲染预览结果如图7-62所示。

图 7-62

15 在“表(曲)面”卷展栏中，设置“次表面”为1，“次表面半径”为(0.4,0.5,0.6)，“次表面颜色”为浅蓝色，“高光”为1，“糙度”为0.1，如图7-63所示。其中，次表面颜色的参数设置如图7-64所示。

16 设置完成后，渲染场景，渲染效果如图7-65所示。

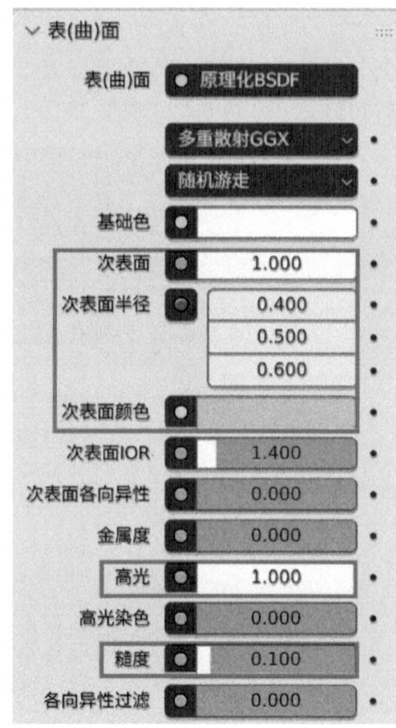

图 7-63

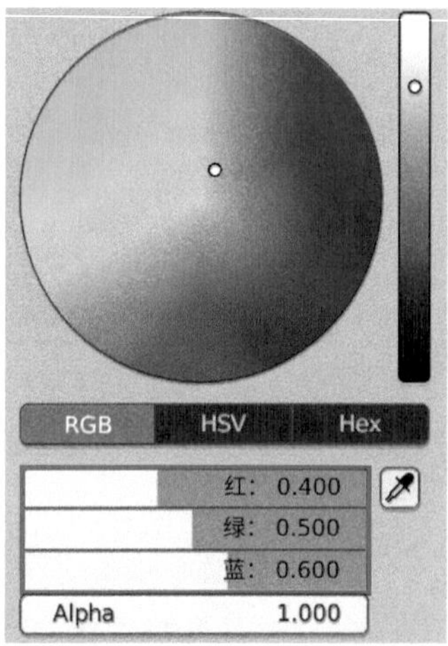

图 7-64

图 7-65

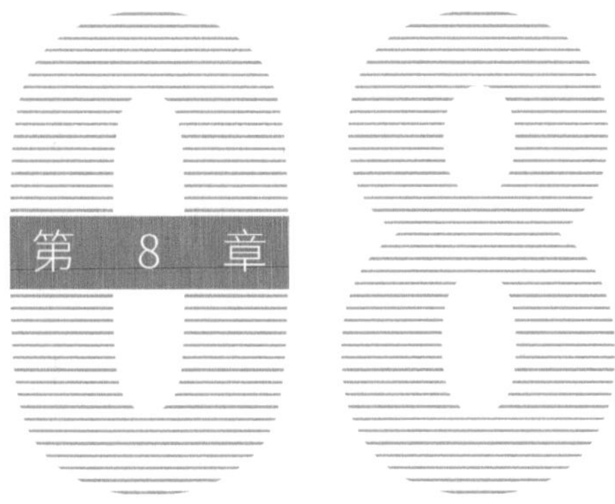

动画技术

本章导读

本章将介绍 Blender 4.0 的动画技术，主要讲解该软件的关键帧动画、约束动画及曲线编辑器的设置技巧，希望读者能够通过本章的学习，掌握动画的制作方法及相关技术。

学习要点

- 了解动画制作基础知识
- 掌握关键帧动画的制作方法
- 掌握约束动画的制作方法
- 掌握曲线编辑器的使用技巧

8.1 动画概述

动画，是一门集合了漫画、电影、数字媒体等多种艺术形式的综合艺术，也是一门年轻的学科，经过100多年的发展，已经形成了较为完善的理论体系和多元化产业，其独特的艺术魅力深受广大民众的喜爱。在本书中，动画仅狭义理解为使用Blender来设置对象的形变及运动过程记录。使用Blender创作的虚拟元素与现实中的对象合成在一起可以带给观众超强的视觉感受和真实体验。读者在学习本章的内容之前，建议阅读一下相关书籍并掌握一定的动画基础理论，如“动画12原理”，这些传统动画的基本原理不但适用于定格动画、黏土动画、二维动画，也同样适用于三维电脑动画。这样非常有助于我们制作出更加令人信服的动画效果。

8.2 关键帧基础知识

关键帧动画是Blender动画技术中最常用、最基础的动画设置技术。说简单些，就是在物体动画的关键时间点进行数据设置，而Blender则根据这些关键时间点上的数据设置来完成中间时间段内的动画计算，这样一段流畅的三维动画就制作完成了。

8.2.1 课堂案例：制作颜色渐变动画

效果文件	文字 - 完成 .blend
素材文件	文字 .blend
视频名称	制作颜色渐变动画 .mp4

本案例主要讲解如何使用关键帧技术来制作文字颜色渐变动画效果，参考渲染结果如图8-1所示。

图 8-1

01 启动Blender，打开配套场景文件“文字.blend”，里面有一个文字模型，并且已经设置好了材质、灯光和摄像机，如图8-2所示。

02 渲染场景，文字的渲染结果如图8-3所示。

图 8-2

图 8-3

03 选择文字模型，在“材质”面板中，单击“新建”按钮，如图8-4所示。并将新建的材质名称更改为“渐变色”，如图8-5所示。

04 在“表(曲)面”卷展栏中，单击“基础色”后面的黄色圆点，如图8-6所示。

图 8-4

图 8-5

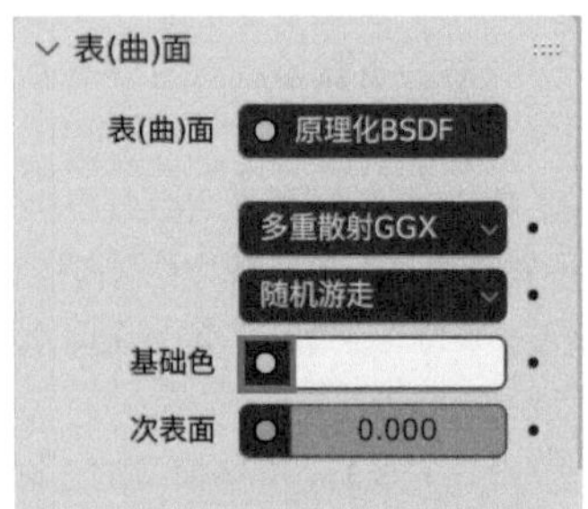

图 8-6

05 在弹出的菜单中执行“颜色渐变”命令，如图8-7所示。

06 在“表(曲)面”卷展栏中，设置材质的渐变色如图8-8所示，并单击“系数”后面的灰色圆点。

07 在弹出的菜单中，执行“分离XYZ”贴图下方的Y命令，如图8-9所示。

08 在“表(曲)面”卷展栏中，单击“矢量”后面的蓝色圆点，如图8-10所示。

09 在弹出的菜单中，执行“纹理坐标”贴图下方的“物体”命令，如图8-11所示。

图 8-7

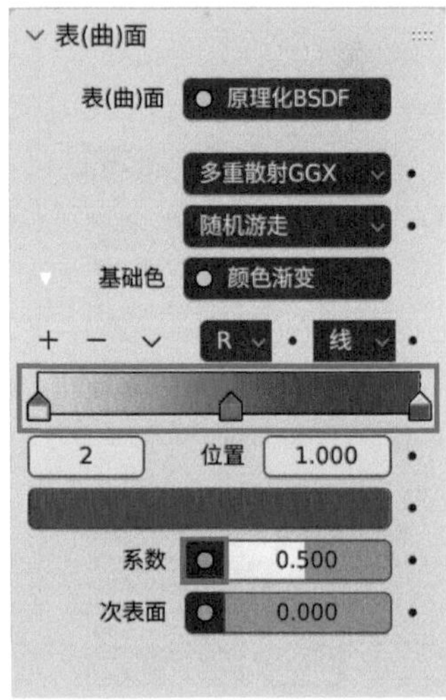

图 8-8

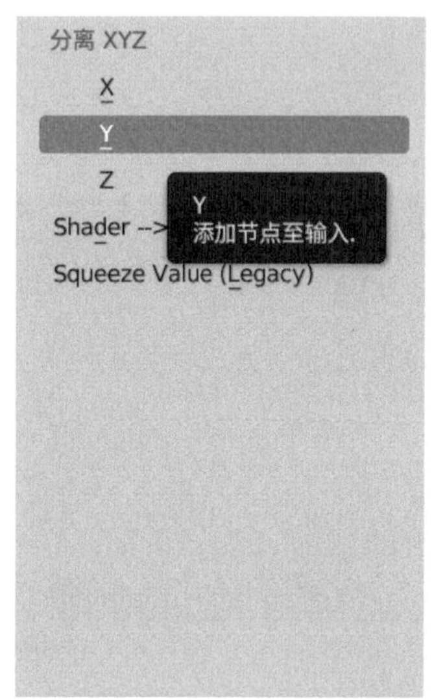

图 8-9

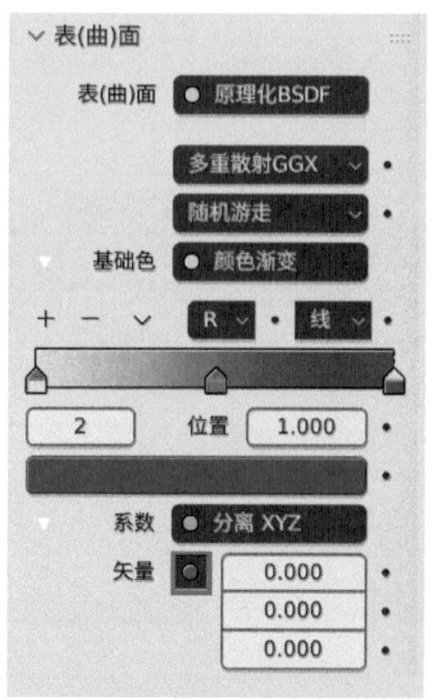

图 8-10

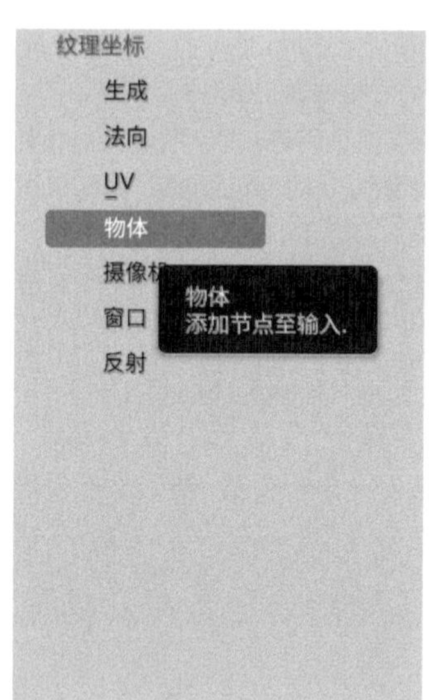

图 8-11

10 执行菜单栏中的“添加>空物体>纯轴”命令，在场景中创建一个纯轴，并调整其至图8-12所示位置。

11 在“表（曲）面”卷展栏中，设置“物体”为场景中刚刚创建的名称为“空物体”的纯轴，如图8-13所示。

12 设置完成后，文字模型的“材质预览”结果如图8-14所示。

图 8-12

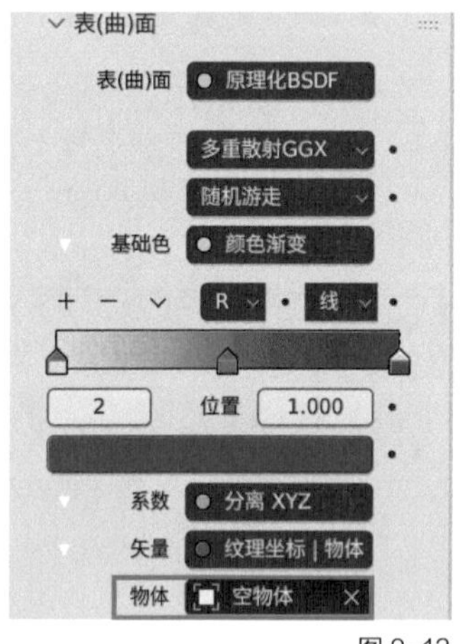

图 8-13

图 8-14

13 在第0帧位置处，选择纯轴，将其沿y轴移动至图8-15所示位置处，直至文字模型的颜色为蓝色。

图 8-15

14 在“变换”卷展栏中，为“位置Y”属性设置关键帧，如图8-16所示。

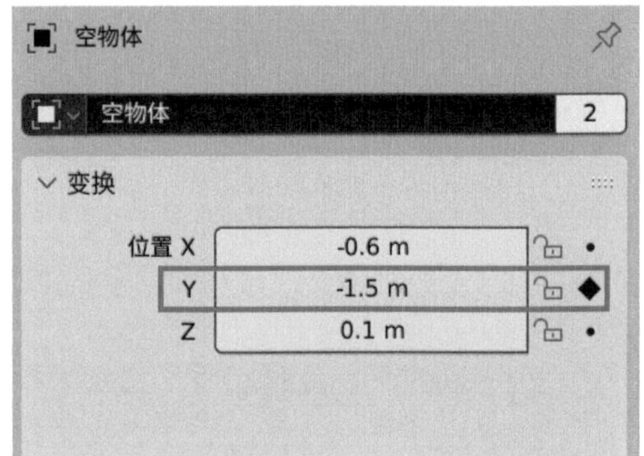

图 8-16

15 在第100帧位置处，沿y轴移动纯轴至图8-17所示位置处，直至文字模型的颜色为黄色。

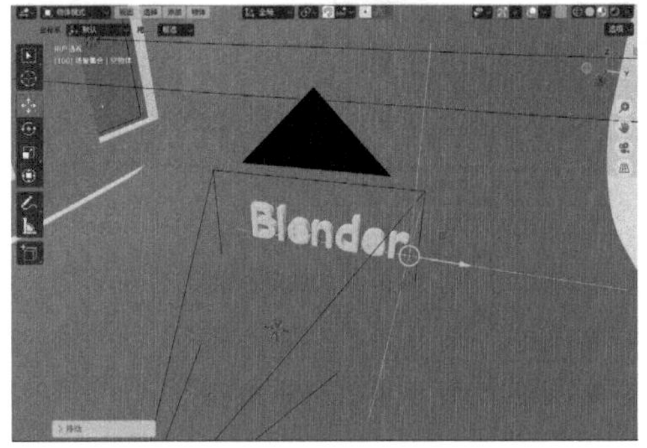

图 8-17

16 在“变换”卷展栏中，再次为“位置Y”属性设置关键帧，如图8-18所示。

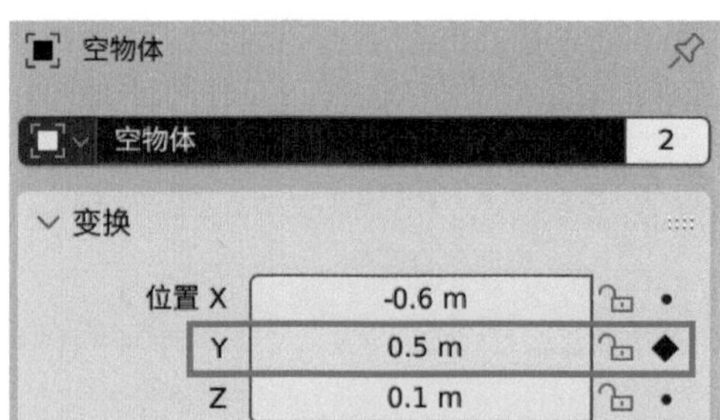

图 8-18

17 设置完成后，播放场景动画，最终制作完成的动画效果如图8-19所示。

18 渲染场景，渲染结果如图8-20所示。

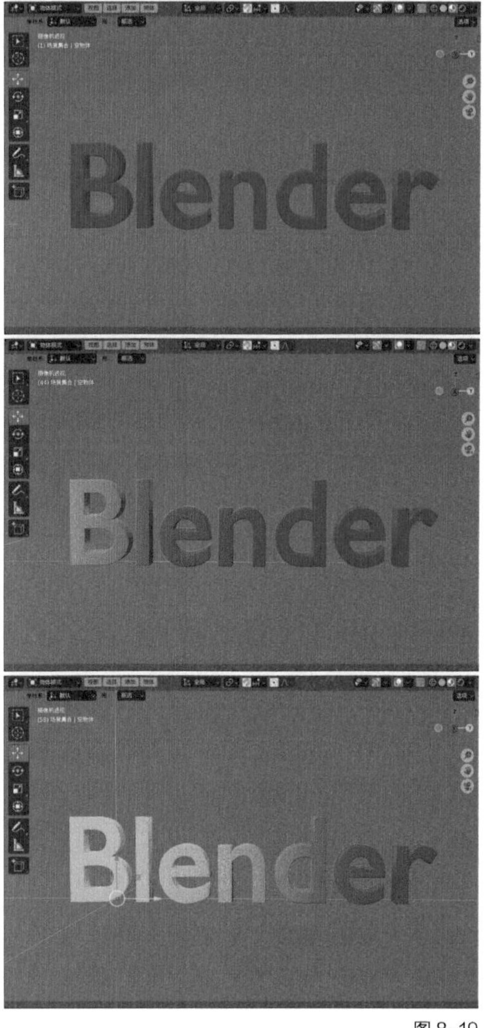

图 8-19

图 8-19（续）　　图 8-20

8.2.2 课堂案例：制作曲线生长动画

效果文件	羊形摆件 - 完成 .blend
素材文件	羊形摆件 .blend
视频名称	制作曲线生长动画 .mp4

本案例主要讲解如何使用关键帧技术来制作曲线生长动画效果，最终渲染结果如图8-21所示。

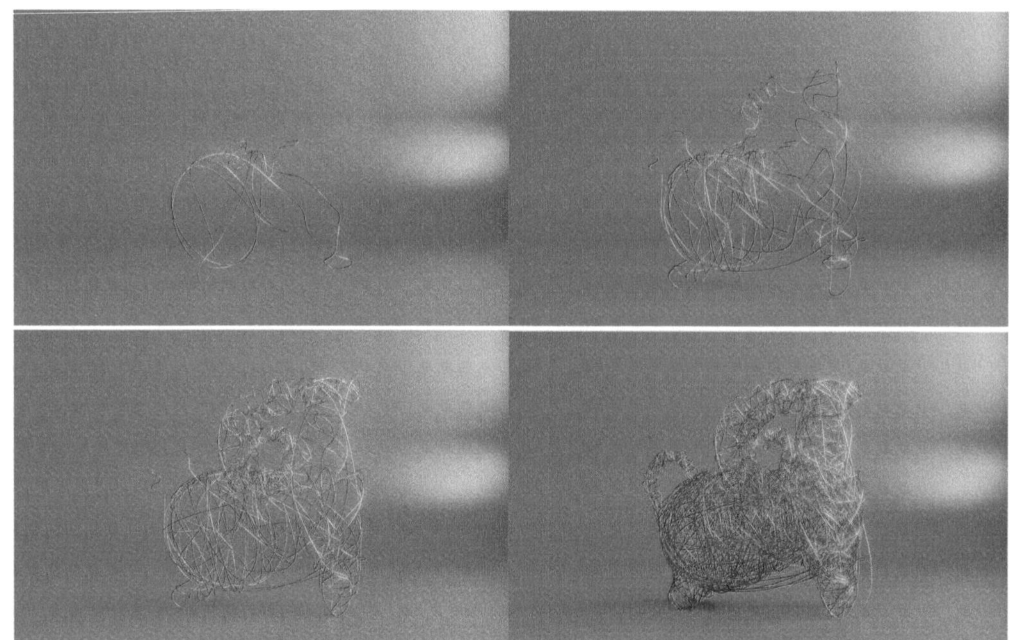

图 8-21

01 启动Blender，打开配套场景文件“羊形摆件.blend”，里面有一个羊形摆件模型，并且已经设置好了材质、灯光和摄像机，如图8-22所示。

02 执行菜单栏中的“编辑>偏好设置”命令，在弹出的“Blender偏好设置”窗口中，勾选“添加曲线：Extra Objects”，如图8-23所示。

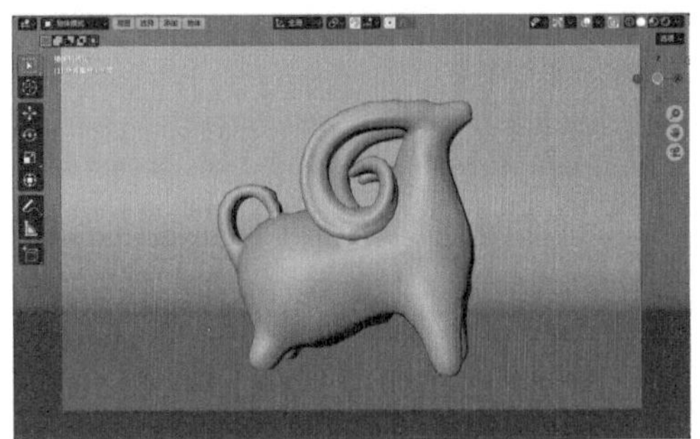

图 8-22

图 8-23

技巧与提示

“添加曲线：Extra Objects”插件是Blender中自带的插件，默认状态下处于未启用状态，需要手动勾选来设置启用。

03 在场景中选择羊形摆件模型，如图8-24所示。

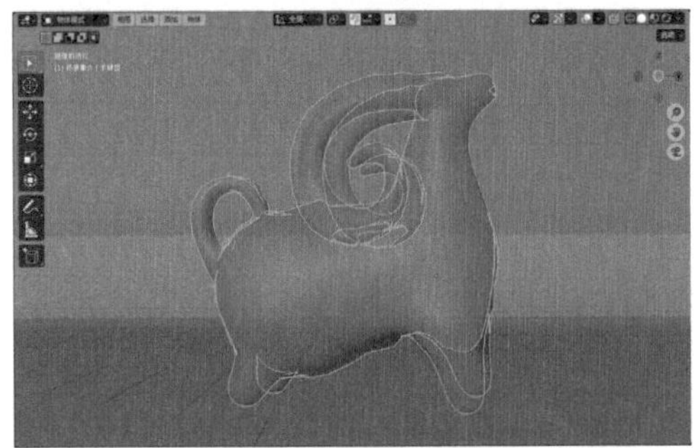

图 8-24

04 执行菜单栏中的“添加>曲线>Knots>Bounce Spline”命令，如图8-25所示。即可根据所选择的模型生成曲线，如图8-26所示。

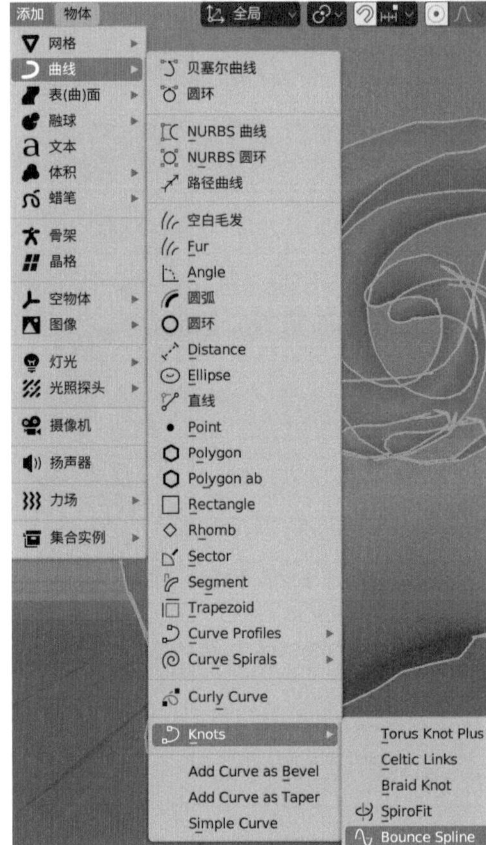

图 8-25

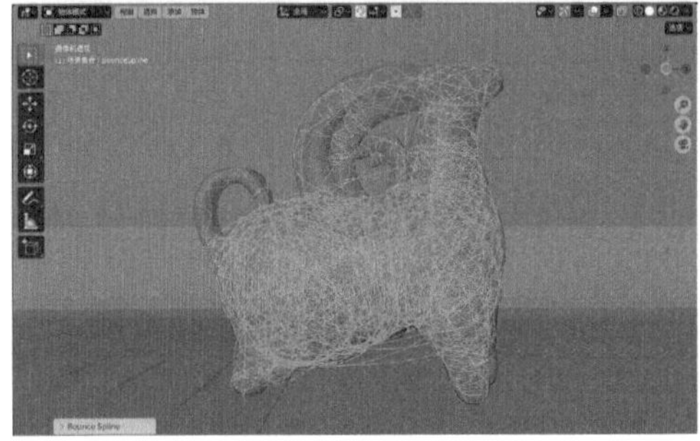

图 8-26

05 在Bounce Spline卷展栏中，设置Bounces（弹力）为1500，“随机种”为5，如图8-27所示。

06 设置完成后，将场景中的羊形摆件模型隐藏起来，曲线的视图显示结果如图8-28所示。

07 在“数据”面板中，展开“几何数据”卷展栏内的“倒角”卷展栏，设置“深度”为0.05m，如

图8-29所示。

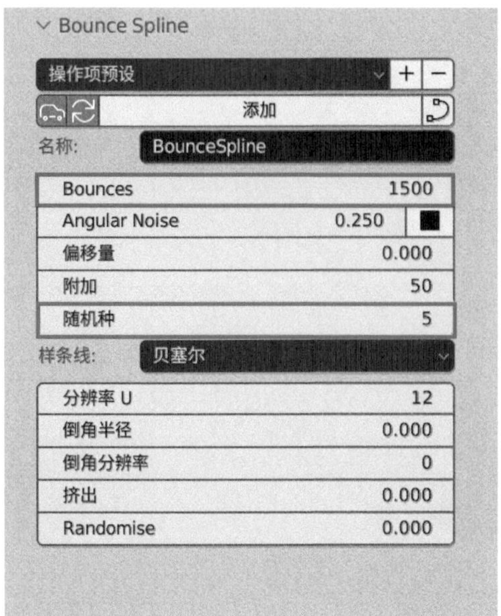

图 8-27

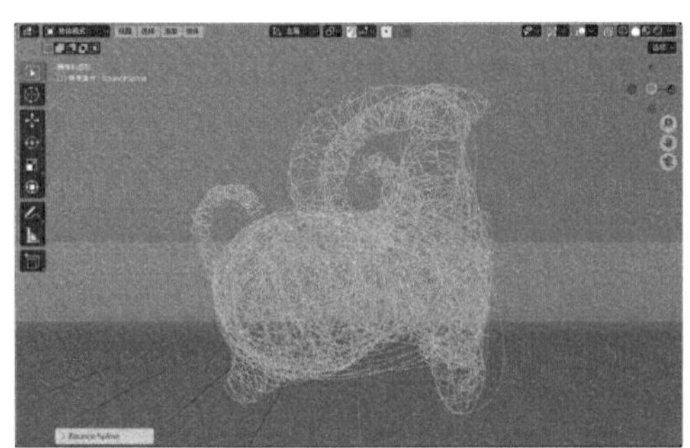

图 8-28

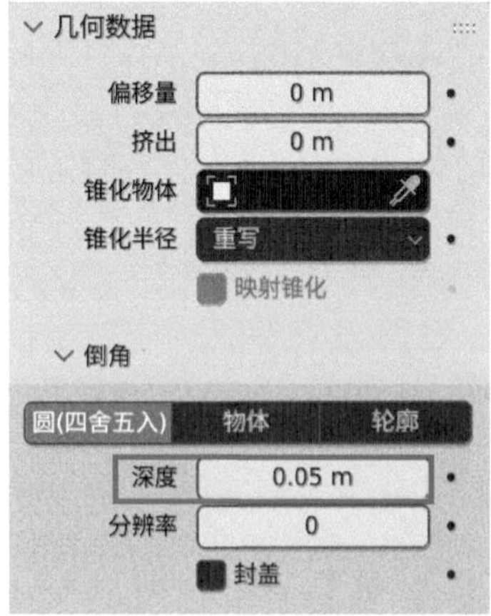

图 8-29

08 设置完成后，曲线的视图显示结果如图8-30所示。

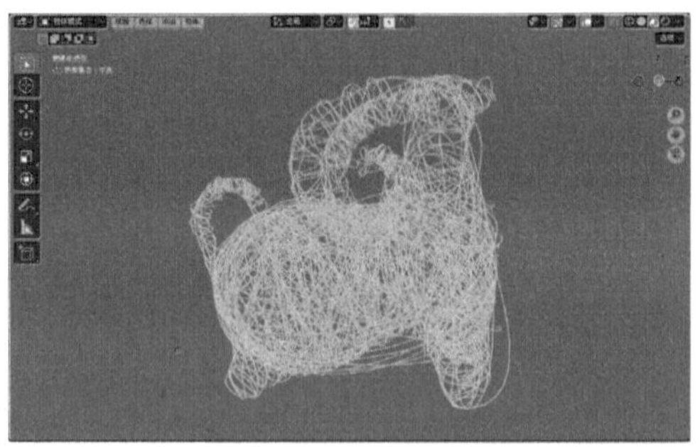

图 8-30

09 在第20帧位置处，展开“开始&结束映射”卷展栏，设置“结束点”为0，并为其设置关键帧，如图8-31所示。

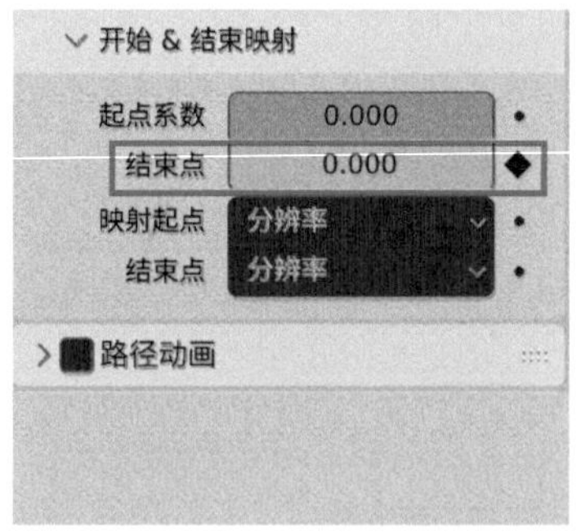

图 8-31

10 在第200帧位置处，设置“结束点”为1，并为其设置关键帧，如图8-32所示。

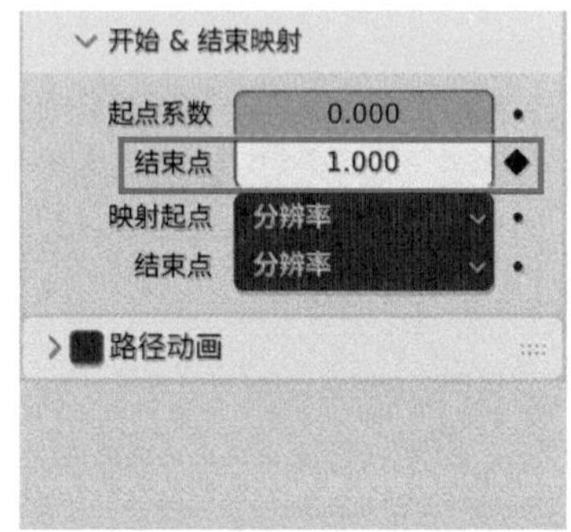

图 8-32

11 设置完成后，播放场景动画，制作完成的动画效果如图8-33所示。曲线会在空间中快速生长并最终形成一只羊的形状。

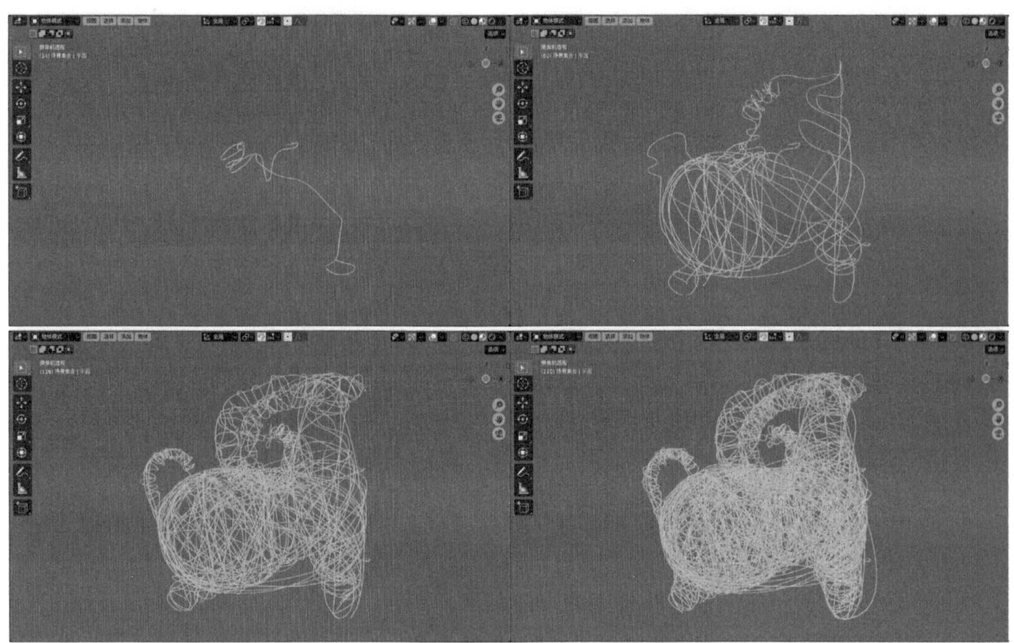

图 8-33

12 选择曲线，在“材质”面板中，单击“新建”按钮，如图8-34所示。

13 设置材质的名称为“金色金属”后，在“表（曲）面”卷展栏中，设置“表（曲）面”为“光泽BSDF”，“颜色”为橙色，“糙度”为0.2，如图8-35所示。其中，颜色的参数设置如图8-36所示。

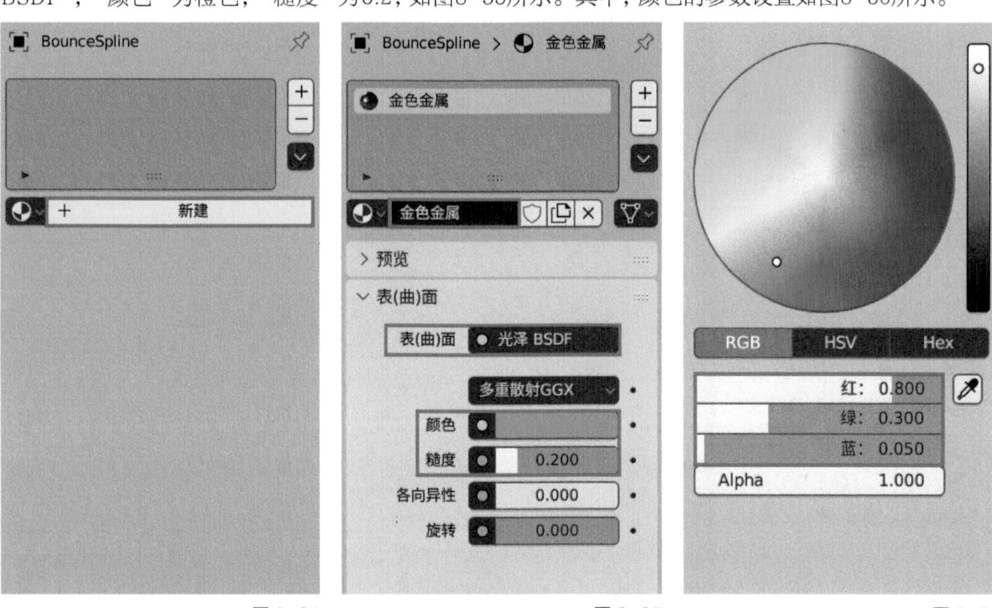

图 8-34　　图 8-35　　图 8-36

14 设置完成后，在“预览”卷展栏中，制作完成的金属材质球如图8-37所示。

⑮ 渲染场景，渲染结果如图8-38所示。

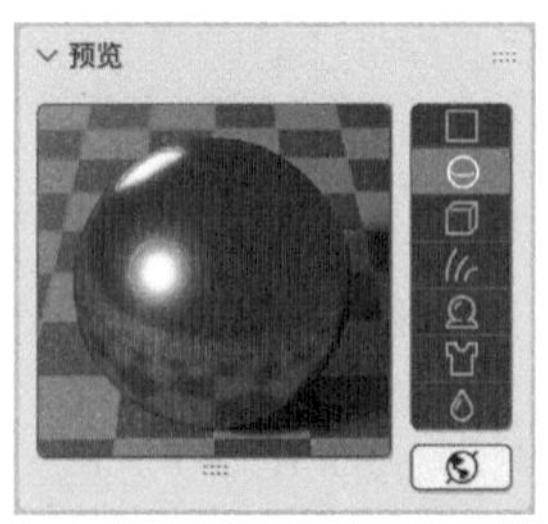

图 8-37

图 8-38

⑯ 在“合成器”面板中，勾选“使用节点”，则会在下方显示出“渲染层”节点和“合成”节点，如图8-39所示。

技巧与提示

在Blender中，许多单独打开的面板，其名称只显示为Blender，比如“合成器”面板。

图 8-39

⑰ 在“合成器”面板中，执行菜单栏中的“添加>滤镜（过滤）>辉光”命令，即可添加一个“辉光”节点，并将“渲染层”节点的“图像”连接至“辉光”节点的“图像”上，将“辉光”节点的“图像”再连接至“合成”节点的“图像”上，如图8-40所示。

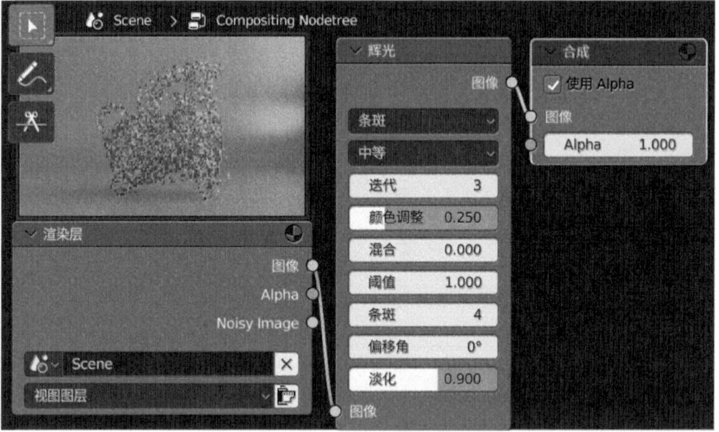

图 8-40

⑱ 在“辉光”节点中，设置辉光的形态为“简单星形”，“迭代”为5，如图8-41所示。

⑲ 设置完成后，观察渲染结果，我们可以看到添加了辉光的渲染结果如图8-42所示。

图 8-41

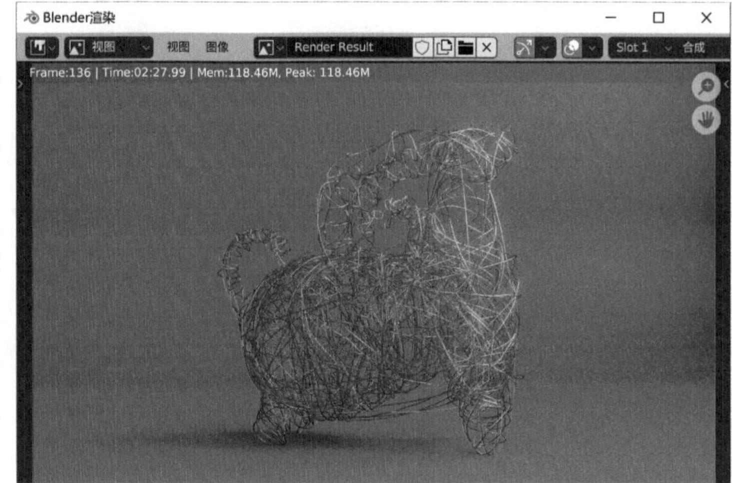

图 8-42

8.2.3 课堂案例：制作吊扇旋转动画

效果文件	吊扇 - 完成 .blend
素材文件	吊扇 .blend
视频名称	制作吊扇旋转动画 .mp4

本案例主要讲解如何使用关键帧技术来制作吊扇旋转的动画效果，最终渲染结果如图8-43所示。

图 8-43

01 启动Blender，打开配套场景文件“吊扇.blend”，里面有一个吊扇模型，并且已经设置好了材质、灯光和摄像机，如图8-44所示。

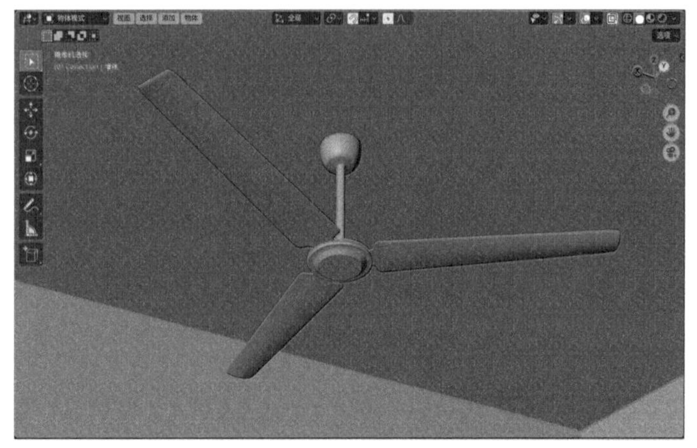

图 8-44

02 在第0帧位置处，选择风扇模型，在“变换”卷展栏中，为“旋转Z”属性设置关键帧，如图8-45所示。

03 在第20帧位置处，在“变换”卷展栏中，设置“旋转Z”为360°，并为该属性设置关键帧，如图8-46所示。

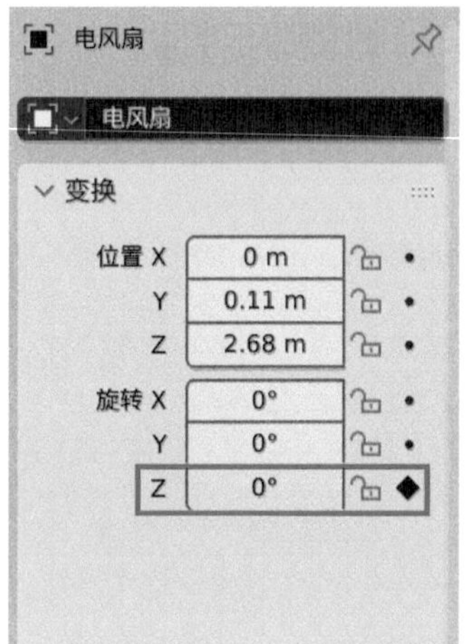

图 8-45

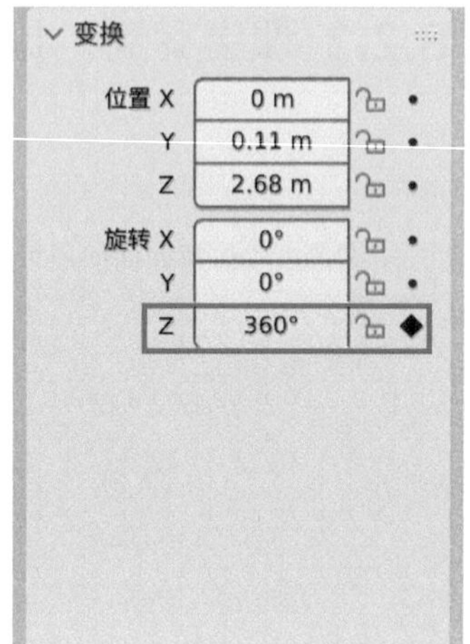

图 8-46

04 在“曲线编辑器”面板中，查看刚刚制作的吊扇旋转动画的动画曲线，如图8-47所示。

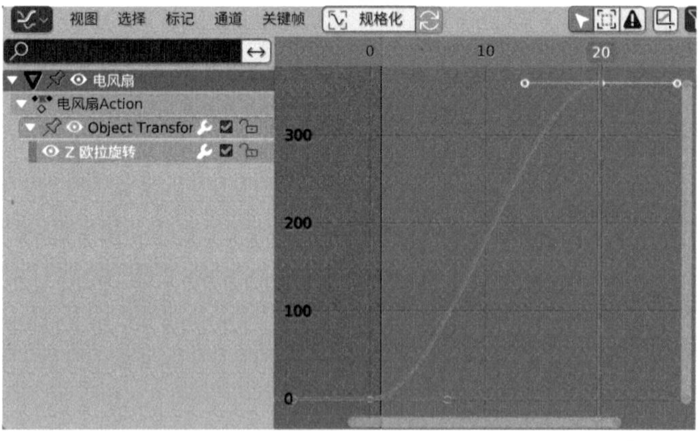

图 8-47

05 选择“曲线编辑器”面板中图8-48所示的关键点，在“活动关键帧”卷展栏中，设置“插值”为“线性”，如图8-49所示。

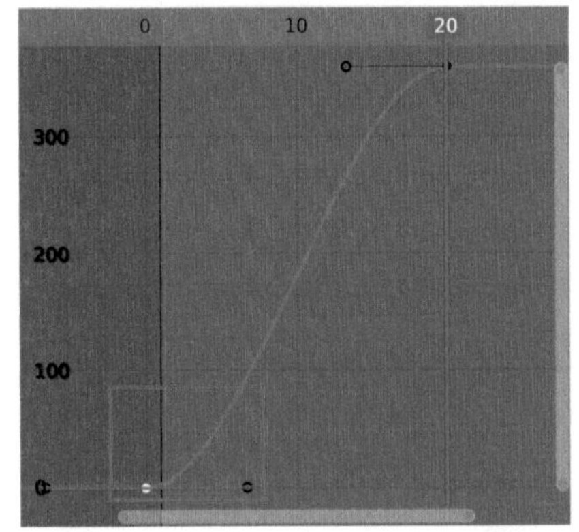

图 8-48

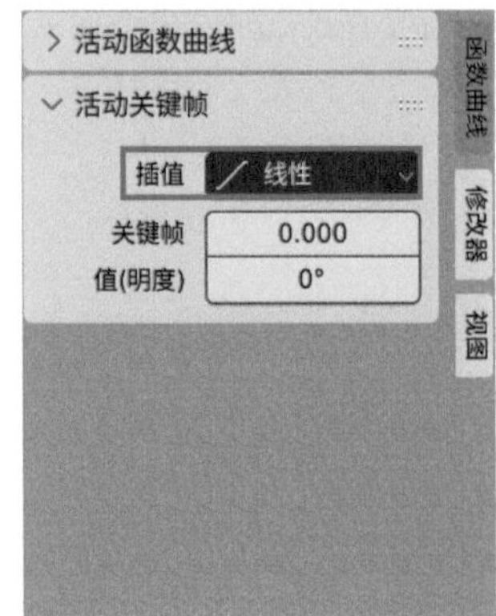

图 8-49

06 设置完成后，吊扇旋转动画的动画曲线如图8-50所示。

07 在“修改器”面板中，为曲线添加“循环”修改器，如图8-51所示。

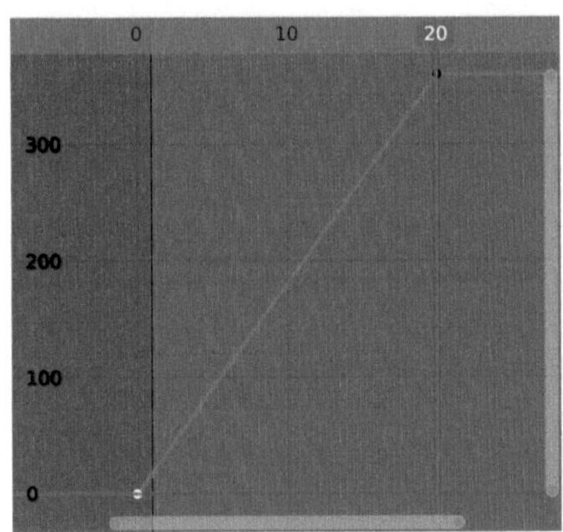

图 8-50

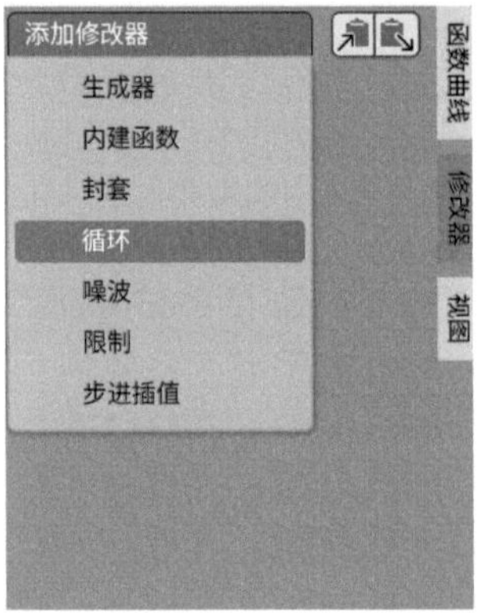

图 8-51

> **技巧与提示**
>
> “循环”修改器添加完成后，在“修改器”面板中则显示其英文名称Cycles。

08 在“修改器”面板中，设置“之前模式”为“带偏移重复”，“之后模式”为“带偏移重复”，如图8-52所示。

09 设置完成后，在“曲线编辑器”面板中观察吊扇的动画曲线，如图8-53所示。播放场景动画，可以看到吊扇模型会一直旋转。

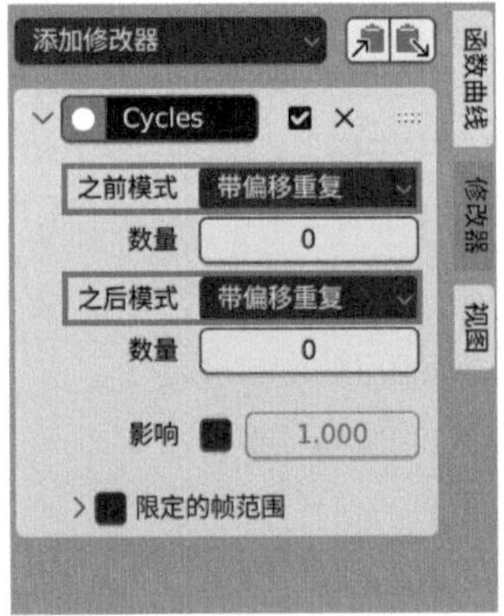

图 8-52

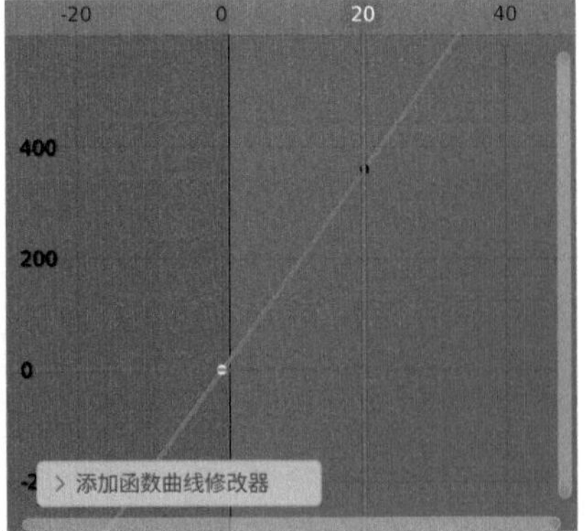

图 8-53

10 渲染场景，渲染结果如图8-54所示。

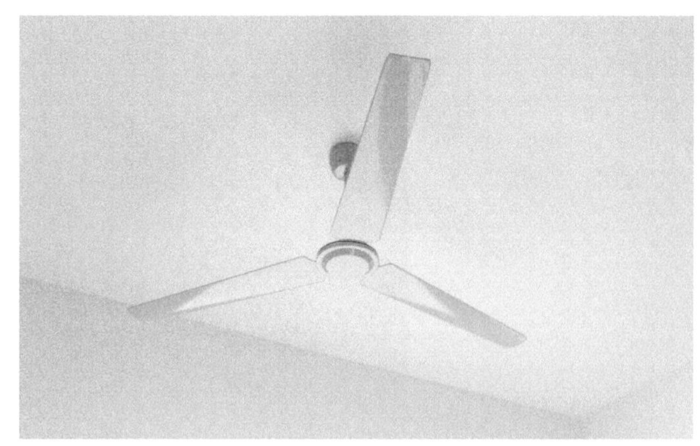

图 8-54

11 在“渲染”面板中，勾选“运动模糊”，设置“快门”为1，如图8-55所示。

12 渲染场景，最终渲染结果如图8-56所示。

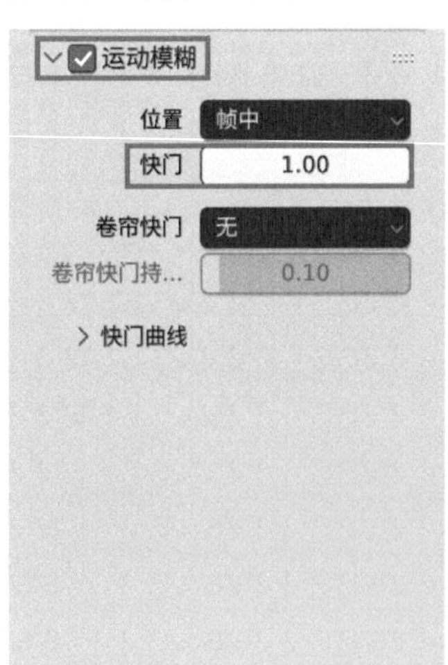

运动模糊
位置
帧中
快门
1.00
卷帘快门
无
卷帘快门持...
0.10
快门曲线

图 8-55

Blender渲染
视图
视图
图像
Render Result
Slot 1
Frame:47 | Time:04:58.26 | Mem:112.70M, Peak: 112.70M

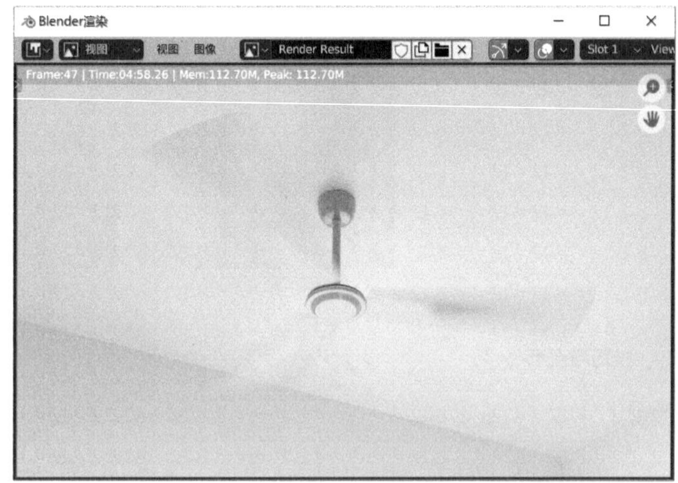

图 8-56

8.2.4 设置关键帧

启动Blender，选择场景中自动生成的立方体模型，按I键，就会弹出“插入关键帧菜单”，如图8-57所示。在这个菜单中可以选择为所选择对象的哪些属性来设置关键帧。

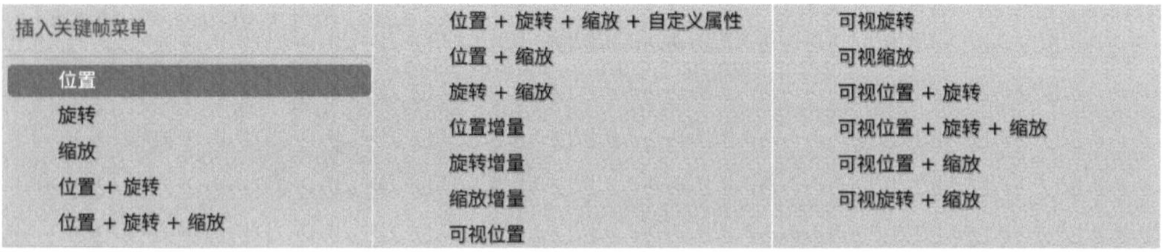

插入关键帧菜单
位置
旋转
缩放
位置 + 旋转
位置 + 旋转 + 缩放
位置 + 旋转 + 缩放 + 自定义属性
位置 + 缩放
旋转 + 缩放
位置增量
旋转增量
缩放增量
可视位置
可视旋转
可视缩放
可视位置 + 旋转
可视位置 + 旋转 + 缩放
可视位置 + 缩放
可视旋转 + 缩放

图 8-57

我们还可以在“物体属性”面板中，单击“位置X”属性后面的圆点来设置关键帧，如图8-58所示。单击后，该圆点会变成菱形，如图8-59所示。这样，我们可以为所选择对象位置属性的某一轴向单独设置关键帧。也就是说，当属性后面有这个圆点时，代表该属性可以设置动画关键帧。

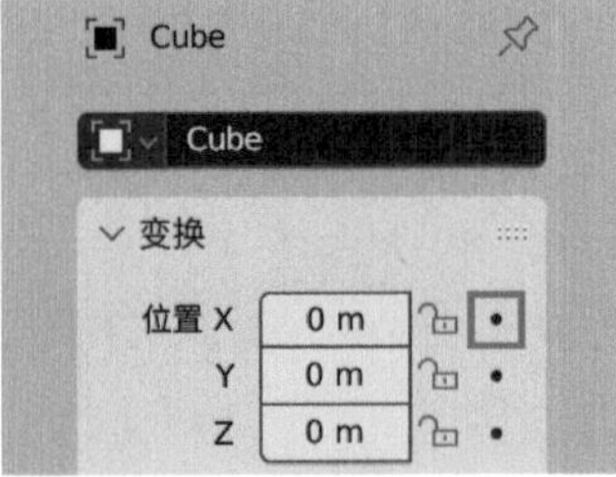

图 8-58

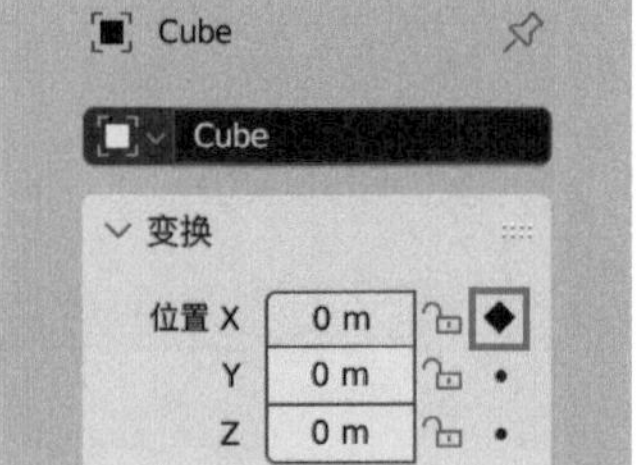

图 8-59

8.2.5 更改关键帧

当用户为物体设置好关键帧动画后，在“时间线”面板中，可以看到添加完成后的菱形动画关键帧，当关键帧的颜色为黄色时，代表该关键帧处于选中状态，当关键帧的颜色为白色时，则处于未选中状态，如图8-60所示。

选中关键帧后，可以直接在“时间线”面板中对其进行位置上的调整，如果想要删除关键帧，可以先选择关键帧，按X键，在弹出菜单中执行“删除关键帧”命令，如图8-61所示。

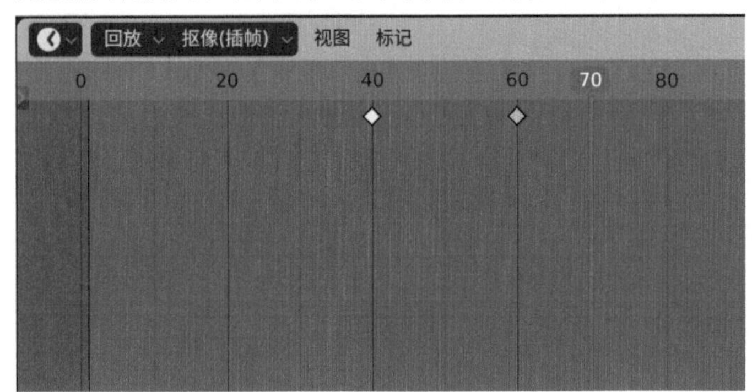

图 8-60

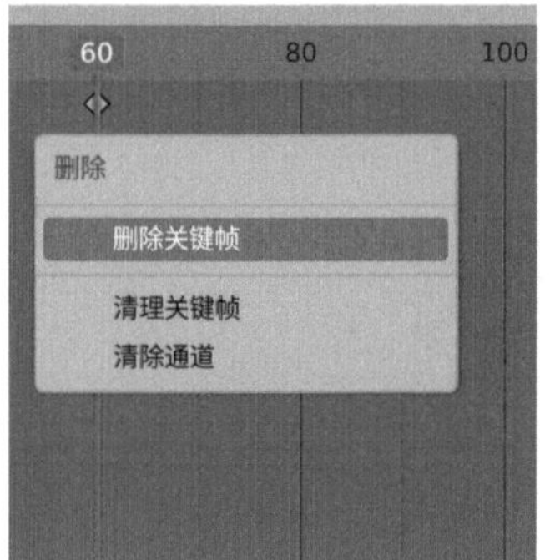

图 8-61

8.2.6 动画运动路径

模型设置好位置动画后，在“物体”面板中，展开“运动路径”卷展栏，单击“计算”按钮，如图8-62所示。为所选物体创建运动路径，如图8-63所示。

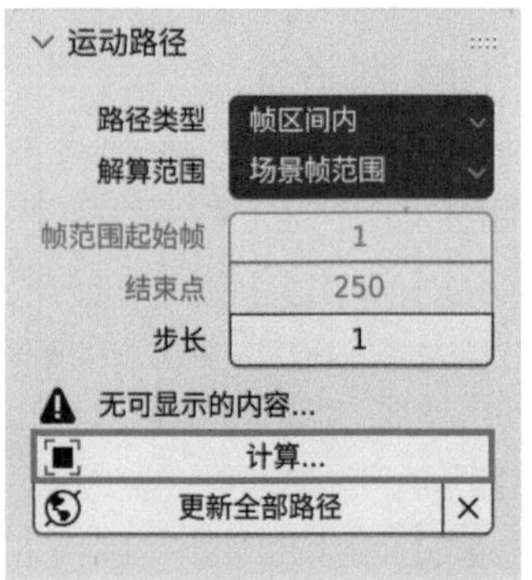

图 8-62

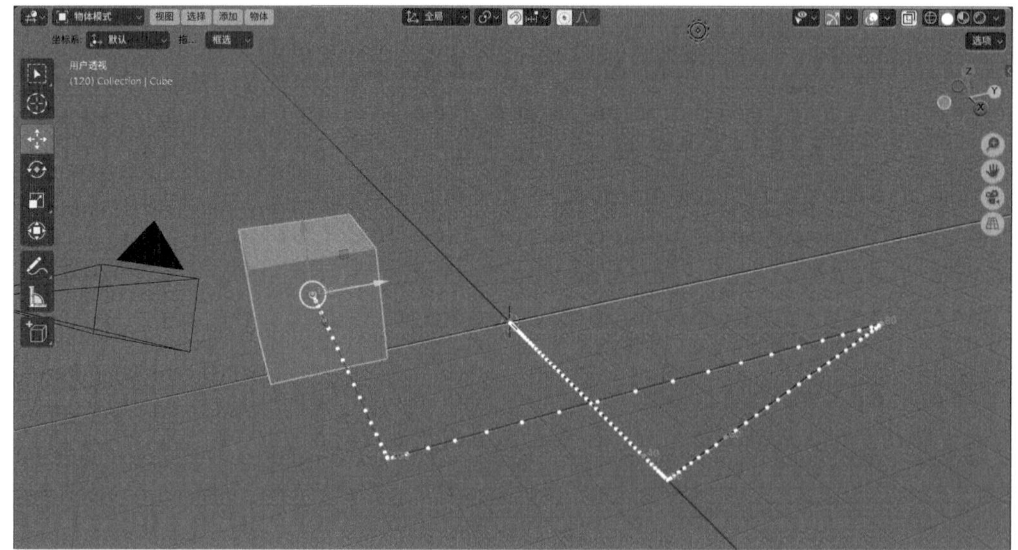

图 8-63

在“显示”卷展栏中，用户还可以通过勾选“帧序号”，如图8-64所示。在视图中显示出每一帧的序列号，如图8-65所示。

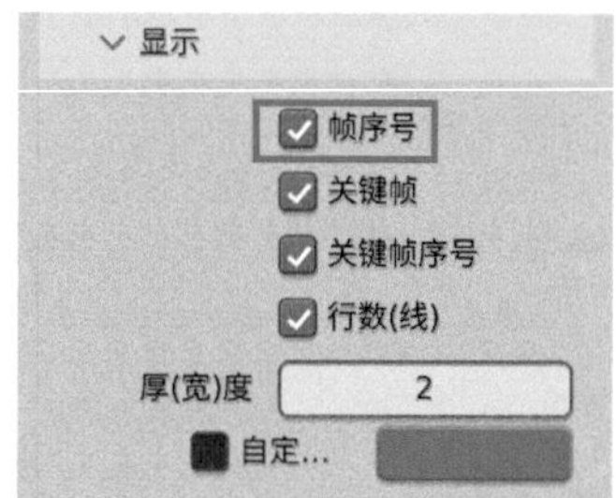

图 8-64

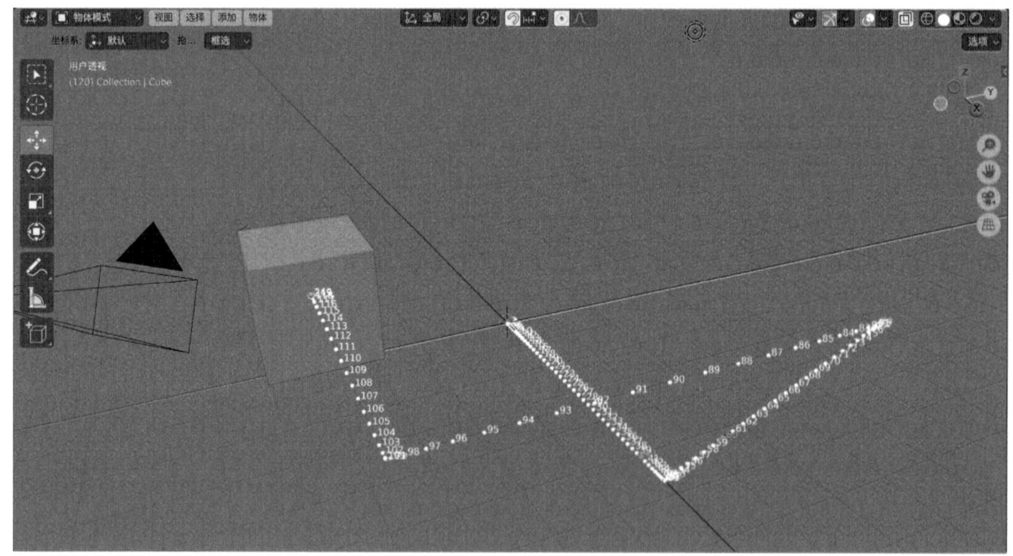

图 8-65

8.2.7 曲线编辑器

在“曲线编辑器”面板中，我们可以很方便地查看物体的动画曲线并进行编辑，如图8-66所示。

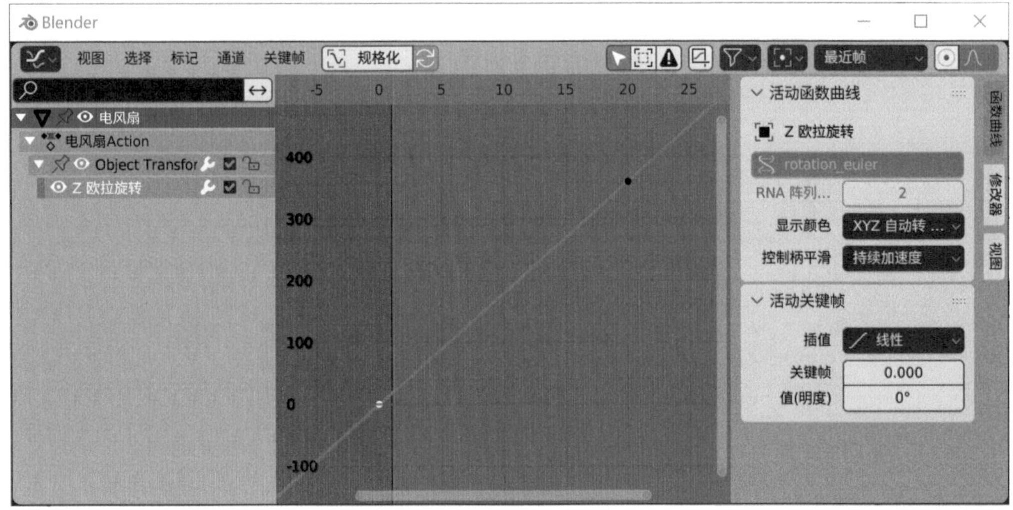

图 8-66

8.3 约束

约束是可以帮助用户自动化动画过程的特殊类型控制器。通过与另一个对象的绑定关系，用户可以使用约束来控制对象的位置、旋转或缩放。通过对对象设置约束，可以将多个物体的变换约束到一个物体上，从而极大地减少动画师的工作量，也便于项目后期的动画修改。在“约束”面板中，即可看到Blender为用户提供的所有约束命令，如图8-67所示。

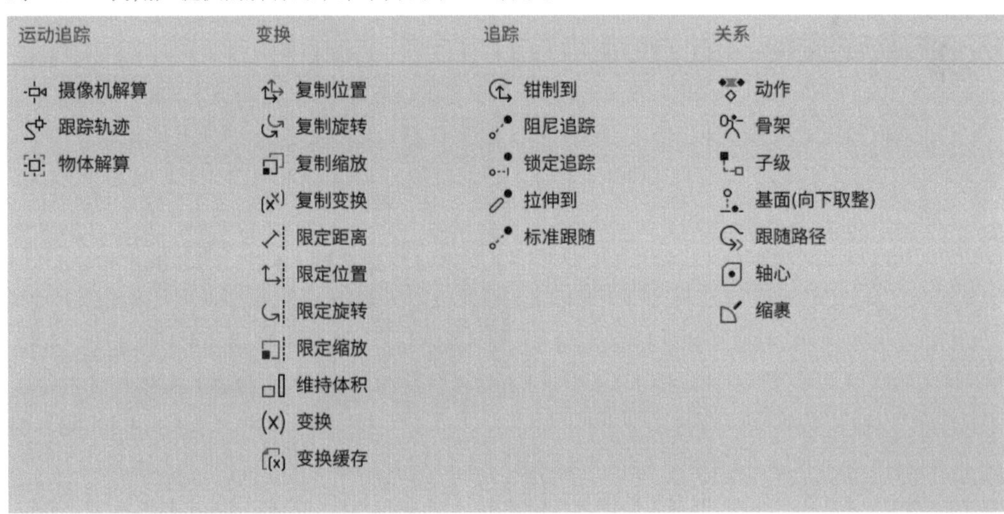

图 8-67

8.3.1 课堂案例：制作齿轮旋转动画

效果文件	齿轮－完成.blend
素材文件	齿轮.blend
视频名称	制作齿轮旋转动画.mp4

本案例主要讲解如何使用“复制旋转”约束来制作齿轮旋转的动画效果，最终渲染结果如图8-68所示。

图 8-68

01 启动Blender，打开配套场景文件“齿轮.blend”，里面有黄色和白色两个齿轮模型，并且已经设置好了材质、灯光和摄像机，如图8-69所示。

图 8-69

02 选择场景中的白色齿轮模型，在“约束”面板中，添加“复制旋转”约束，如图8-70所示。

03 在“约束”面板中，设置“目标”为黄色齿轮模型，“轴向”为Z，“反转”为Z，如图8-71所示。

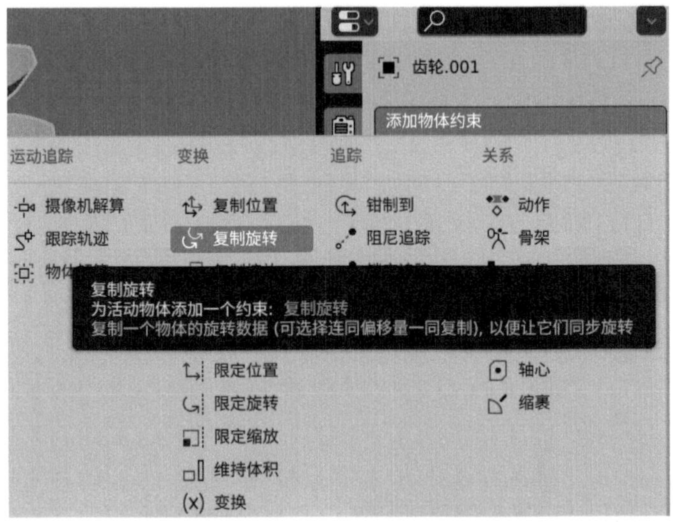

图 8-70

图 8-71

04 设置完成后，选择场景中的黄色齿轮模型，在第1帧位置处，为“旋转Z”属性设置关键帧，如图8-72所示。

05 在200帧位置处，设置“旋转Z”为720°，并为其设置关键帧，如图8-73所示。

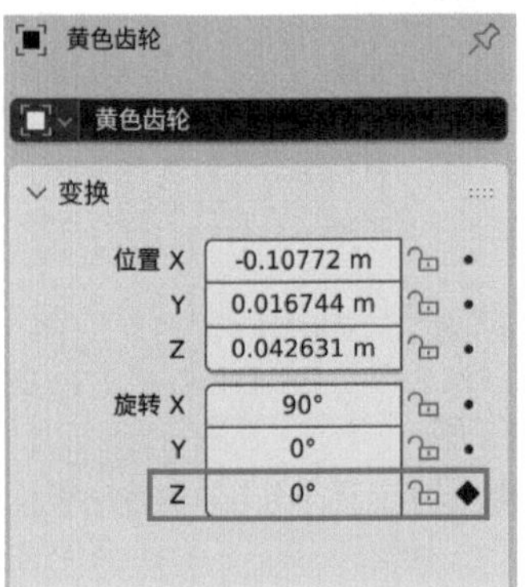

图 8-72

图 8-73

06 设置完成后，播放场景动画，我们可以看到当黄色齿轮旋转时，白色齿轮会反方向旋转，如图8-74所示。

07 渲染场景，渲染结果如图8-75所示。

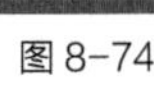

图 8-74

图 8-75

8.3.2 课堂案例：制作秋千摆动动画

效果文件	秋千 - 完成 .blend
素材文件	秋千 .blend
视频名称	制作秋千摆动动画 .mp4

本案例主要讲解如何使用“子级”约束来制作秋千摆动的动画效果，最终渲染结果如图8-76所示。

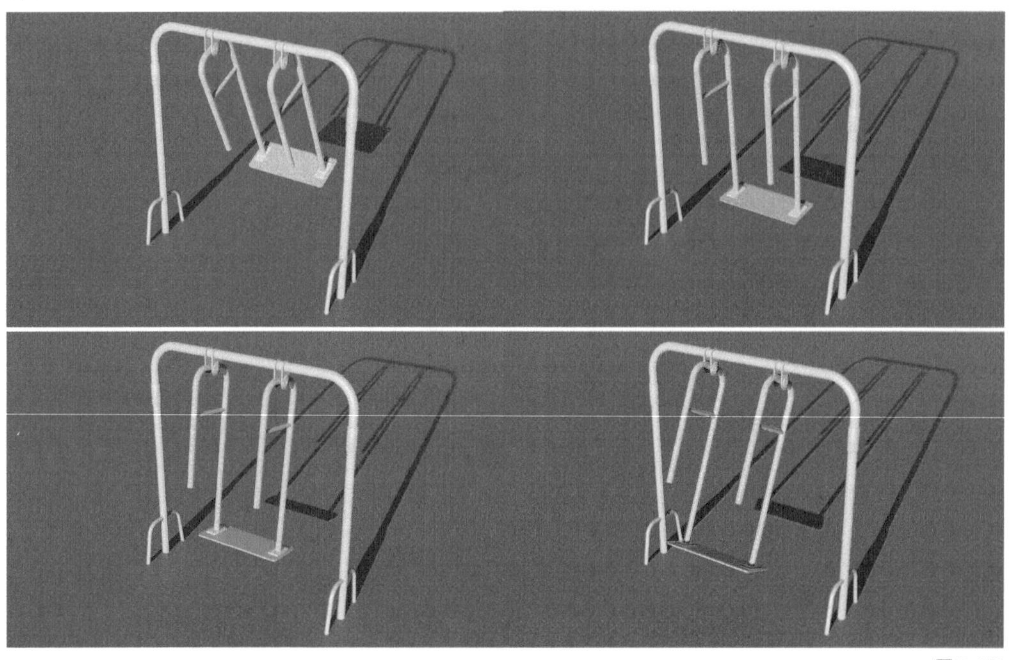

图 8-76

01 启动Blender，打开配套场景文件“秋千.blend”，里面有一个秋千模型，并且已经设置好了材质、灯光和摄像机，如图8-77所示。

02 观察“大纲视图”面板，可以看到秋千模型由4个部分所组成，如图8-78所示。这就要求在制作该动画之前，需要对场景中的模型进行约束设置。

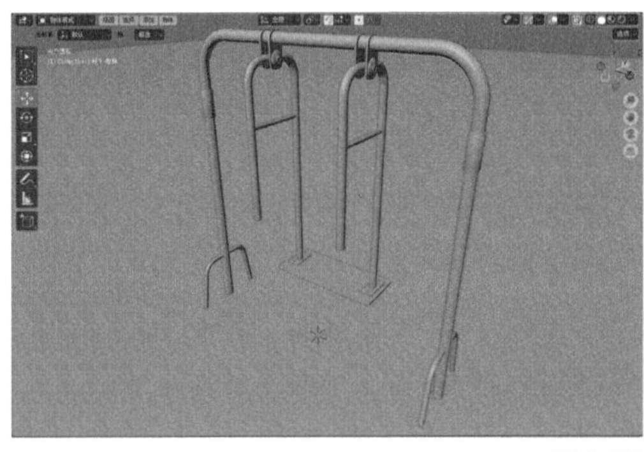

图 8-77

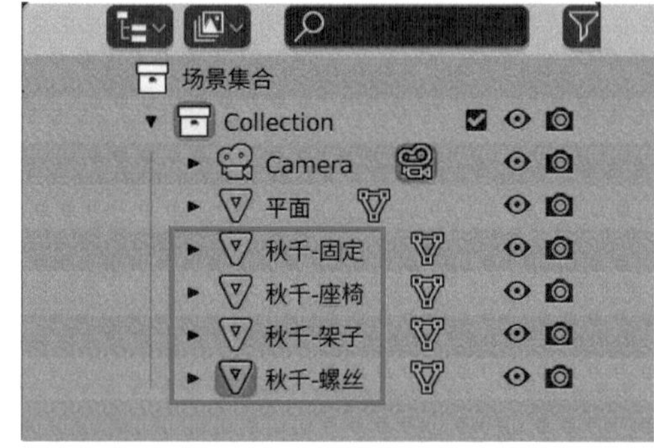

图 8-78

03 选择场景中的秋千座椅模型，注意到其坐标轴的位置如图8-79所示。

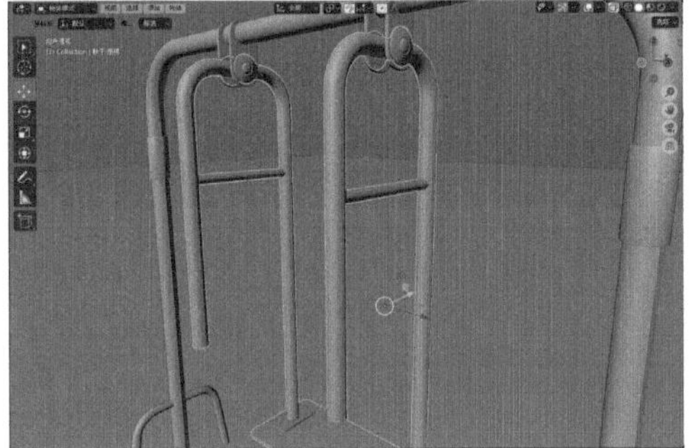

图 8-79

04 在“变换”面板中，设置“仅影响”为“原点”，如图8-80所示。

图 8-80

05 在“正交右视图”中，调整坐标轴至图8-81所示位置。

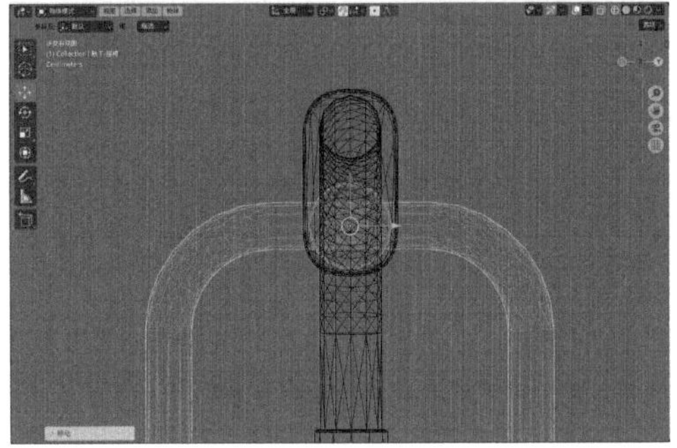

图 8-81

技巧与提示

调整完物体的坐标轴后，记得在“变换”面板中，取消勾选“原点”。

06 选择场景中秋千上面的螺丝模型，如图8-82所示。

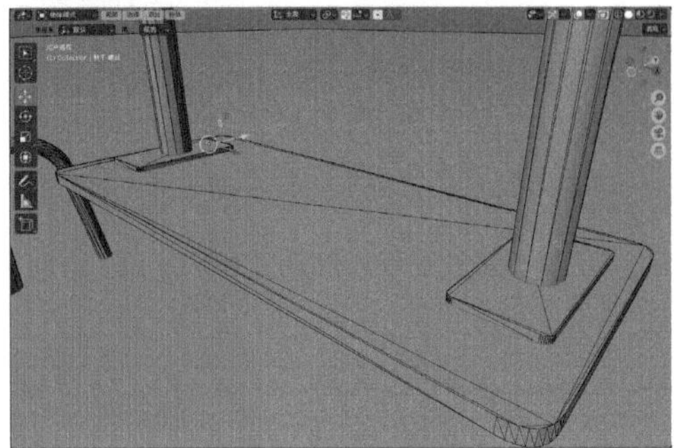

图 8-82

07 在“约束”面板中，为其添加“子级”约束，如图8-83所示，并设置秋千座椅模型为其“目标”，如图8-84所示。

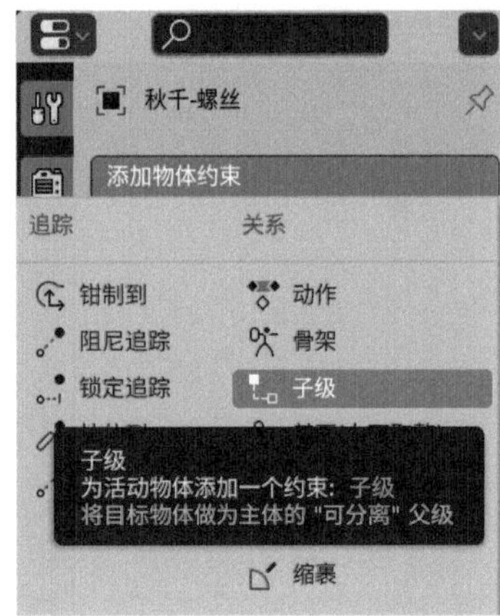

图 8-83

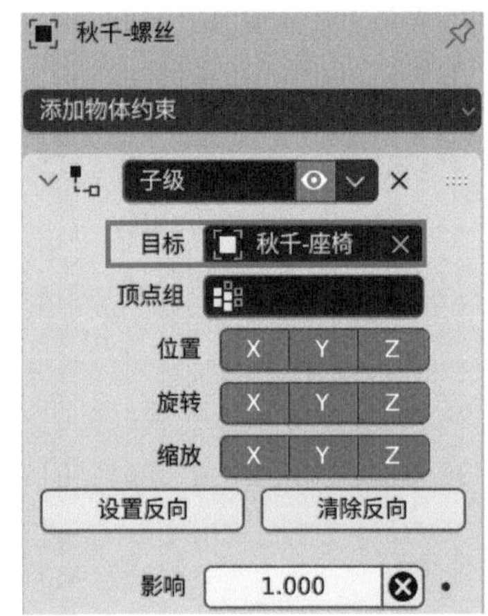

图 8-84

08 以同样的操作步骤对场景中的秋千座椅固定模型进行“子级”约束，设置完成后，可以看到被添加了“子级”约束的模型与秋千座椅模型之间会出现虚线连接的显示状态，如图8-85所示。

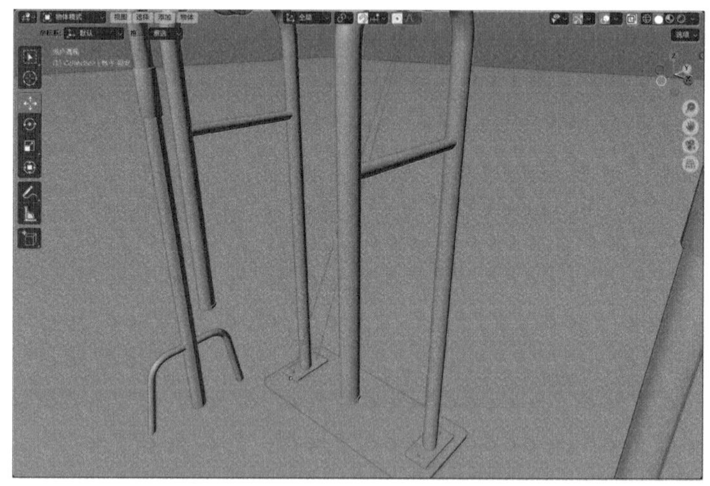

图 8-85

09 选择秋千座椅模型，旋转其至图8-86所示角度。

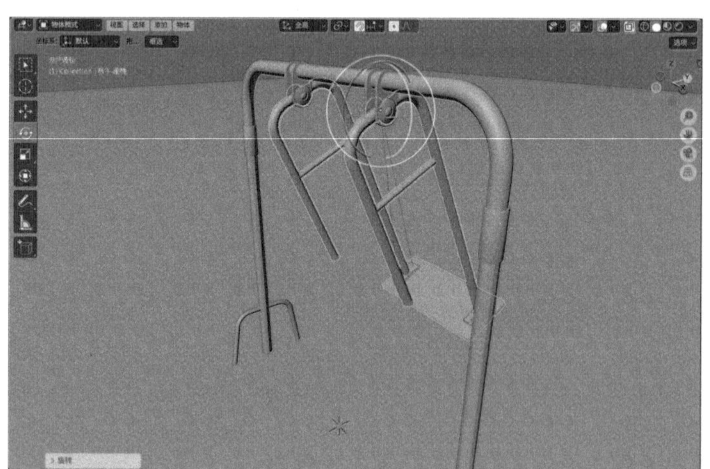

图 8-86

10 在第1帧位置处，为其“旋转Y”属性设置关键帧，如图8-87所示。

11 在第40帧位置处，设置“旋转Y”为-25°，并再次为该属性设置关键帧，如图8-88所示。

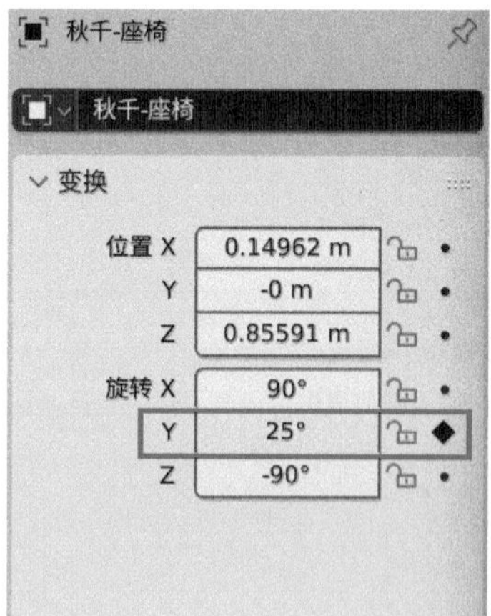

图 8-87

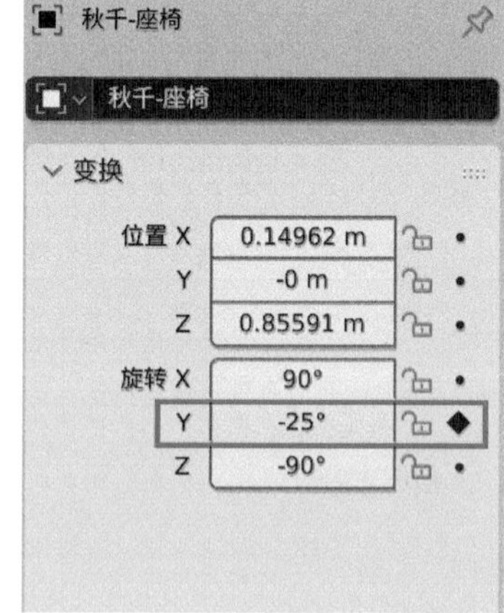

图 8-88

12 在"曲线编辑器"面板中，查看刚刚制作秋千摆动动画的动画曲线，如图8-89所示。

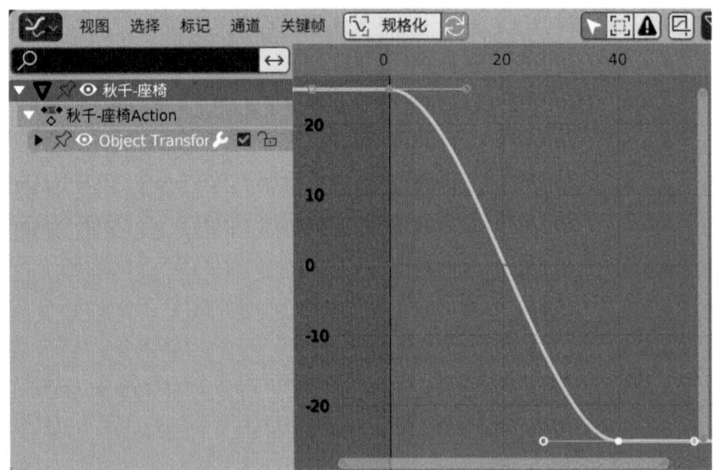

图 8-89

13 在"修改器"面板中，为曲线添加"循环"修改器，如图8-90所示。

14 在"修改器"面板中，设置"之前模式"为"重复镜像部分"，"之后模式"为"重复镜像部分"，如图8-91所示。

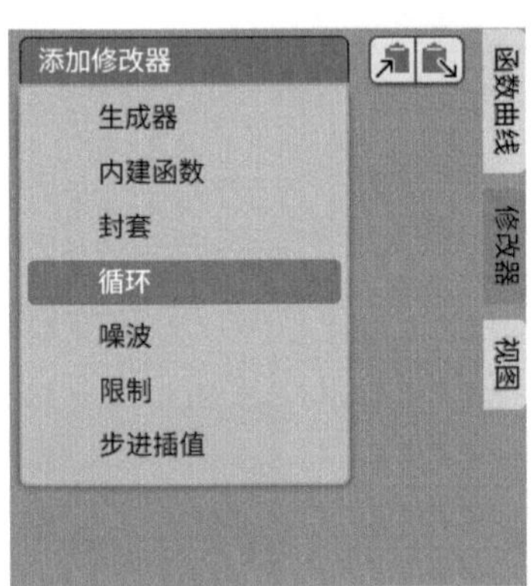

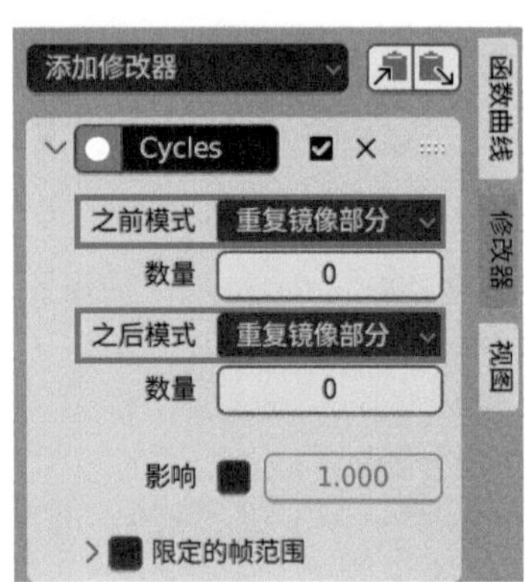

图 8-90

图 8-91

15 设置完成后，在"曲线编辑器"面板中观察秋千座椅的动画曲线，如图8-92所示。播放场景动画，可以看到秋千座椅模型会不断产生来回摆动的动画效果。

16 设置完成后，渲染场景，最终渲染结果如图8-93所示。

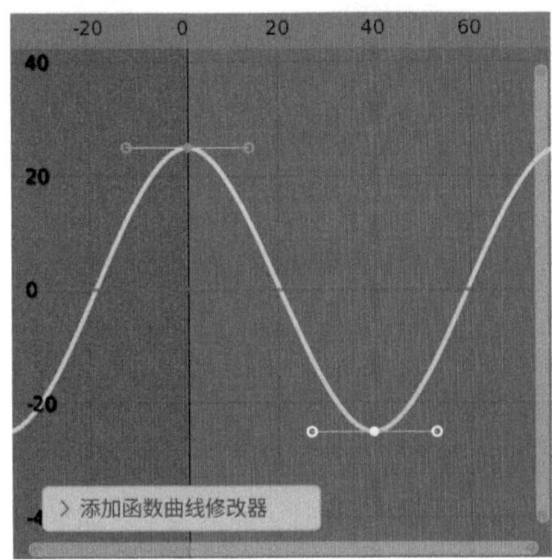

图 8-92

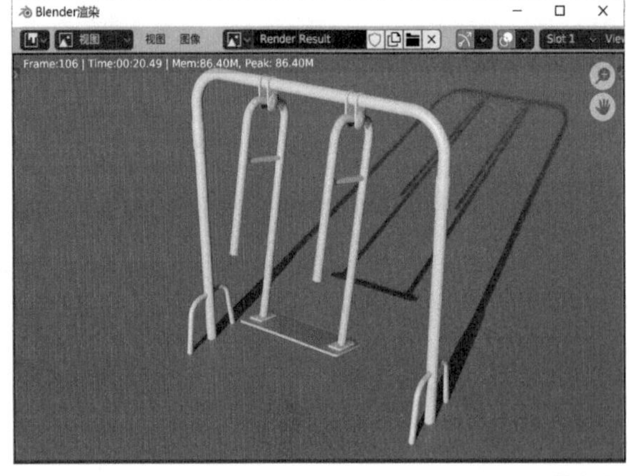

图 8-93

8.3.3 课堂案例：制作水杯晃动动画

效果文件	一杯水 - 完成 .blend
素材文件	一杯水 .blend
视频名称	制作水杯晃动动画 .mp4

本案例主要讲解如何使用多种约束来制作水杯晃动的动画效果，最终渲染结果如图8-94所示。

图 8-94

01 启动Blender，打开配套场景文件“一杯水.blend”，里面有一个杯子模型、水模型和立方体模型，并且已经设置好了材质、灯光和摄像机，如图8-95所示。

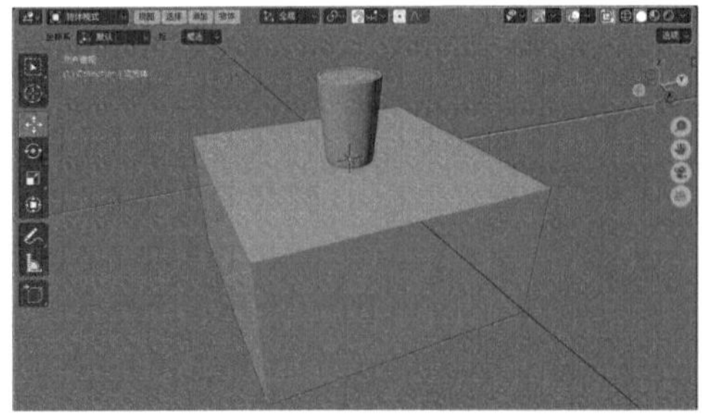

图 8-95

02 选择杯子里面的水模型，如图8-96所示。

图 8-96

03 在“修改”面板中，为其添加“布尔”修改器，单击“交集”按钮，并设置“物体”为立方体，如图8-97所示。

图 8-97

04 设置完成后，提高立方体的位置，如图8-98所示，并将其隐藏，我们可以看到杯子里水模型如图8-99所示。

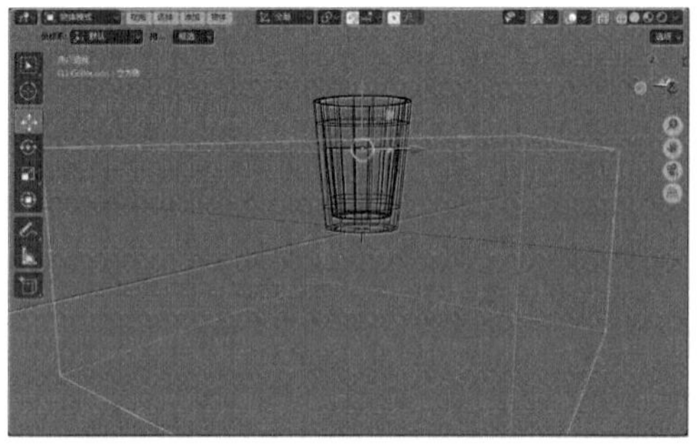

图 8-98

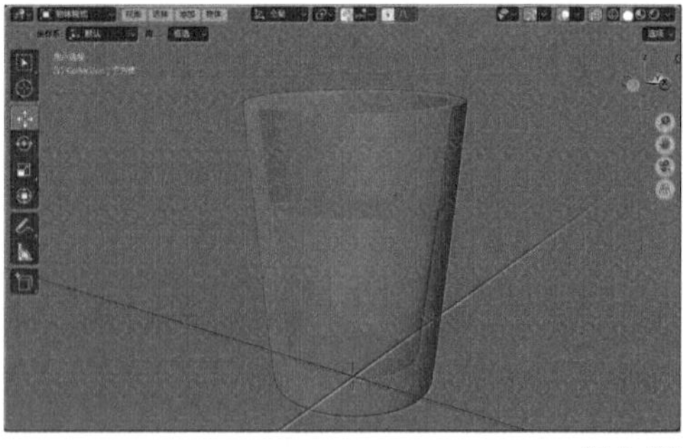

图 8-99

05 执行菜单栏中的“添加>空物体>纯轴”命令，

如图8-100所示。

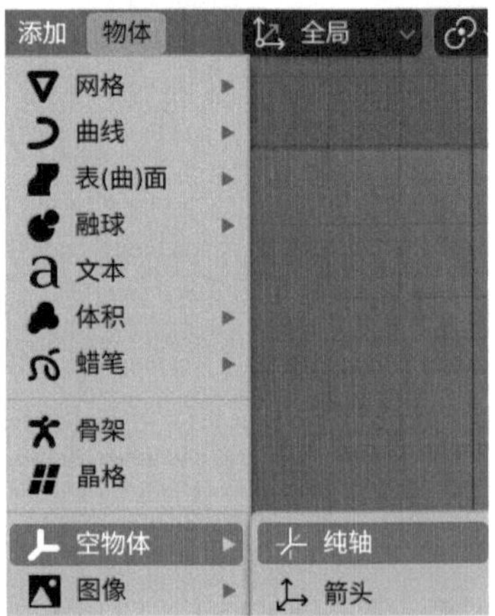

图 8-100

06 在场景中创建一个纯轴，并在“正交前视图”中调整其至图8-101所示位置。

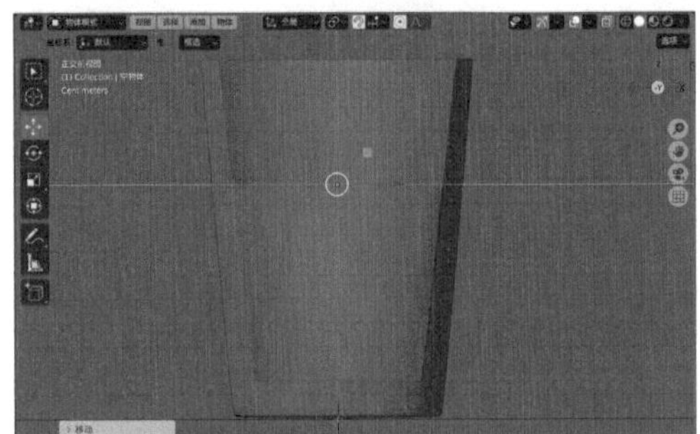

图 8-101

07 执行菜单栏中的“添加>晶格”命令，如图8-102所示。在场景中创建一个晶格。

图 8-102

08 在“数据”面板中，设置“分辨率U”和“分辨率V”均为1，如图8-103所示。

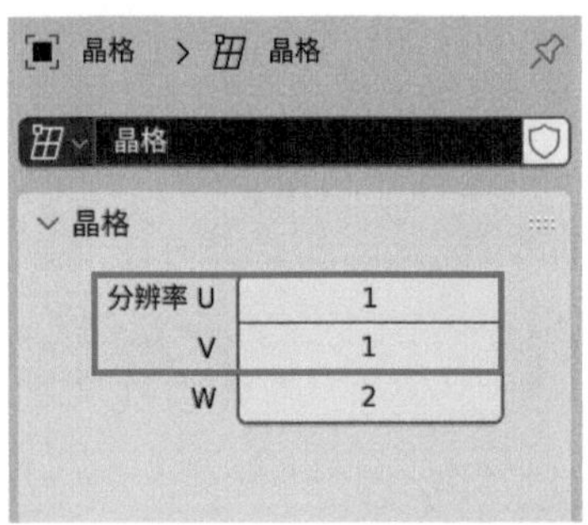

图 8-103

09 在“编辑模式”中，选择图8-104所示的顶点。

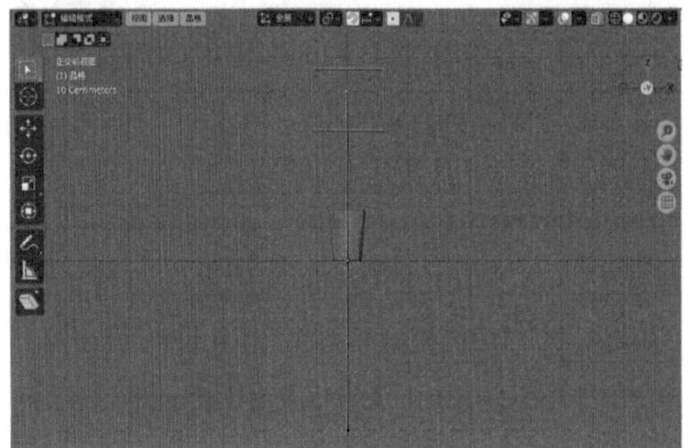

图 8-104

10 在“顶点组”卷展栏中，单击“+”形状的“添加顶点组”按钮，再单击“指定”按钮，将所选择的顶点指定到新建的名称为“群组”的顶点组里，如图8-105所示。

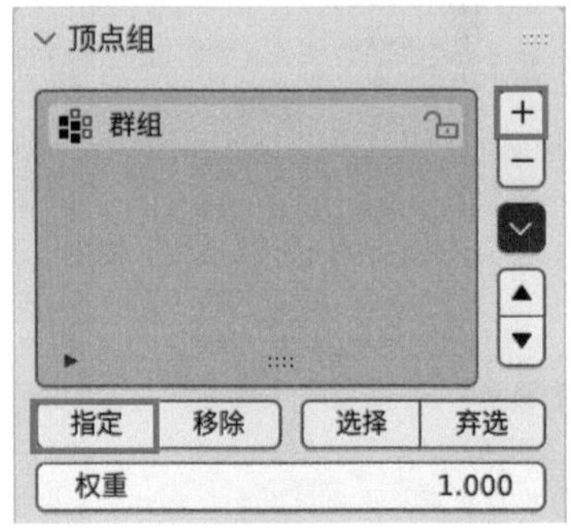

图 8-105

11 设置完成后，调整晶格顶点至图8-106所示位置。

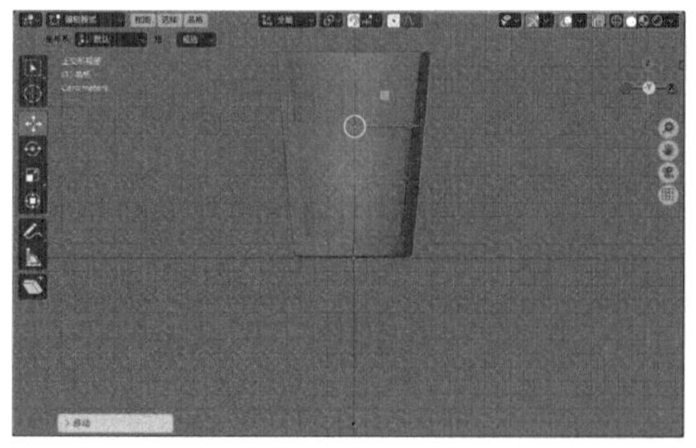

图 8-106

12 执行菜单栏中的“添加>空物体>球体”命令，在场景中创建一个球体，并调整其大小和位置，如图8-107所示。

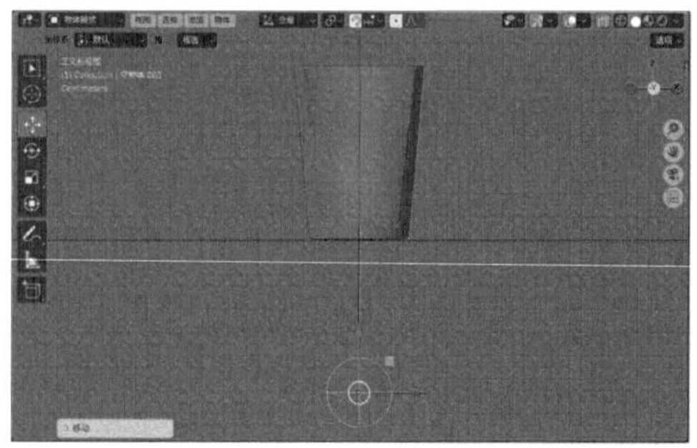

图 8-107

13 先选择纯轴，然后按住Shift键选择杯子模型，按快捷键Ctrl+P，在弹出的菜单里执行“物体”命令，如图8-108所示。接下来，以同样的操作步骤将晶格、立方体模型和水模型也设置为杯子模型的子对象。

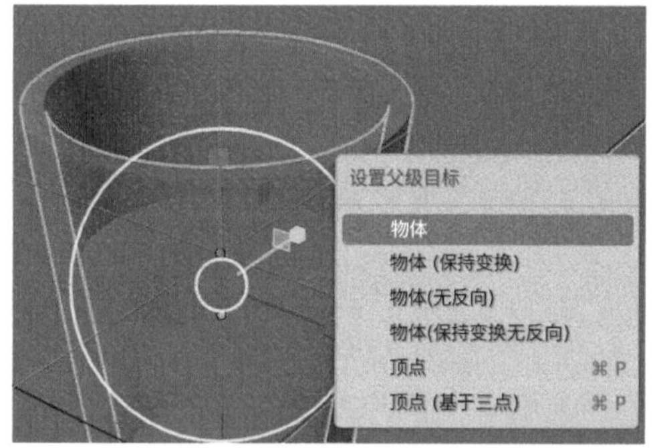

图 8-108

14 先选择球体，然后按住Shift键选择晶格，在“编辑模式”中，选择晶格下方的顶点，如图8-109所示。

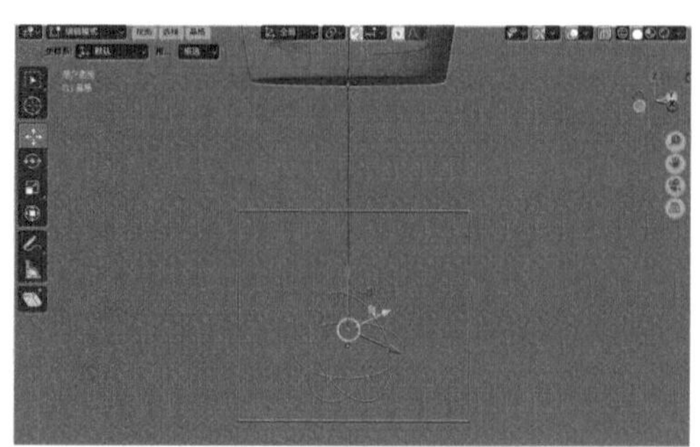

图 8-109

15 按快捷键Ctrl+P，在弹出的菜单里执行“创建父级顶点”命令，如图8-110所示。

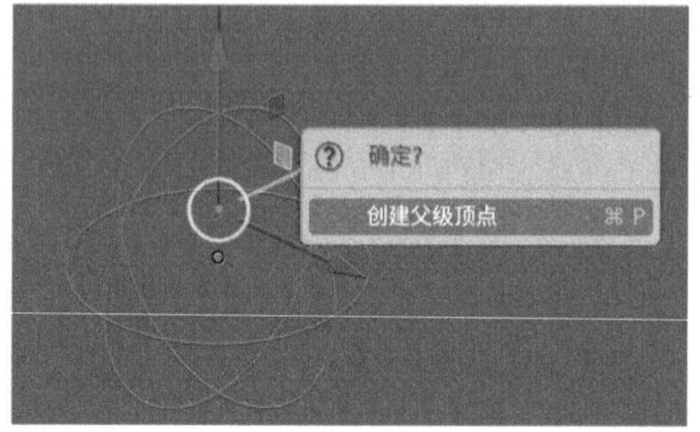

图 8-110

16 选择晶格，在“物理”面板中，单击“软体”按钮，如图8-111所示，将其设置为软体。

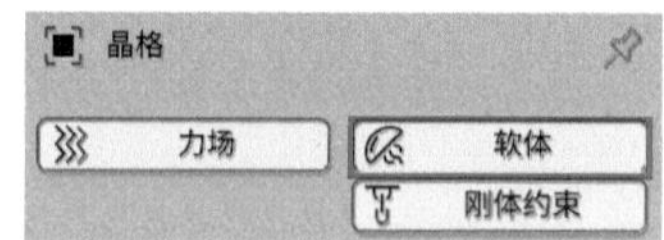

图 8-111

17 在“目标”卷展栏中，设置“顶点组”为“群组”；在“强度”卷展栏中，设置“默认”为1，如图8-112所示。

图 8-112

18 设置完成后，播放场景动画，我们可以看到随着杯子模型的移动，下方的球体产生了来回晃动的动画效果，如图8-113和图8-114所示。

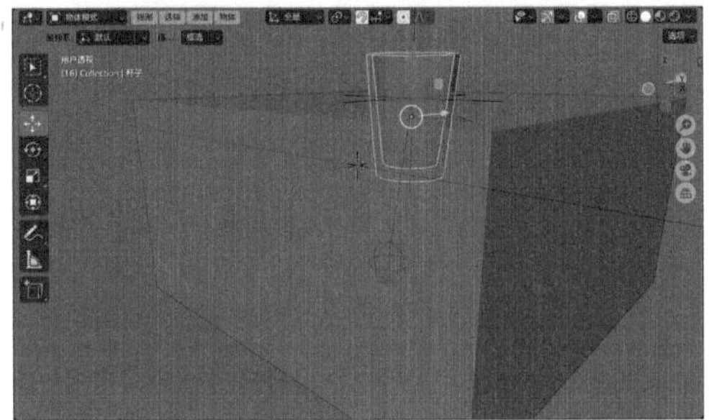

图 8-113

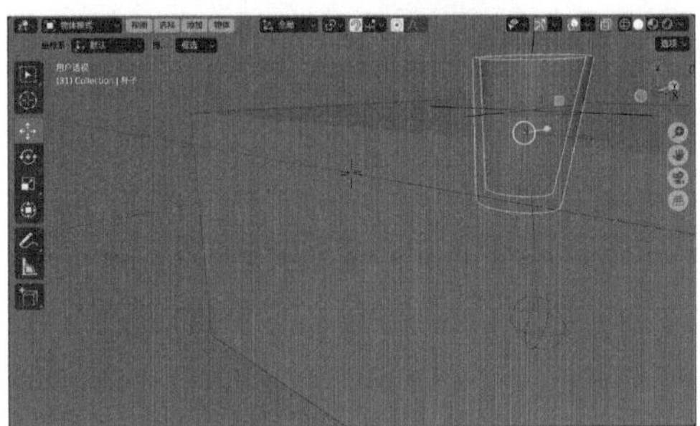

图 8-114

19 选择立方体模型，在“约束”面板中为其添加“阻尼追踪”约束，设置“目标”为场景中名称为“空物体.001”的球体，“跟随轴”为-Z，如图8-115所示。

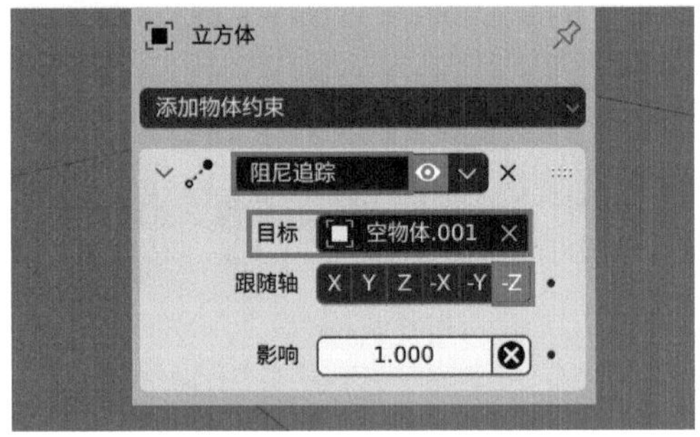

图 8-115

20 设置完成后，隐藏立方体模型，制作完成的水杯晃动动画效果如图8-116所示。

21 渲染场景，渲染结果如图8-117所示。

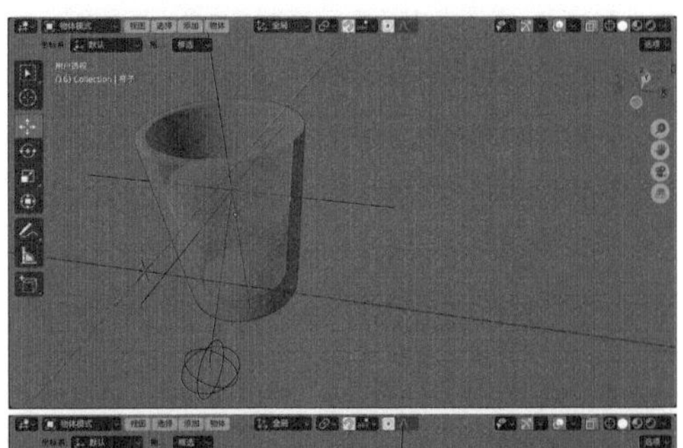

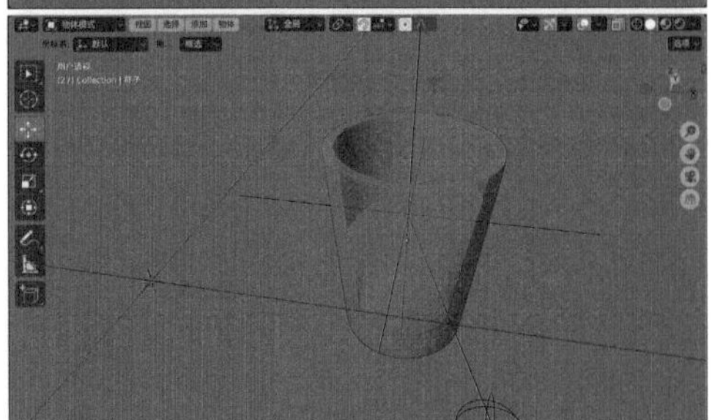

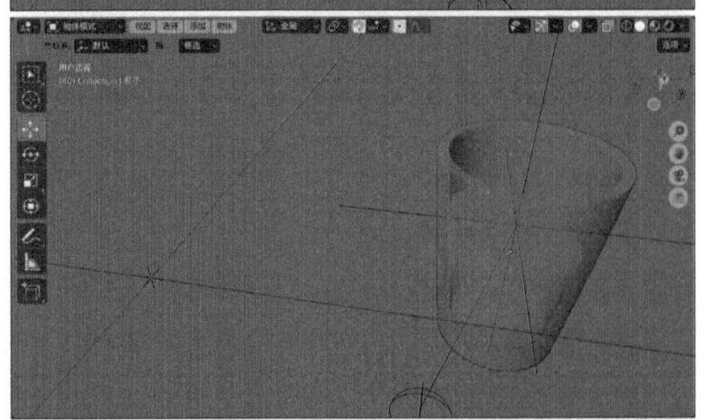

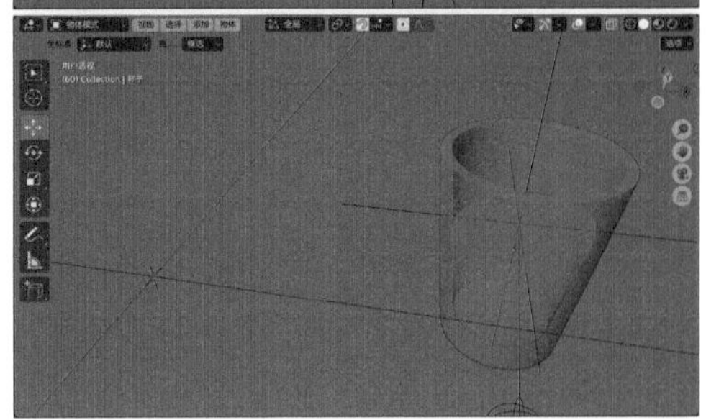

图 8-116

图 8-117

8.3.4 复制位置

复制位置约束可以将一个物体的位置复制到另一个物体上，其参数设置如图8-118所示。

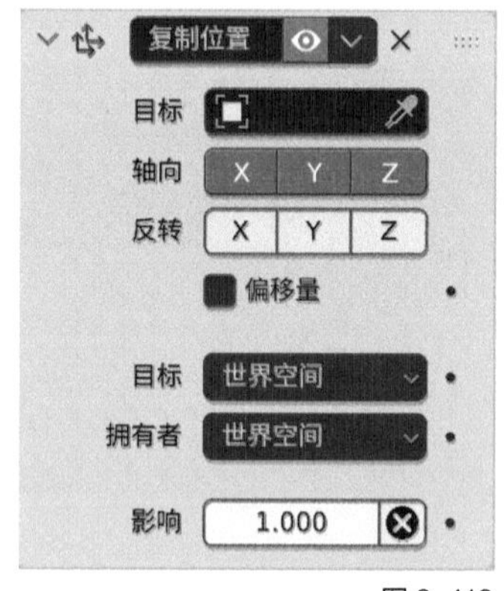

图 8-118

参数解析

- **目标：**设置复制位置的约束目标。
- **轴向：**设置复制位置的约束轴向。
- **反转：**设置反转对应的轴向。
- **偏移量：**勾选后，允许约束对象相对于目标产生一定的偏移。

8.3.5 子级

子级约束与父子关系约束非常相似，其参数设置如图8-119所示。

图 8-119

参数解析

- **目标：**设置子级的父对象。
- **位置/旋转/缩放：**设置是否继承父对象的位置/旋转/缩放的影响。
- **"设置反向"按钮：**单击该按钮会使得物体恢复至初始状态。
- **"清除反向"按钮：**单击该按钮会清除"设置反向"影响。
- **影响：**设置子级的影响比例。

8.3.6 跟随路径

跟随路径约束可以将物体约束至曲线上，其参数设置如图8-120所示。

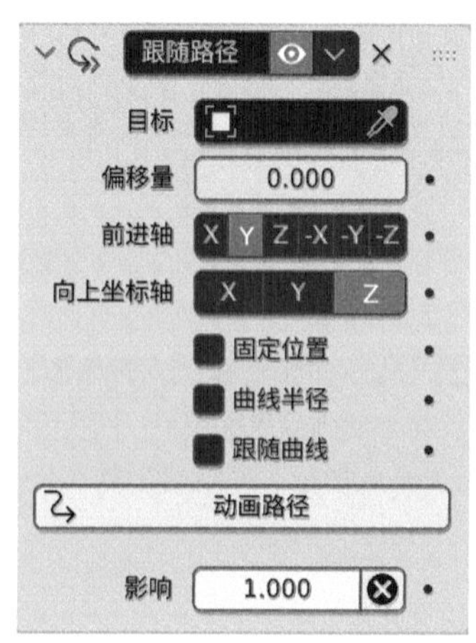

图 8-120

参数解析

- **目标：**设置跟随路径的目标。
- **偏移量：**设置物体相对于曲线的偏移量。
- **前进轴：**设置物体前进的坐标轴。
- **向上坐标轴：**设置物体向上的坐标轴。
- **"动画路径"按钮：**单击该按钮产生路径动画效果。
- **影响：**设置跟随路径约束的影响比例。

8.3.7 限定位置

限定位置约束用于限制物体移动的范围，其参数设置如图8-121所示。

参数解析

- **X/Y/Z最小值：** 设置物体在x轴向/y轴向/z轴向上所能移动范围的最小值。
- **X/Y/Z最大值：** 设置物体在x轴向/y轴向/z轴向上所能移动范围的最大值。
- **影响：** 设置限定位置约束的影响比例。

技巧与提示

限定旋转、限定缩放与限定位置约束的使用方法非常相似，读者可以自行尝试这两种约束设置。

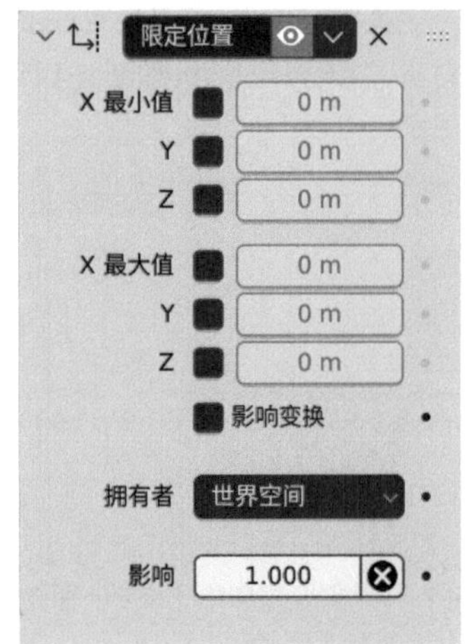

图 8-121

8.4 课后习题

8.4.1 课后习题：制作飞机飞行动画

效果文件	飞机 – 完成 .blend
素材文件	飞机 .blend
视频名称	制作飞机飞行动画 .mp4

本课后习题主要讲解如何使用“跟随路径”约束来制作飞机飞行的动画效果，最终渲染结果如图8-122所示。

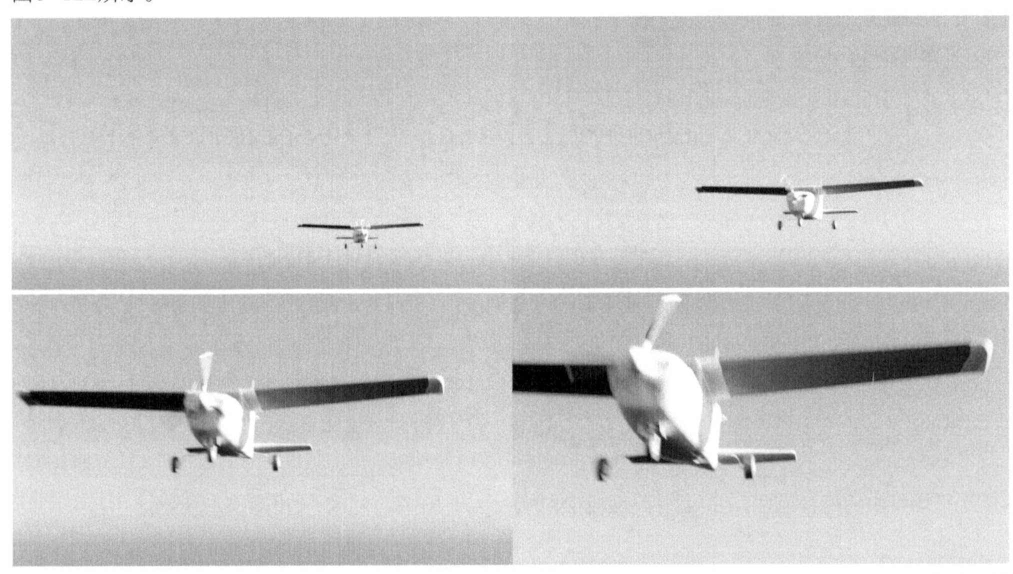

图 8-122

01 启动Blender，打开配套场景文件“飞机.blend”，里面含有一个飞机模型，并且已经设置好了材质、灯光和摄像机，如图8-123所示。

图 8-123

02 执行菜单栏中的“添加>空物体>纯轴”命令，如图8-124所示，在场景中创建一个名称为“空物体”的纯轴。

03 在“添加空物体”卷展栏中，设置“半径”为0.1m，如图8-125所示。

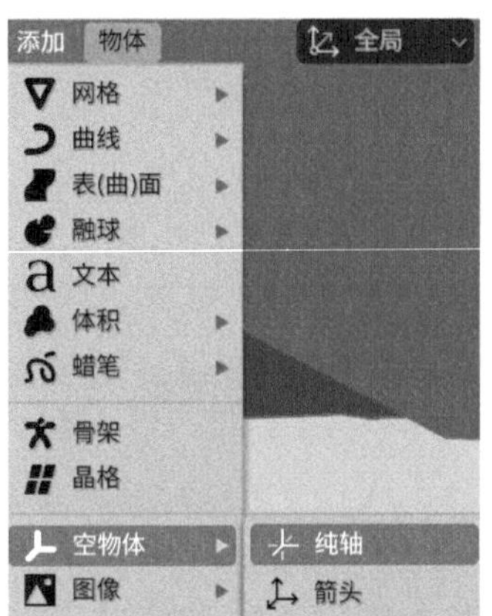

图 8-124

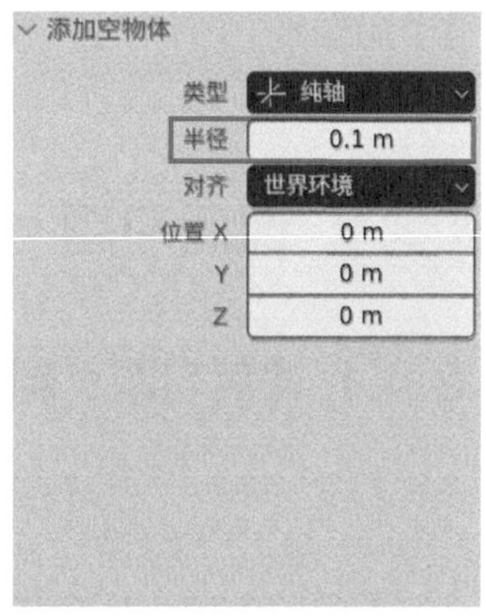

图 8-125

04 设置完成后，纯轴的视图显示结果如图8-126所示。

图 8-126

05 选择场景中的机身模型，在“约束”面板中，为其添加“子级”约束，如图8-127所示。

06 在“约束”面板中，设置“目标”为场景中名称为“空物体”的纯轴，如图8-128所示。

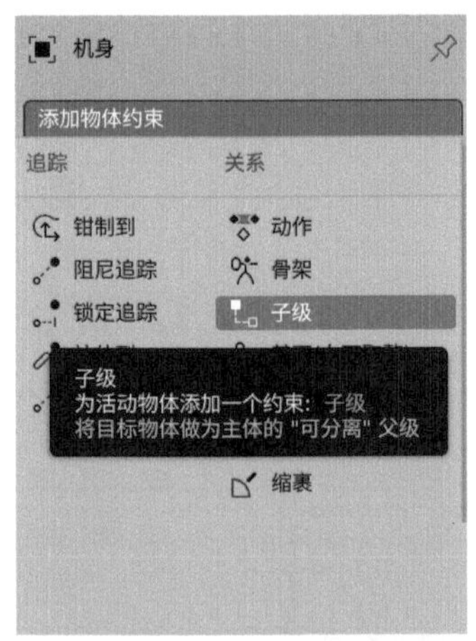

图 8-127

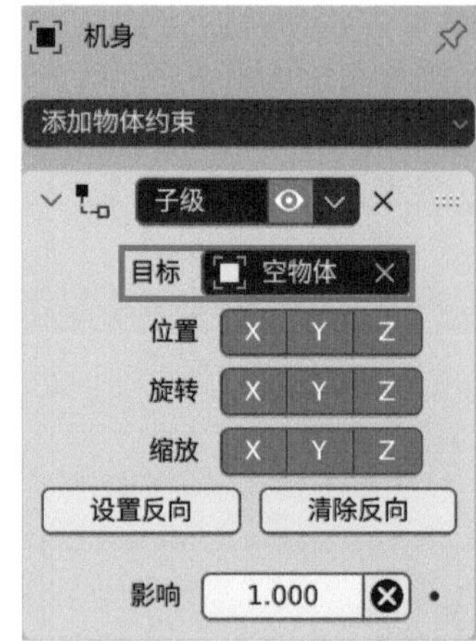

图 8-128

07 以同样的操作步骤将飞机的螺旋桨模型和轮子模型也约束至纯轴上，设置完成后，在“大纲视图”面板中，可以看到机身、螺旋桨和轮子后面会出现约束的图标，如图8-129所示。读者可以尝试移动一下纯轴，即可看到飞机会自动跟随纯轴一起移动。

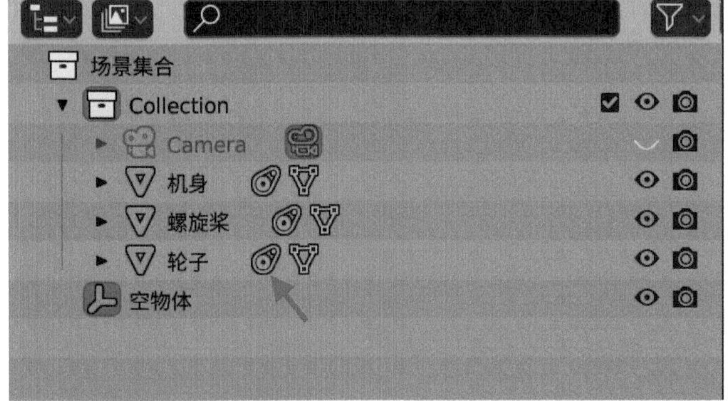

图 8-129

08 选择场景中的螺旋桨模型，如图8-130所示。

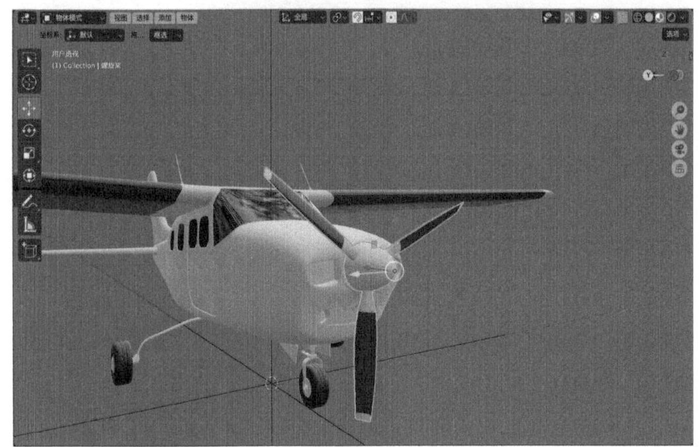

图 8-130

09 在第1帧位置处，为其“旋转X”属性设置关键帧，如图8-131所示。

10 在第20帧位置处，设置“旋转X”为720°，并为其设置关键帧，如图8-132所示。

11 在“曲线编辑器”面板中，查看刚刚制作的螺旋桨旋转动画的动画曲线如图8-133所示。

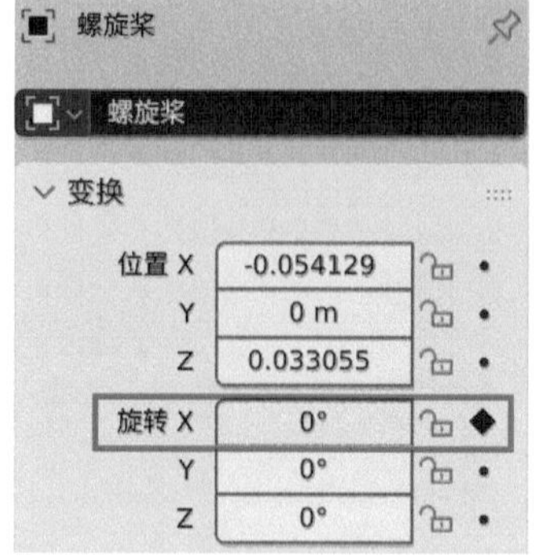

图 8-131

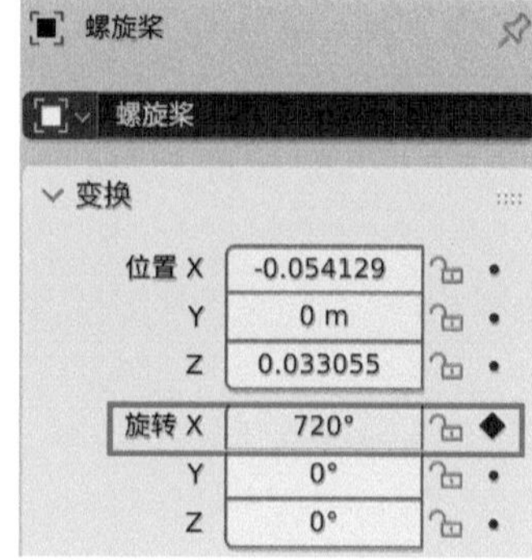

图 8-132

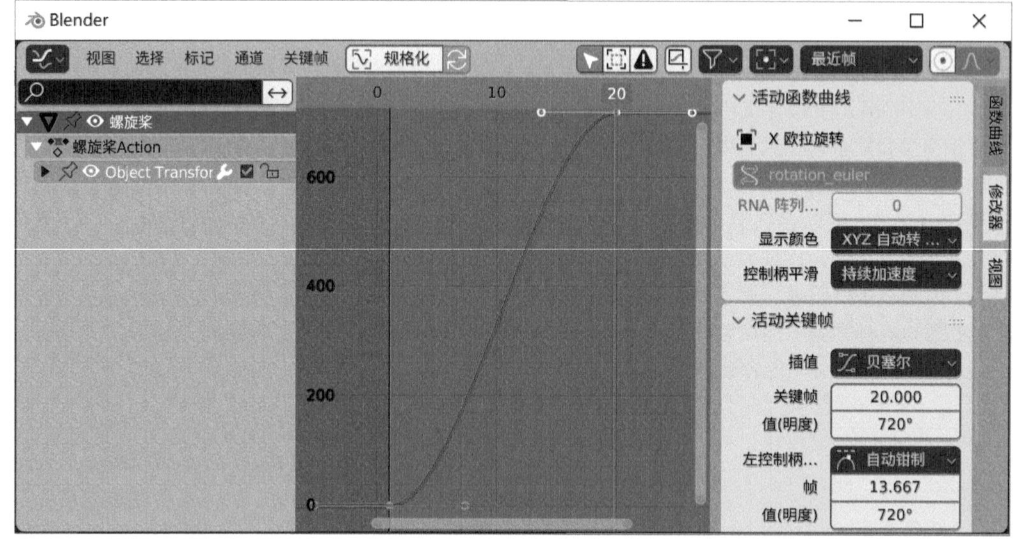

图 8-133

12 选择“曲线编辑器”面板中图8-134所示的关键点，在“活动关键帧”卷展栏中，设置“插值”为“线性”，如图8-135所示。

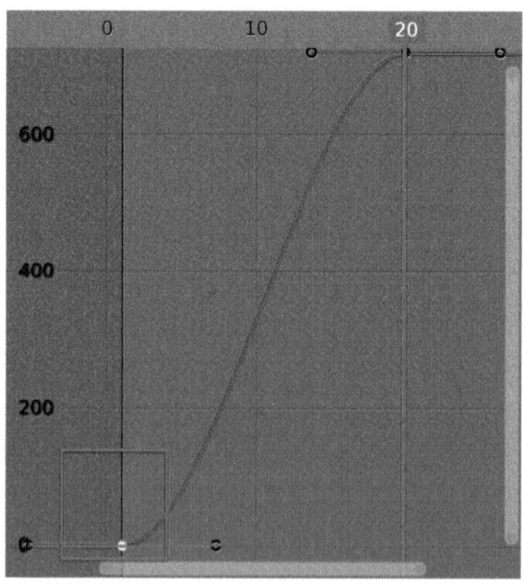
图 8-134

图 8-135

13 设置完成后，螺旋桨旋转动画的动画曲线如图8-136所示。

14 在“修改器”面板中，为曲线添加“循环”修改器，如图8-137所示。

15 在“修改器”面板中，设置“之前模式”为“带偏移重复”，“之后模式”为“带偏移重复”，如图8-138所示。

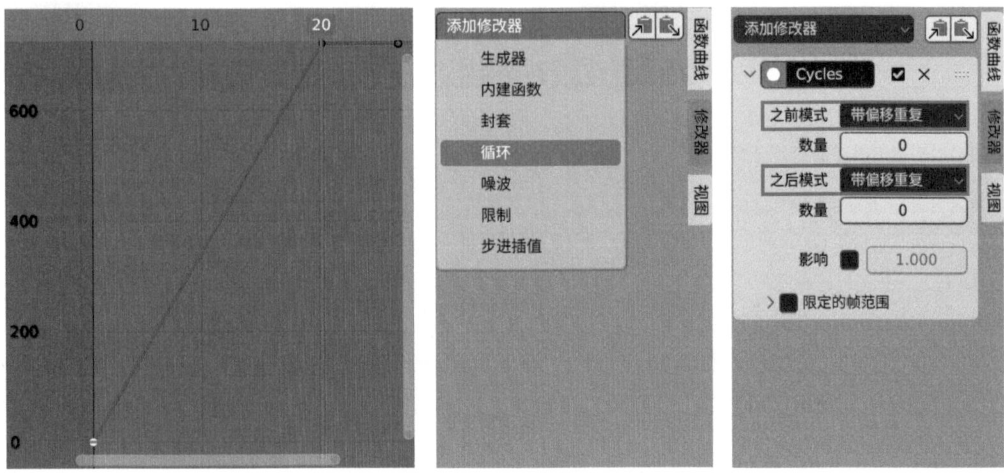

图 8-136　　图 8-137　　图 8-138

16 设置完成后，在“曲线编辑器”面板中观察螺旋桨的动画曲线，如图8-139所示。播放场景动画，可以看到螺旋桨模型会不断旋转。

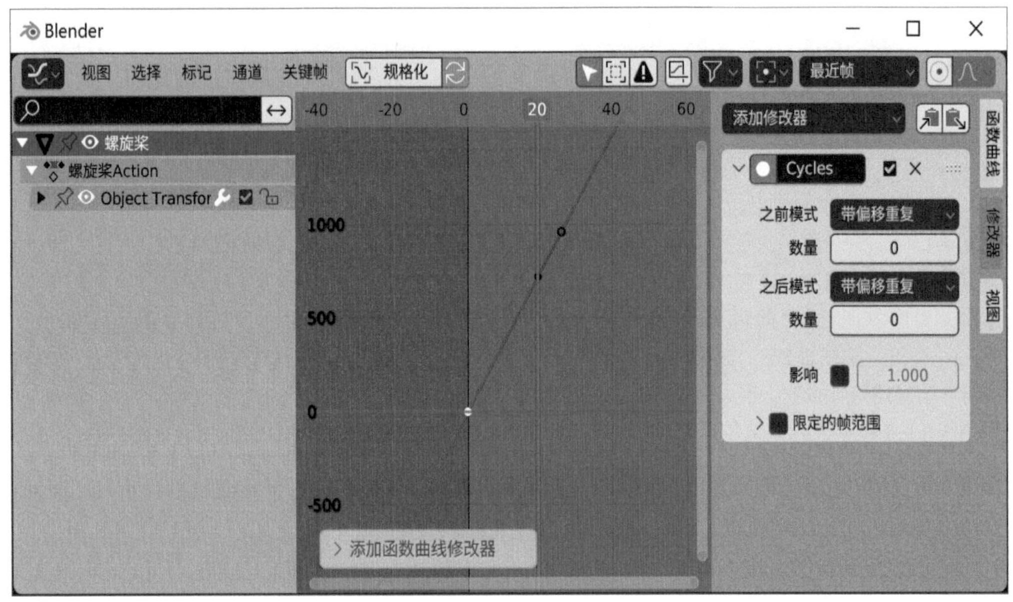

图 8-139

⑰ 执行菜单栏中的“添加>曲线>贝塞尔曲线”命令，如图8-140所示，在场景中创建一条曲线，如图8-141所示。

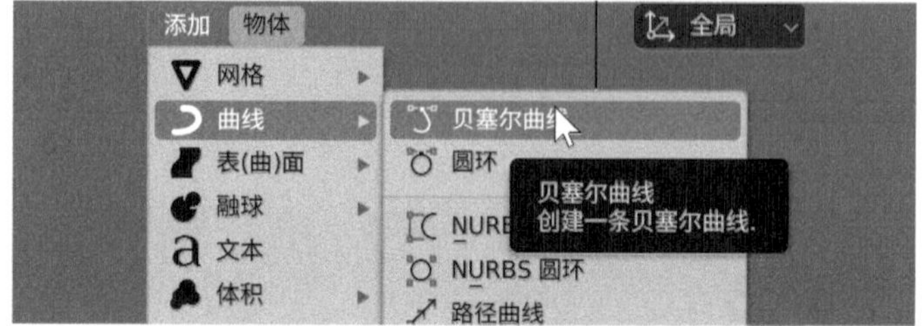

图 8-140

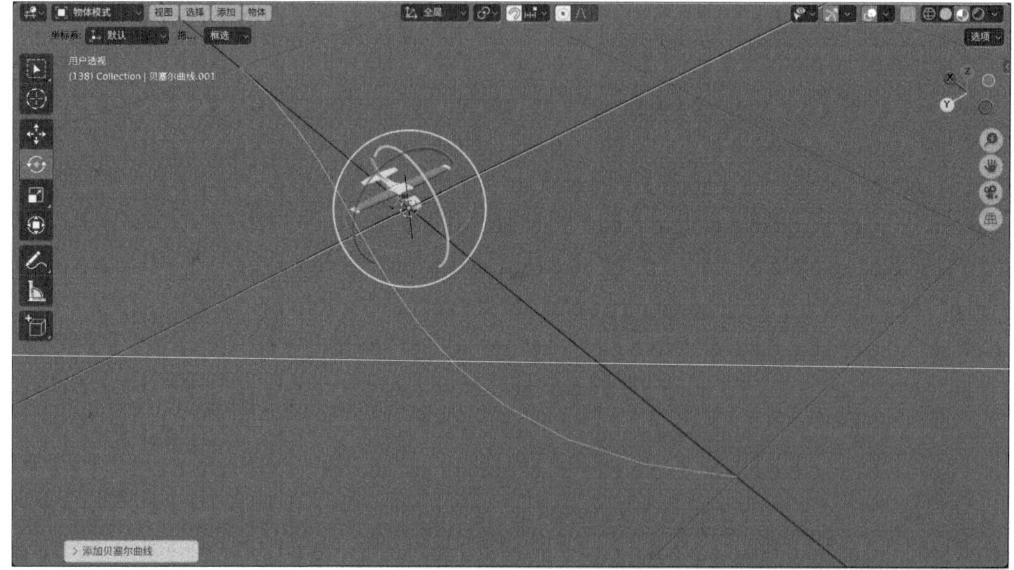

图 8-141

⑱ 选择纯轴，在“约束”面板中，为其添加“跟随路径”约束，如图8-142所示。

⑲ 在“约束”面板中，设置“目标”为贝塞尔曲线，“前进轴”为-X，勾选“跟随曲线”，最后单击“动画路径”按钮，生成动画，如图8-143所示。

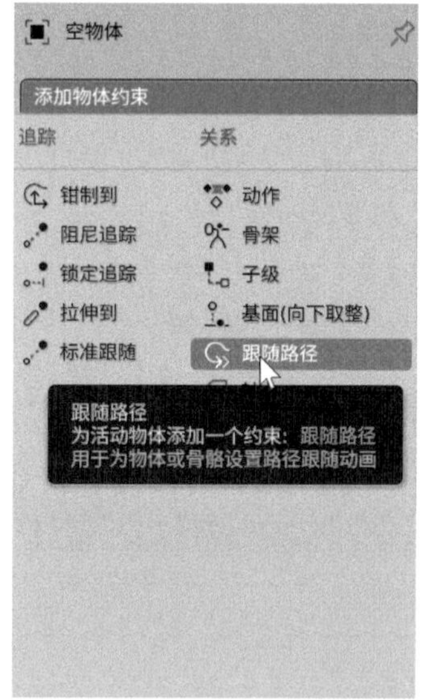

图 8-142

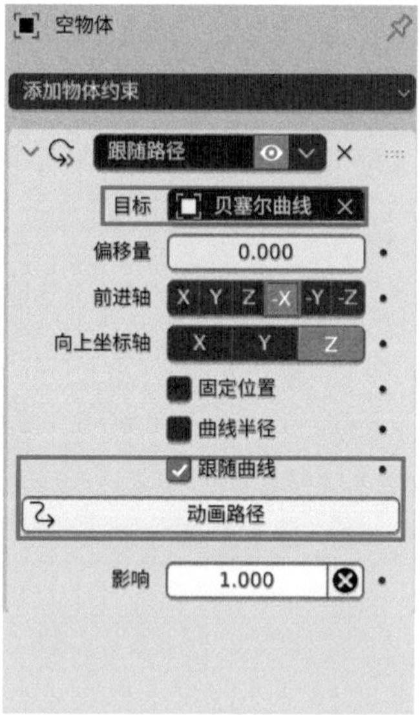

图 8-143

20 播放动画，本实例制作完成的动画效果如图8-144所示。

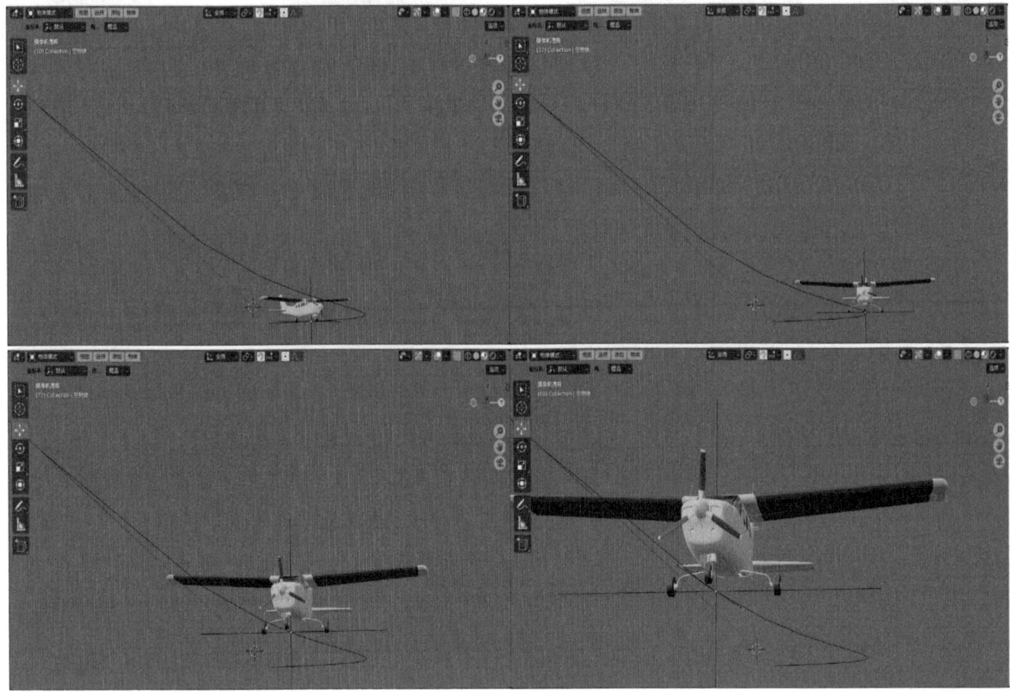

图 8-144

21 渲染场景，最终渲染结果如图8-145所示。

图 8-145

8.4.2 课后习题：制作文字变形动画

效果文件	曲线 - 完成 .blend
素材文件	曲线 .blend
视频名称	制作文字变形动画 .mp4

本课后习题主要讲解如何使用“曲线”修改器来制作文字变形的动画效果，最终渲染结果如图8-146所示。

图 8-146

01 启动Blender软件，打开配套场景文件“曲线.blend”，里面有一条曲线，并且已经设置好了材质、灯光和摄像机，如图8-147所示。

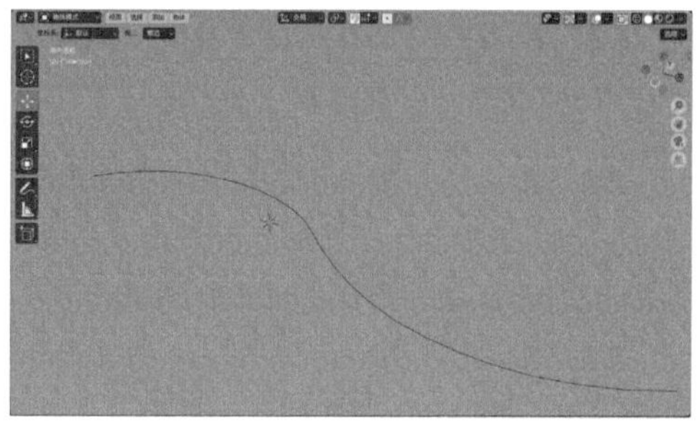

图 8-147

02 执行菜单栏中的“添加>文本”命令，如图8-148所示。在场景中创建一个文本模型，如图8-149所示。

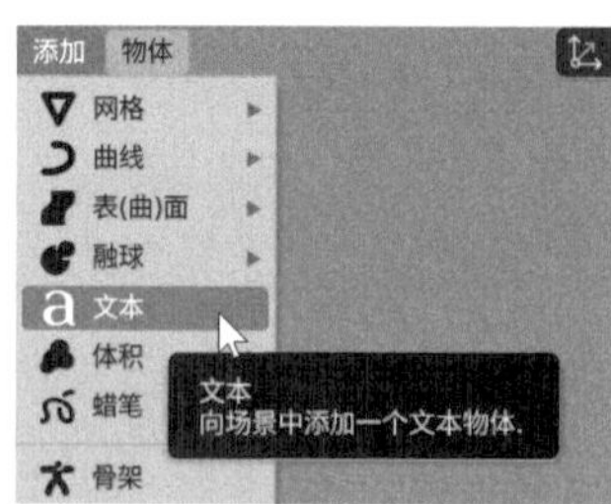

图 8-148

03 按Tab键，在“编辑模式”中，更改文本的内容，如图8-150所示。

图 8-149

图 8-150

04 退出“编辑模式”后，在“数据”面板中，展开“几何数据”卷展栏，设置“挤出”为0.1m，“深度”为0.01m，如图8-151所示。

05 设置完成后，旋转文本模型的角度并调整大小，如图8-152所示。

06 选择文本模型，在“修改器”面板中，为其添加“重构网格”修改器，如图8-153所示。得到

图8-154所示的模型结果。

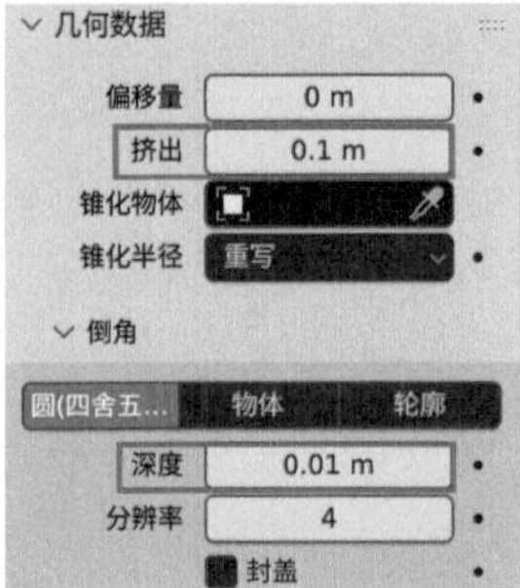

图 8-151

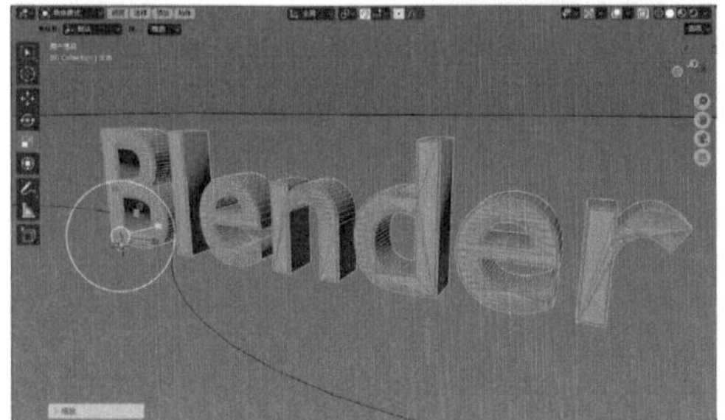

图 8-152

图 8-153

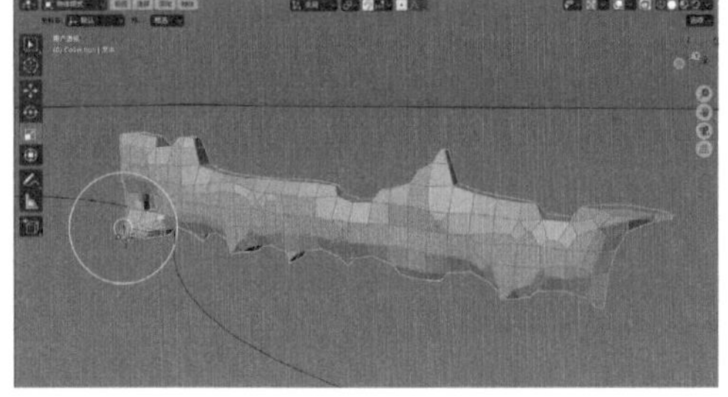

图 8-154

07 在“重构网格”修改器中，单击“锐边”按钮，设置“八叉树算法深度”为8，取消勾选“移除分离元素”，如图8-155所示。

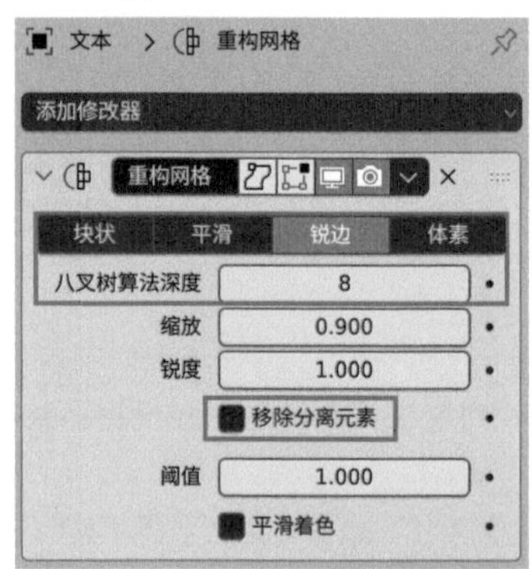

图 8-155

08 设置完成后，文本模型的线框显示效果如图8-156所示。

图 8-156

09 选择文本模型，在“修改器”面板中，为其添加“曲线”修改器，如图8-157所示。

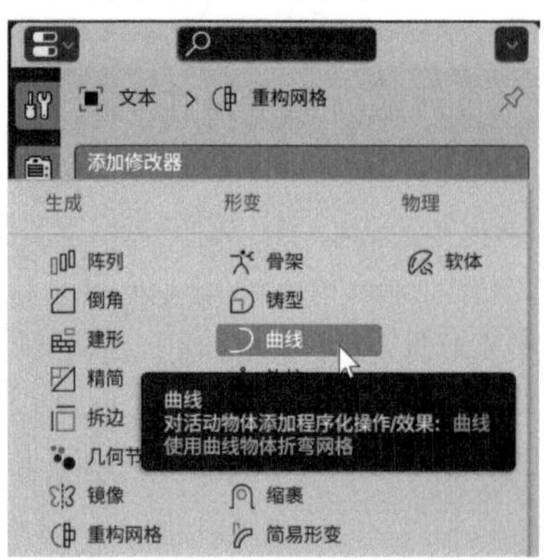

图 8-157

10 在“曲线”修改器中，设置“曲线物体”为“贝塞尔曲线”，如图8-158所示。

图 8-158

11 设置完成后，文本模型如图8-159所示，可以看到现在文本模型已经根据曲线的形状产生了形变。

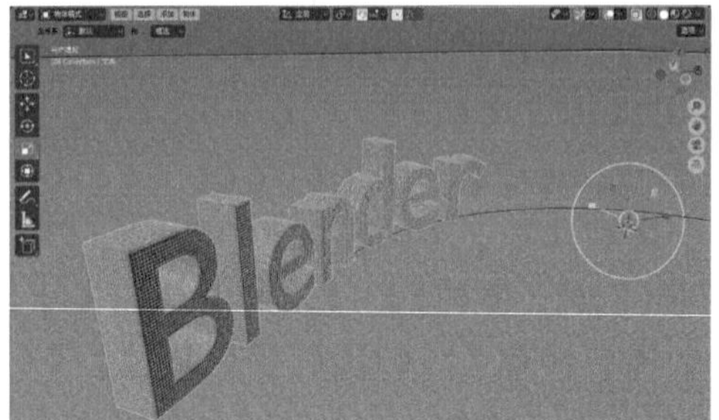

图 8-159

12 在第0帧位置处，在“变换”卷展栏中，为“位置X”设置关键帧，如图8-160所示。

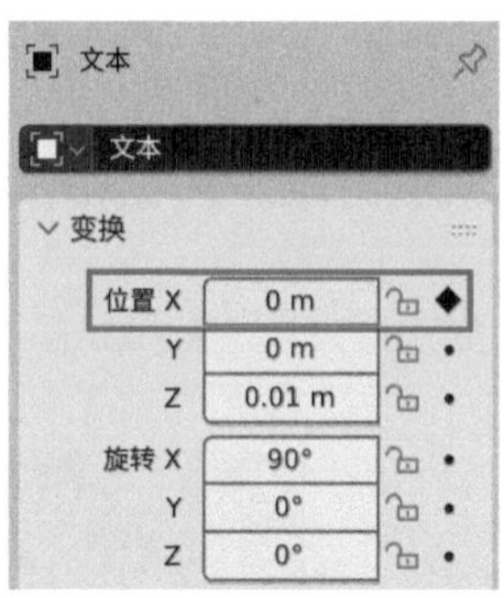

图 8-160

13 在第200帧位置处，设置“位置X”为1.2m，并为其设置关键帧，如图8-161所示。

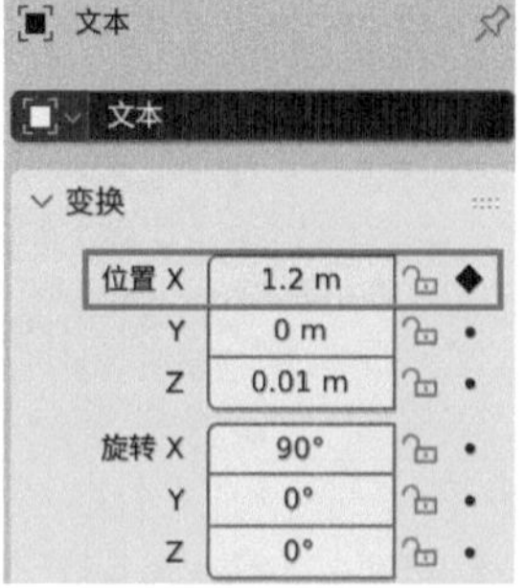

图 8-161

14 设置完成后，播放动画，制作的动画效果如图8-162所示。

15 渲染场景，渲染结果如图8-163所示。

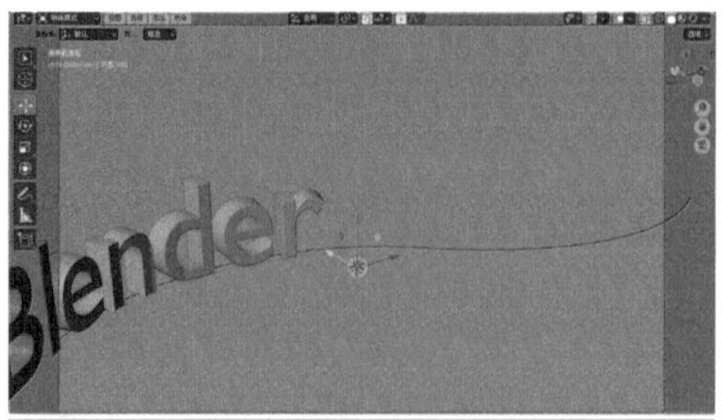

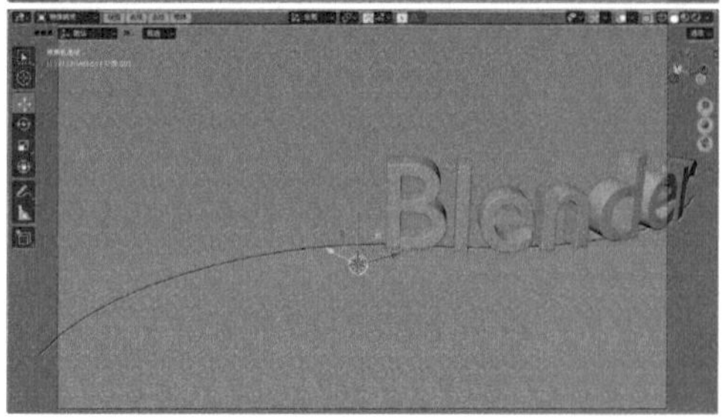

图 8-162

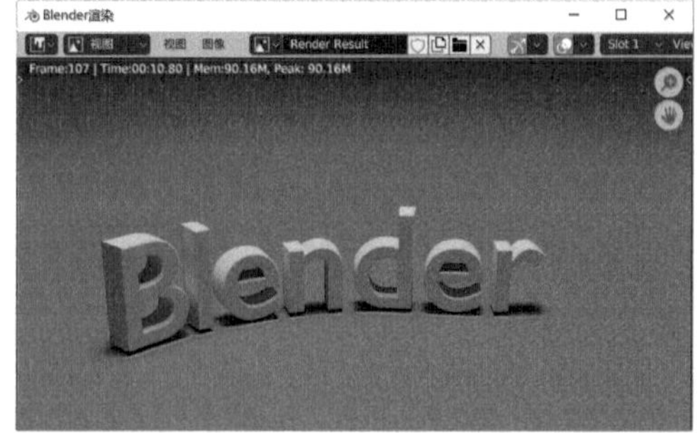

图 8-163

第 9 章

综合案例

本章导读

本章为读者准备了 3 个较为典型的案例，希望读者能够通过本章的学习，熟练掌握 Blender 材质、灯光、动画及渲染的综合运用技巧。

学习要点

◆ 掌握 Blender 的常用材质、灯光及渲染方法

9.1 室内表现案例

效果文件	客厅 - 完成 .blend
素材文件	客厅 .blend
视频名称	室内表现案例 .mp4

Blender自带的Cycles渲染引擎是一个电影级别的优秀渲染器，使用Cycles渲染器渲染出来的动画场景非常逼真，其内置的灯光可以用于模拟出日光、天光及人工灯光照明环境，完全可以满足电视电影的灯光特效技术要求。

9.1.1 效果展示

本例通过一个室内空间的动画场景来为读者详细讲解Blender常用材质、灯光及渲染方面的设置技巧，最终渲染结果如图9-1所示。

启动Blender，打开本书的配套场景资源文件“客厅.blend”，如图9-2所示。

图 9-1

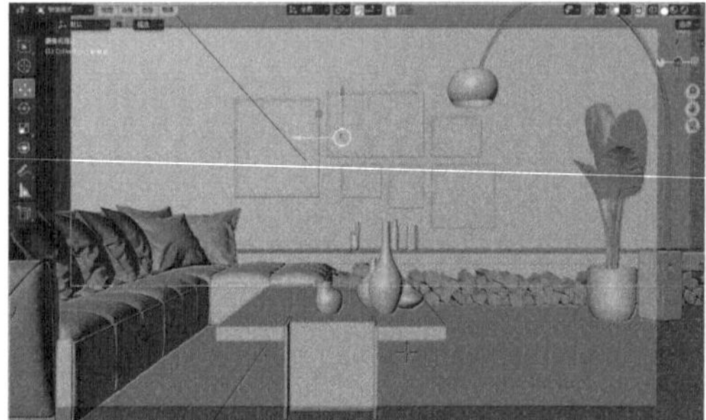

图 9-2

9.1.2 制作玻璃材质

本例中的玻璃材质渲染结果如图9-3所示，具体制作步骤如下。

01 在场景中选择瓶子模型，如图9-4所示。

图 9-3

图 9-4

02 在“材质”面板中，单击“新建”按钮，如图9-5所示，为其添加一个新的材质。

03 在“表（曲）面”卷展栏中，设置“表（曲）面”为“玻璃BSDF”，“糙度”为0，如图9-6所示。

04 设置完成后，玻璃材质的预览结果如图9-7所示。

图 9-5

图 9-6

图 9-7

9.1.3 制作桌面材质

本例中的桌面材质渲染结果如图9-8所示，具有一定的反光效果，具体制作步骤如下。

01 在场景中选择桌面模型，如图9-9所示。

图 9-8

图 9-9

02 在“材质”面板中，单击“新建”按钮，如图9-10所示，为其添加一个新的材质。

03 在“表(曲)面”卷展栏中，单击“基础色”后面的黄色圆点，如图9-11所示。

04 在弹出的菜单中执行“图像纹理”命令，如图9-12所示。

图 9-10

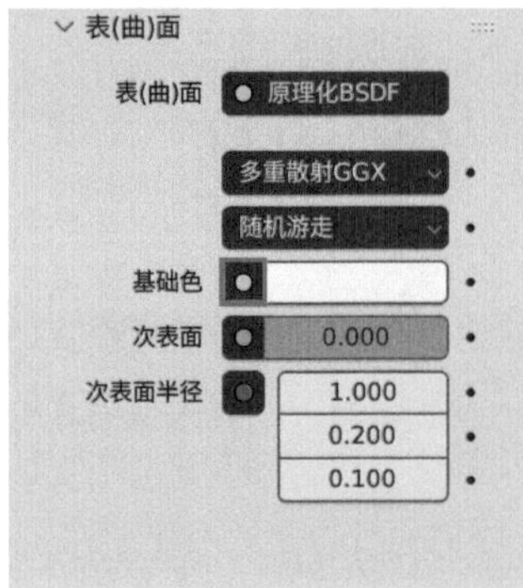

图 9-11

图 9-12

05 添加“图像纹理”贴图后，单击“打开”按钮，如图9-13所示。在打开的文件夹中浏览并选择“木纹理.jpg”，即可为“基础色”添加一张“木纹理.jpg”贴图，如图9-14所示。

06 在“表（曲）面”卷展栏中，设置“高光”为1，“糙度”为0.1，如图9-15所示。

07 设置完成后，桌面材质的预览效果如图9-16所示。

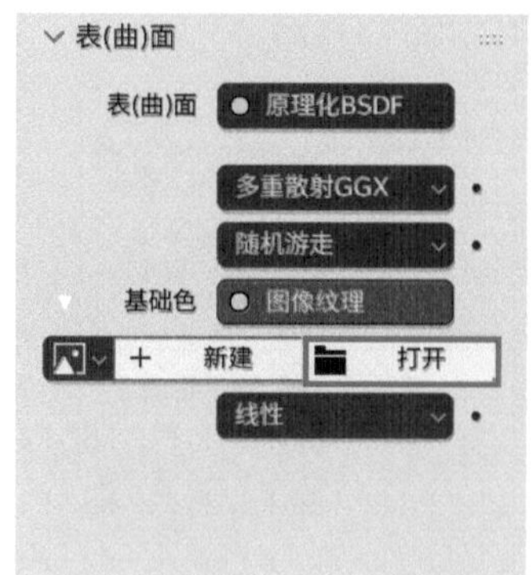

图 9-13

图 9-14

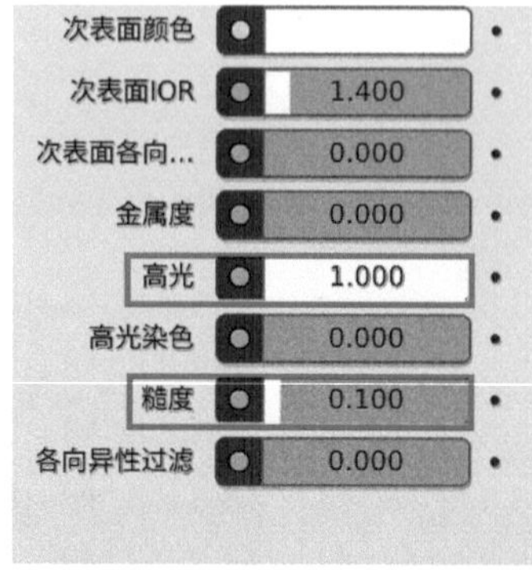

图 9-15

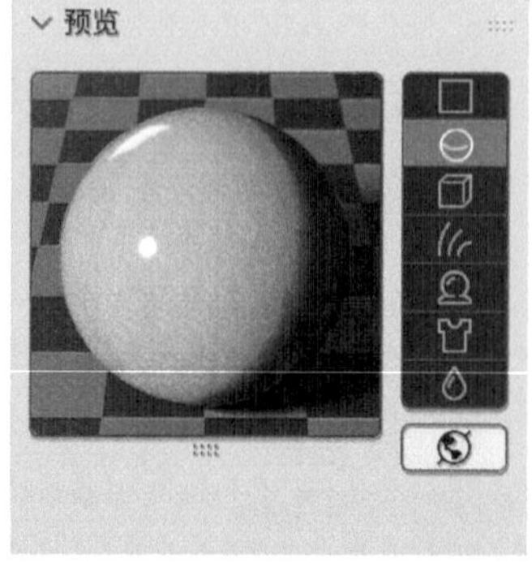

图 9-16

9.1.4 制作沙发材质

本例中的沙发材质渲染结果如图9-17所示，具体制作步骤如下。

01 在场景中选择沙发模型，如图9-18所示。

图 9-17

图 9-18

02 在“材质”面板中，单击“新建”按钮，如图9-19所示，为其添加一个新的材质。

03 在“表（曲）面”卷展栏中，为“基础色”添加“沙发-A.png”贴图文件，如图9-20所示。

04 设置完成后，沙发材质的预览结果如图9-21所示。

图9-19

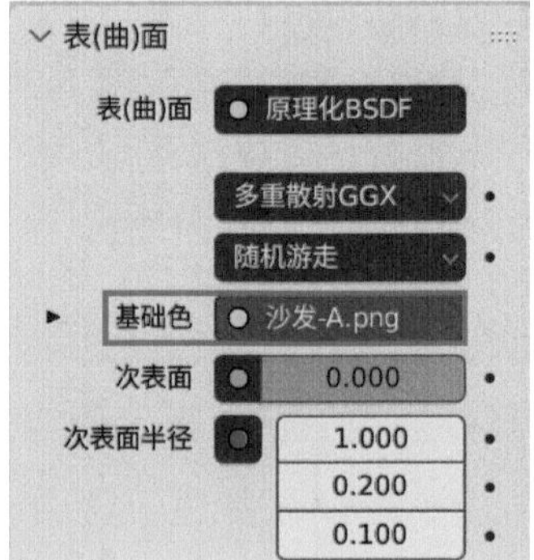

图9-20

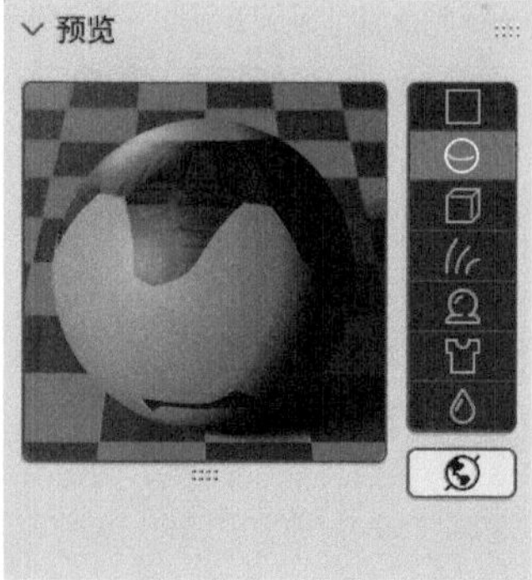

图9-21

技巧与提示

为"基础色"添加贴图的具体操作步骤，读者可以参考9.1.3小节，在此不重复讲解。

9.1.5 制作地砖材质

本例中的地砖材质渲染结果如图9-22所示，具体制作步骤如下。

01 在场景中选择地砖模型，如图9-23所示。

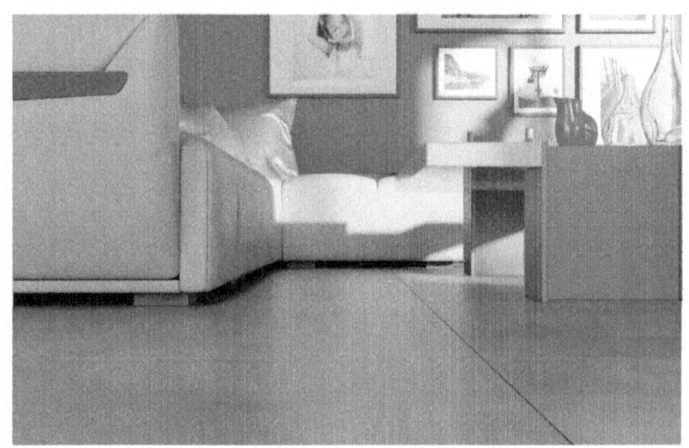
图9-22

图9-23

02 在"材质"面板中，单击"新建"按钮，如图9-24所示，为其添加一个新的材质。

03 在"表（曲）面"卷展栏中，为"基础色"添加"地砖.png"贴图文件，设置"高光"为1，"糙度"为0.35，如图9-25所示。

04 设置完成后，地砖材质的预览结果如图9-26所示。

图9-24

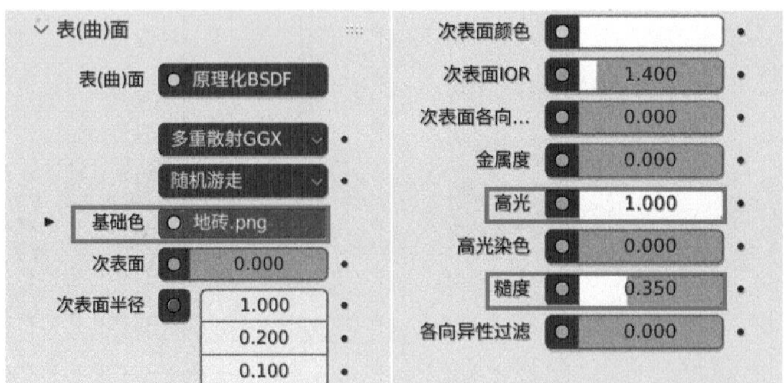

图 9-25

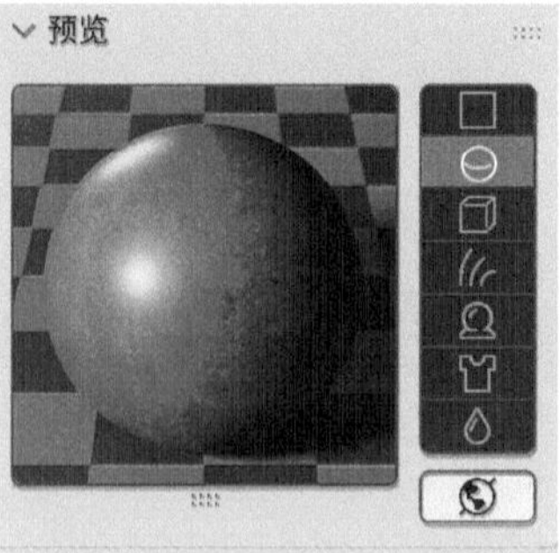

图 9-26

9.1.6 制作金色金属材质

本例中的金色金属材质渲染结果如图9-27所示，具体制作步骤如下。

01 在场景中选择保温杯模型，如图9-28所示。

图 9-27

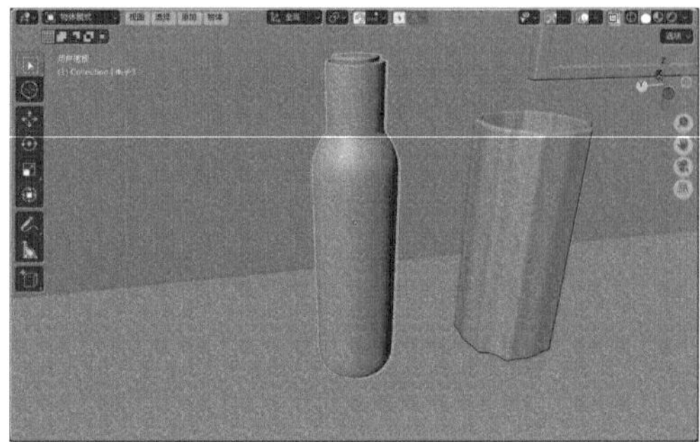

图 9-28

02 在“材质”面板中，单击“新建”按钮，如图9-29所示，为其添加一个新的材质。

03 在“表(曲)面”卷展栏中，设置“表(曲)面”为“光泽BSDF”，“颜色”为金色，“糙度”为0.3，如图9-30所示。其中，颜色的参数设置如图9-31所示。

图 9-29

图 9-30

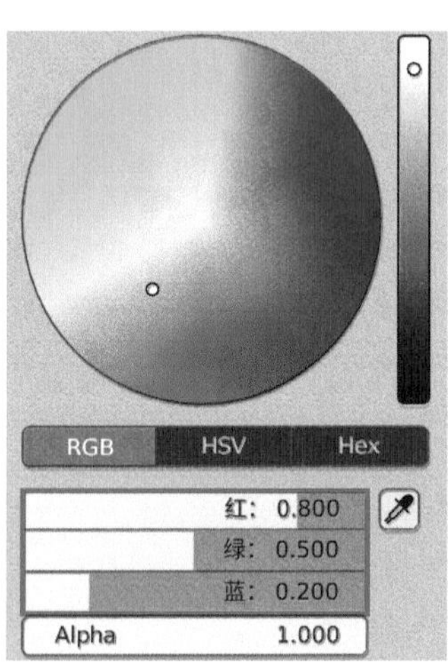

图 9-31

04 设置完成后，金色金属材质的预览结果如图9-32所示。

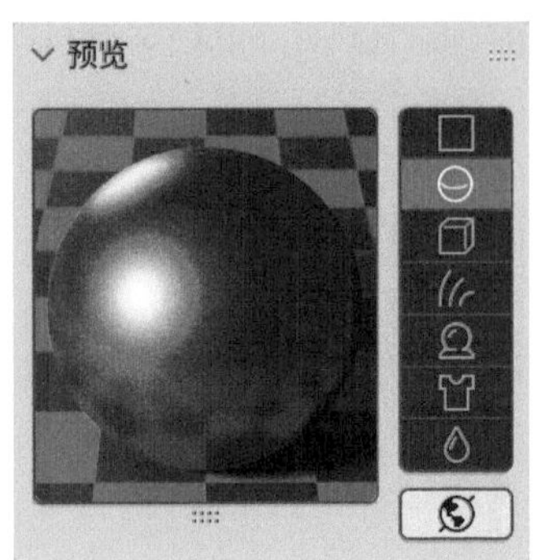

图 9-32

9.1.7 制作绿色玻璃材质

本例中的绿色玻璃材质渲染结果如图9-33所示，具体制作步骤如下。

01 在场景中选择玻璃杯模型，如图9-34所示。

图 9-33

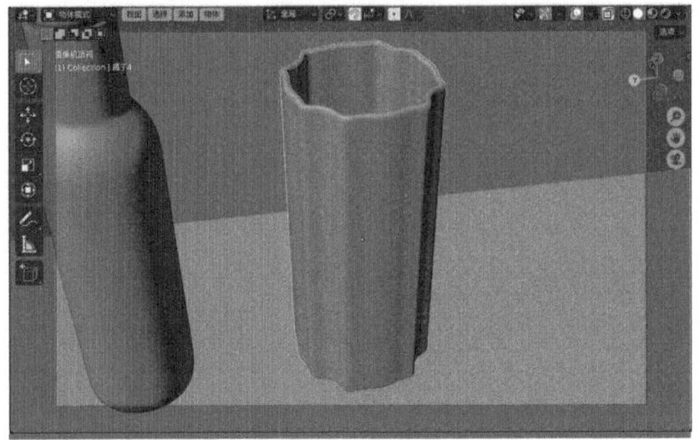

图 9-34

02 在“材质”面板中，单击“新建”按钮，如图9-35所示，为其添加一个新的材质。

03 在“表（曲）面”卷展栏中，设置“表（曲）面”为“玻璃BSDF”，“颜色”为浅绿色，“糙度”为0，如图9-36所示。其中，颜色的参数设置如图9-37所示。

图 9-35

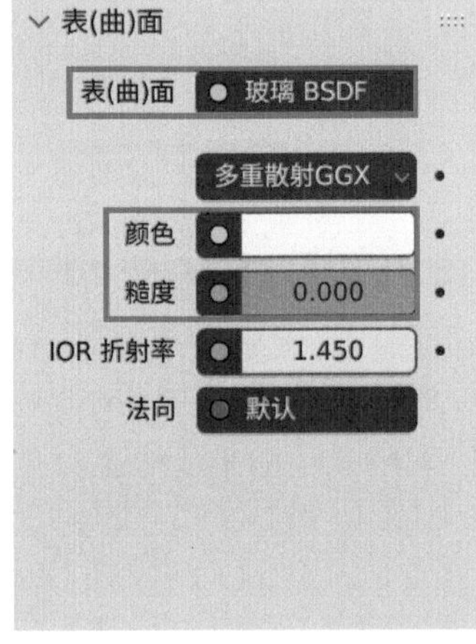

图 9-36

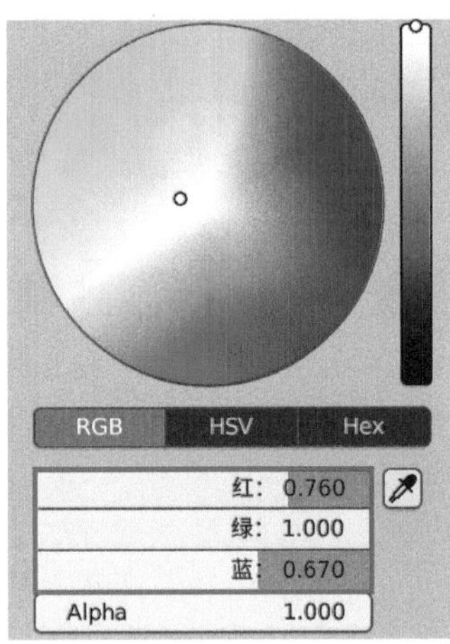

图 9-37

04 设置完成后，浅绿色玻璃材质的预览效果如图9-38所示。

图 9-38

9.1.8 制作花盆材质

本例中的花盆材质渲染结果如图9-39所示，具体制作步骤如下。

01 在场景中选择花盆模型，如图9-40所示。

图 9-39

图 9-40

02 在“材质”面板中，单击“新建”按钮，如图9-41所示，为其添加一个新的材质。

03 在“表（曲）面”卷展栏中，为“基础色”添加“花盆纹理.jpg”贴图文件，设置“高光”为1，“糙度”为0.2，如图9-42所示。

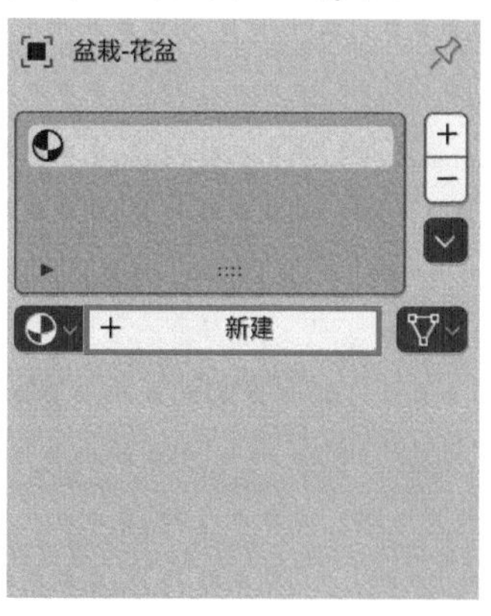

图 9-41

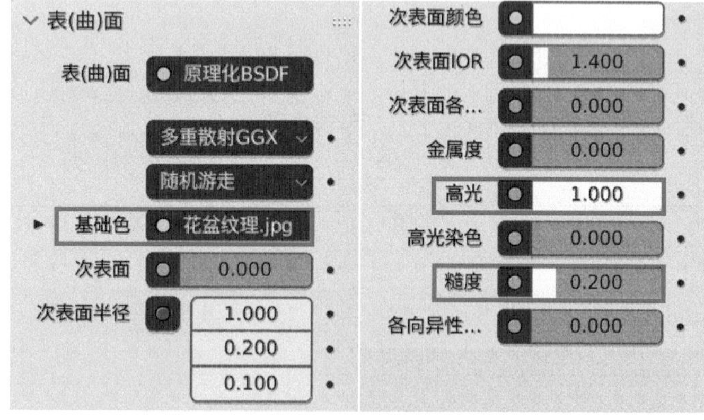

图 9-42

04 为材质添加凹凸效果。单击“法向”后面的蓝色圆点，如图9-43所示。

05 在弹出的菜单中执行“法线贴图”命令，如图9-44所示。

06 单击“颜色”后面的黄色圆点，如图9-45所示。

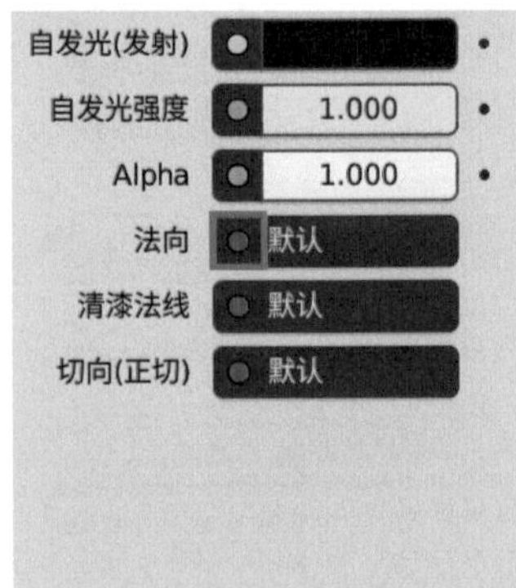

图 9-43

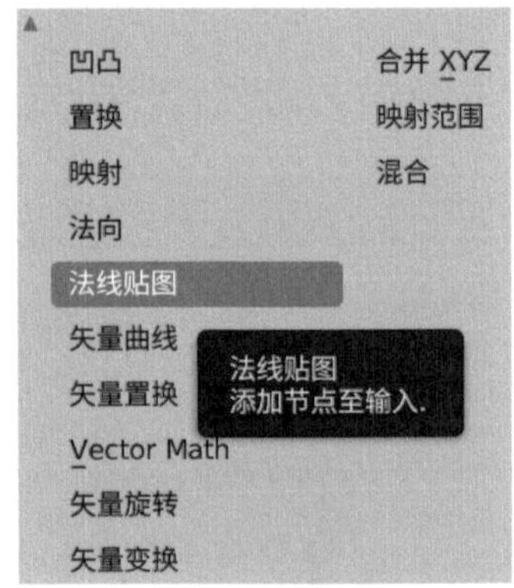

图 9-44

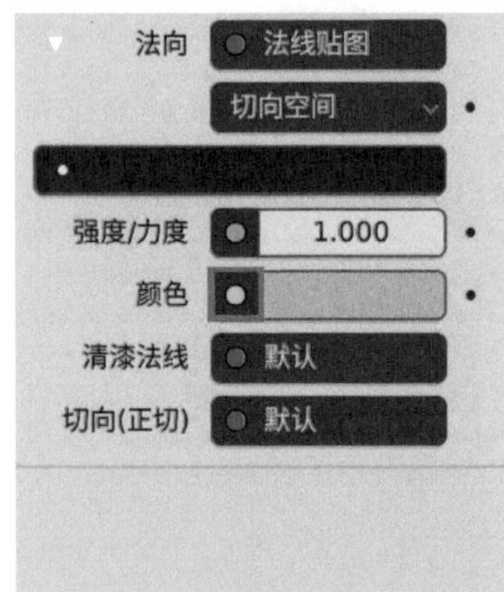

图 9-45

07 在弹出的菜单中执行“图像纹理”命令，如图9-46所示。

08 单击“打开”按钮，如图9-47所示。为“颜色”添加一张“花盆-法线.png”贴图，如图9-48所示。

09 设置完成后，花盆材质的预览效果如图9-49所示。

图 9-46

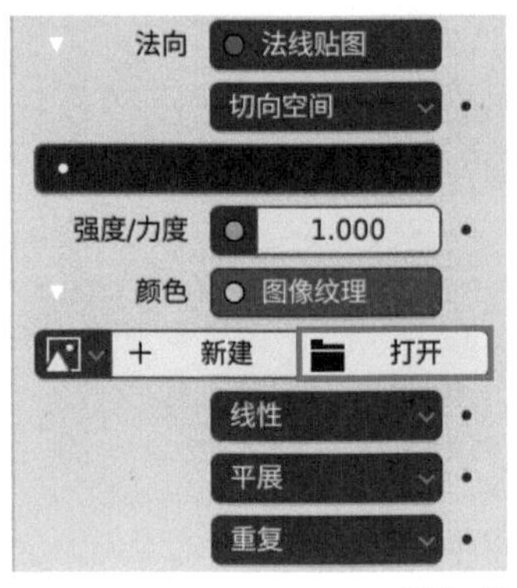

图 9-47

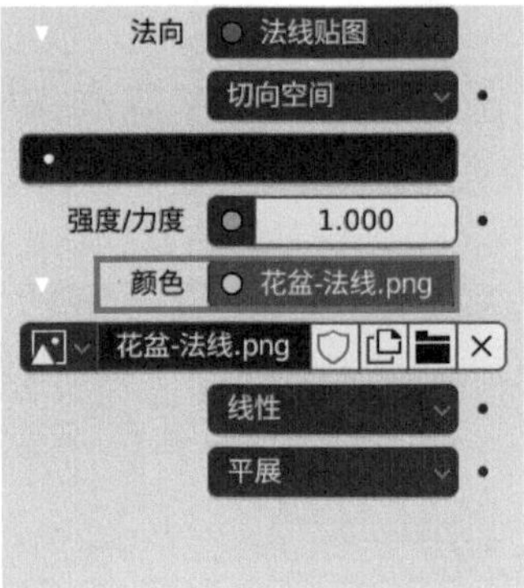

图 9-48

图 9-49

9.1.9 制作灯光照明效果

01 在“世界环境”面板中，单击“颜色”后面的黄色圆点，如图9-50所示。

02 在弹出的菜单中执行“天空纹理”命令，如图9-51所示。

03 在“表（曲）面”卷展栏中，设置“太阳尺寸”为2°，“太阳高度”为15°，“太阳旋转”为220°，如图9-52所示。

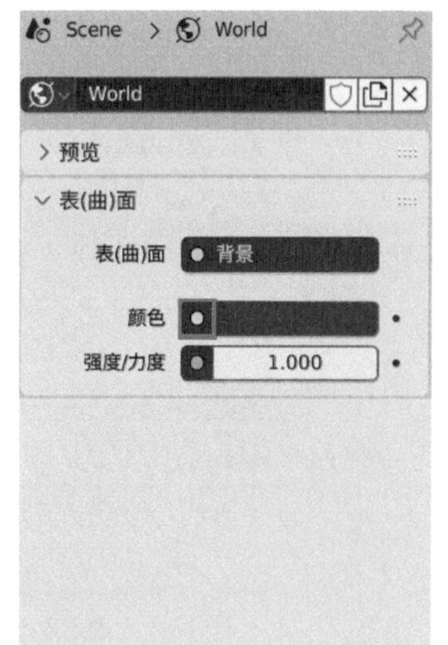

图 9-50

图 9-51

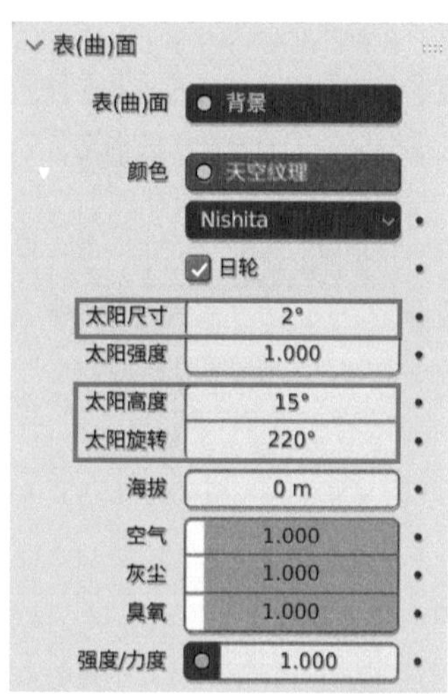

图 9-52

04 设置完成后，渲染场景，渲染效果如图9-53所示。

图 9-53

05 执行菜单栏中的“添加>灯光>面光”命令，在场景中创建一个面光，如图9-54所示。

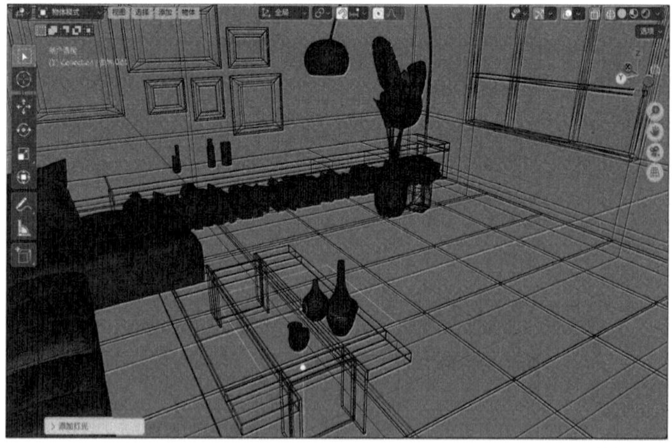

图 9-54

06 调整面光的位置和照射角度，如图9-55所示。

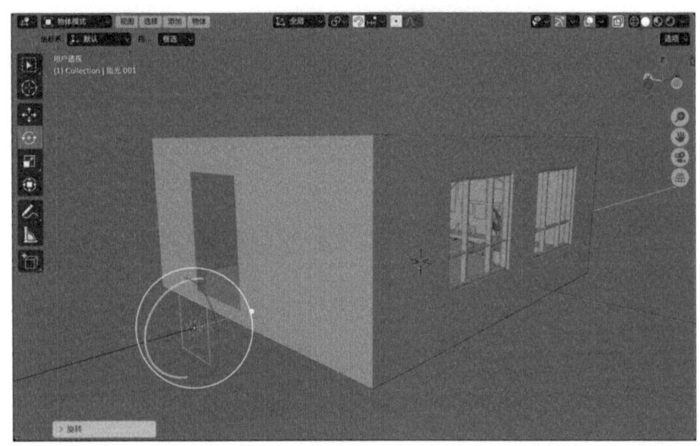

图 9-55

07 在“正交左视图”中调整灯光的大小，如图9-56所示。

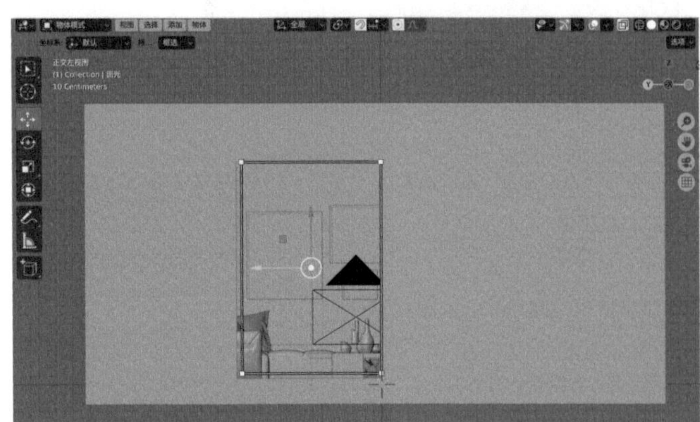

图 9-56

08 在“数据”面板中，设置面光的“能量”为200W，“形状”为“长方形”，“X尺寸”为2.5m，“Y尺寸”为1.7m，如图9-57所示。

09 在“用户透视”视图中，调整面光至图9-58所示位置。

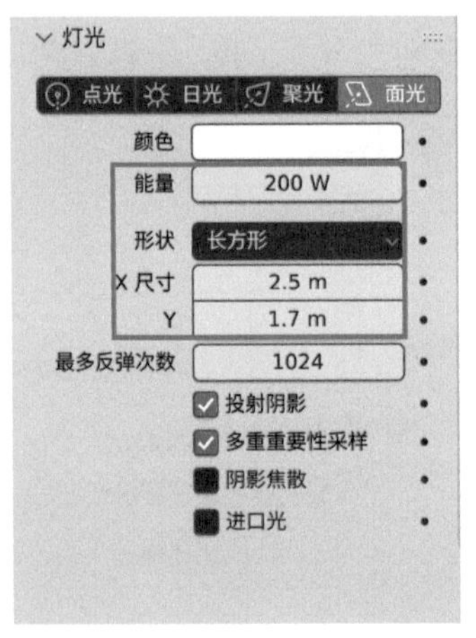

图 9-57

图 9-58

10 设置完成后，渲染预览结果如图9-59所示。

图 9-59

9.1.10 渲染设置

01 在“渲染”面板中，设置“渲染引擎”为Cycles，“渲染”的“最大采样”为2048，如图9-60所示。

02 在“输出”面板中，设置“分辨率X”为1300 px，“分辨率Y”为800 px，如图9-61所示。

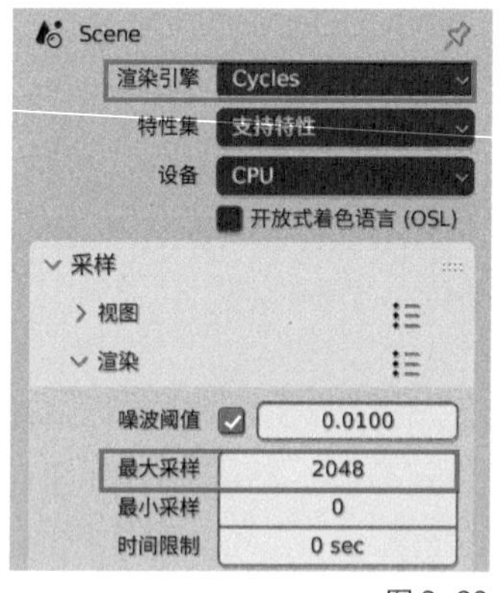

图 9-60

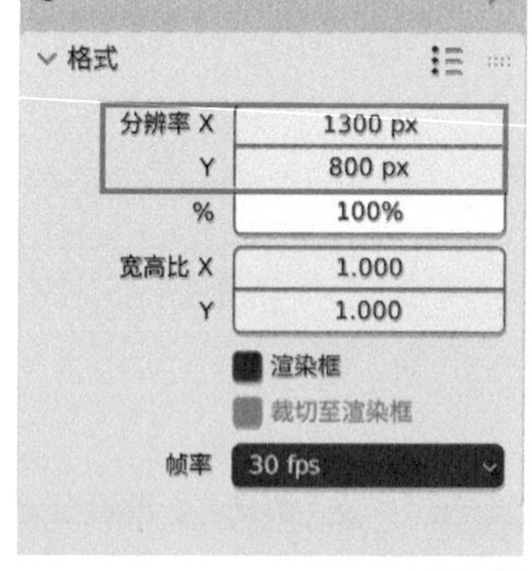

图 9-61

03 设置完成后，渲染场景，渲染结果如图9-62所示。

图 9-62

9.2 建筑表现案例

效果文件	楼房 - 完成 .blend
素材文件	楼房 .blend
视频名称	建筑表现案例 .mp4

Blender自带的Cycles渲染引擎不但可以渲染出写实的室内场景，在室外场景的表现上同样优秀。

9.2.1 效果展示

本例通过一个室外建筑的动画场景来为读者详细讲解Blender常用材质、灯光及渲染方面的设置技巧，最终渲染结果如图9-63所示。

启动Blender，打开本书的配套场景资源文件“楼房.blend”，如图9-64所示。

图 9-63

图 9-64

9.2.2 制作红色砖墙材质

本例中的红色砖墙材质渲染结果如图9-65所示，具体制作步骤如下。

01 在场景中选择楼房外墙模型，如图9-66所示。

图 9-65

图 9-66

02 在“材质”面板中，单击“新建”按钮，如图9-67所示，为其添加一个新的材质。

03 在“表（曲）面”卷展栏中，设置“基础色”为深红色，“高光”为0.2，如图9-68所示。其中，基础色的参数设置如图9-69所示。

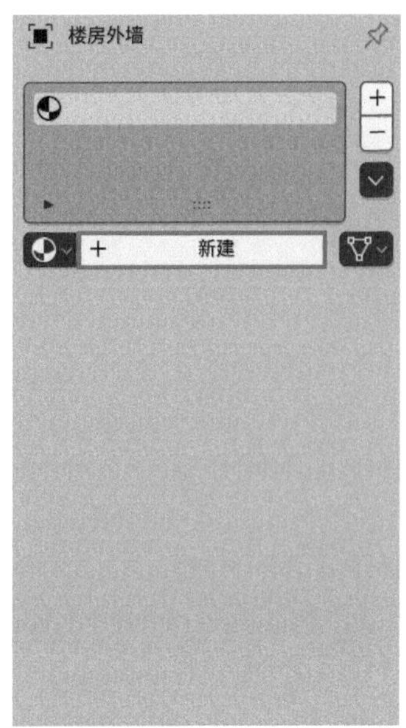

图 9-67

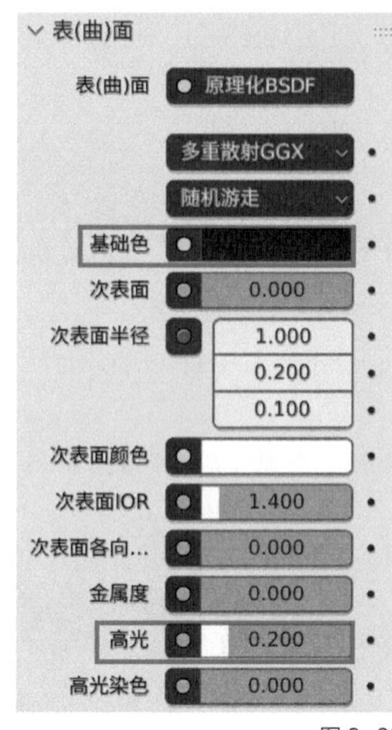

图 9-68

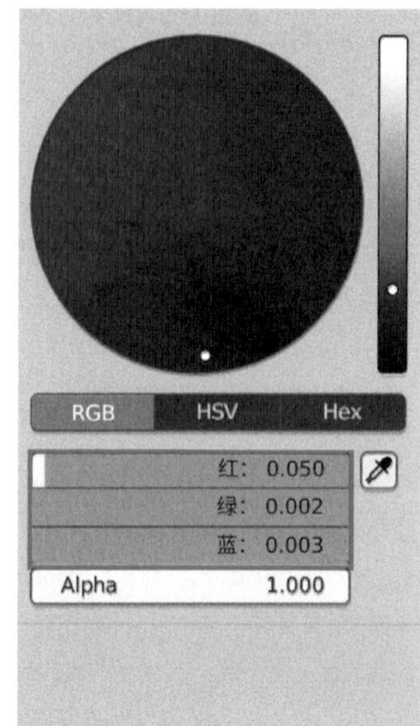

图 9-69

04 单击“法向”后面的蓝色圆点，如图9-70所示。

05 在弹出的菜单中执行“凹凸”命令，如图9-71所示。

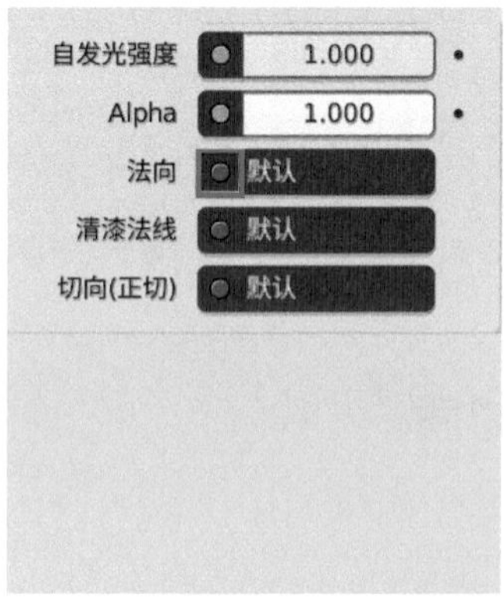

图 9-70

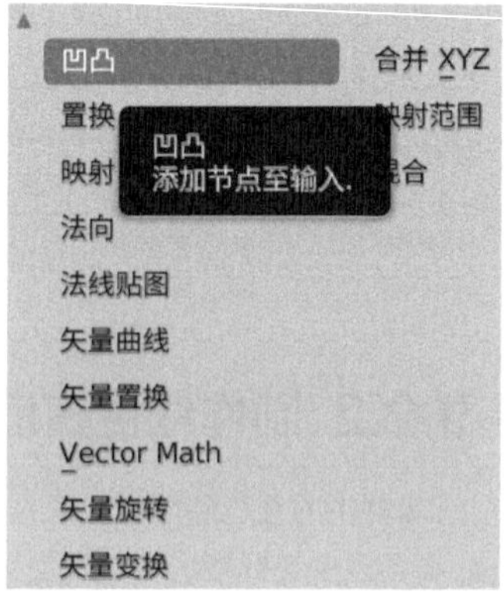

图 9-71

06 单击“高度”后面的灰色圆点，如图9-72所示。

07 在弹出的菜单中执行“图像纹理”命令，如图9-73所示。

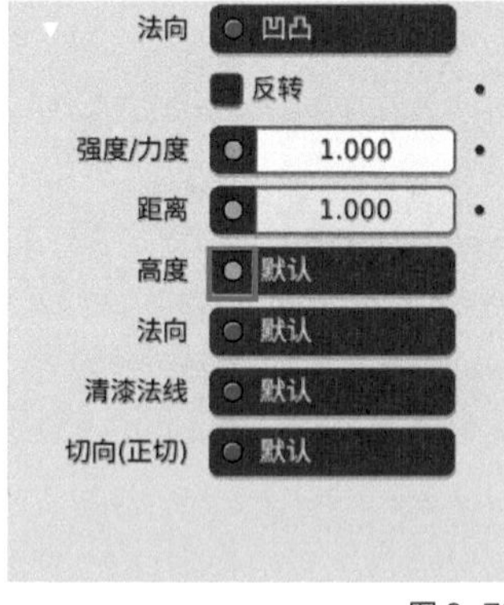

图 9-72

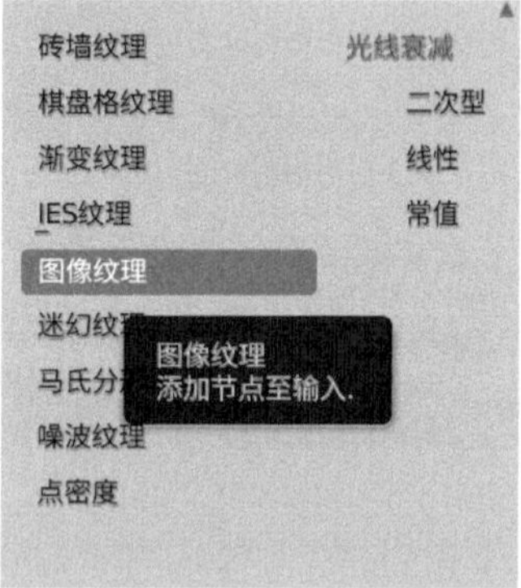

图 9-73

08 单击“打开”按钮，如图9-74所示。为“高度”添加一张“红色砖墙.jpg”贴图，如图9-75所示。

09 设置完成后，红色砖墙材质的预览结果如图9-76所示。

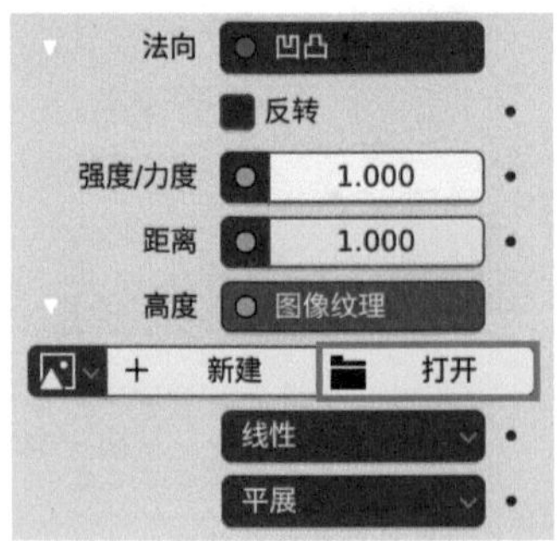

图 9-74

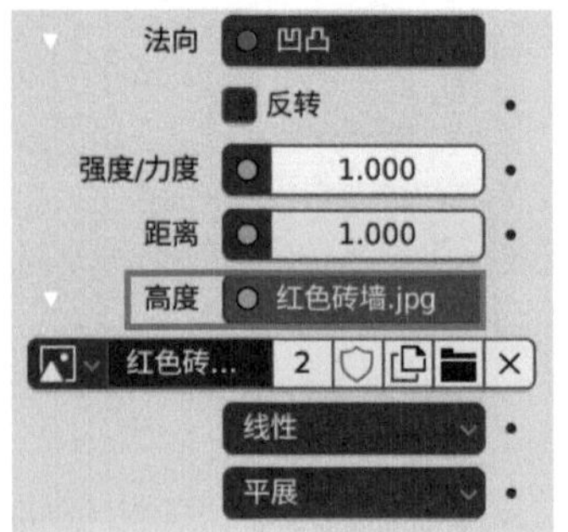

图 9-75

图 9-76

10 在“着色器编辑器”面板中，将“图像纹理”节点上的“颜色”与“凹凸”节点上的“高度”连接，如图9-77所示。

11 再次观察“预览”卷展栏，红色砖墙材质的预览结果如图9-78所示。

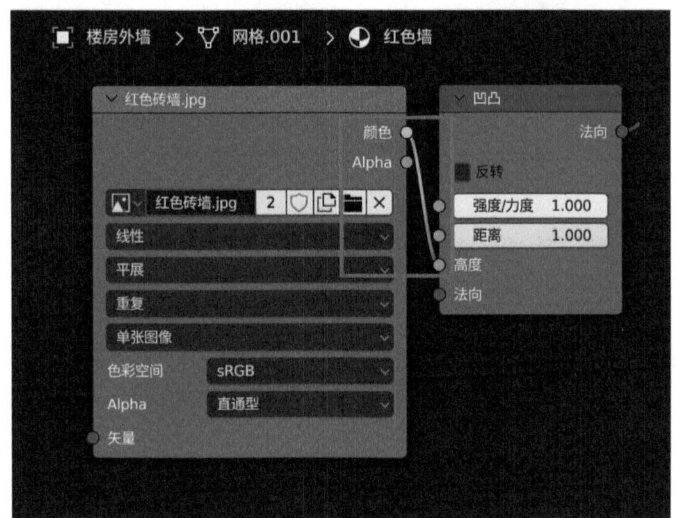

图 9-77

图 9-78

技巧与提示

本例中一楼的灰色墙体材质也使用了相似的操作步骤，读者可以自行尝试学习制作。

9.2.3 制作玻璃材质

本例中的窗户玻璃材质渲染结果如图9-79所示，具体制作步骤如下。

01 在场景中选择窗户玻璃模型，如图9-80所示。

图 9-79

图 9-80

02 在“材质”面板中，单击“新建”按钮，如图9-81所示，为其添加一个新的材质。

03 在“表（曲）面”卷展栏中，设置“表（曲）面”为“玻璃BSDF”，“糙度”为0，如图9-82所示。

04 设置完成后，窗户玻璃材质的预览效果如图9-83所示。

图 9-81

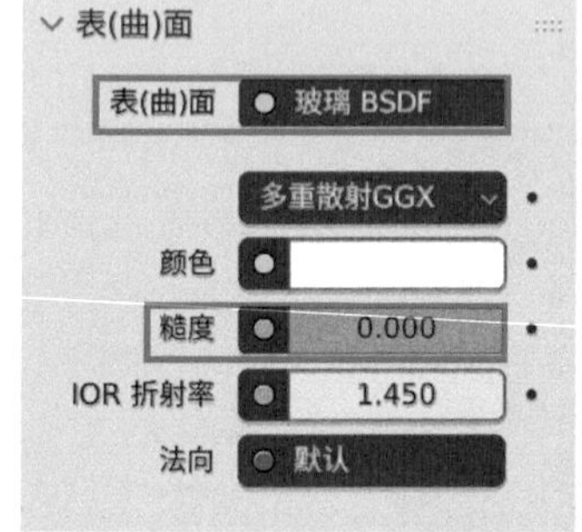

图 9-82

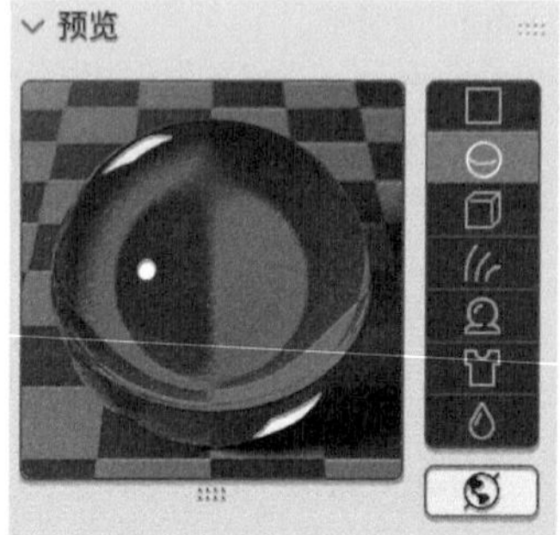

图 9-83

9.2.4 制作树木材质

本例中的树木材质渲染结果如图9-84所示，具体制作步骤如下。

01 在场景中选择树木模型，如图9-85所示。

图 9-84

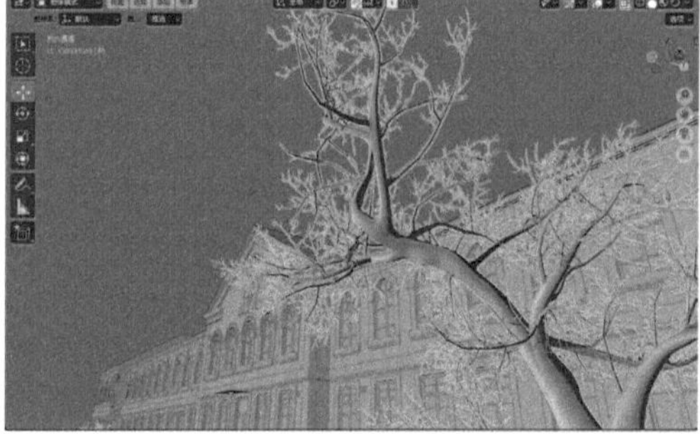

图 9-85

02 在“材质”面板中，单击“新建”按钮，如图9-86所示，为其添加一个新的材质。

03 在“表（曲）面”卷展栏中，为“基础色”添加“树皮.jpg”贴图文件，如图9-87所示。

04 设置完成后，树木材质的预览效果如图9-88所示。

图 9-86

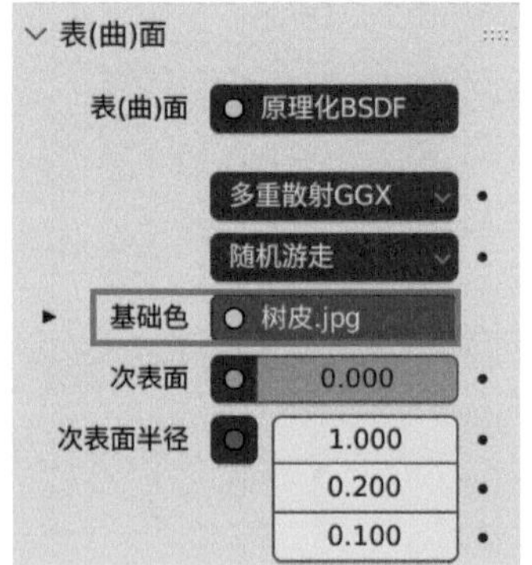

图 9-87

图 9-88

9.2.5 制作积雪材质

本例中树枝上的积雪材质渲染结果如图9-89所示，具体制作步骤如下。

01 在场景中选择树上的积雪模型，如图9-90所示。

图 9-89

图 9-90

02 在“材质”面板中，单击“新建”按钮，如图9-91所示，为其添加一个新的材质。

03 在“表（曲）面”卷展栏中，设置“基础色”为蓝色，如图9-92所示。其中，基础色的参数设置如图9-93所示。

图 9-91

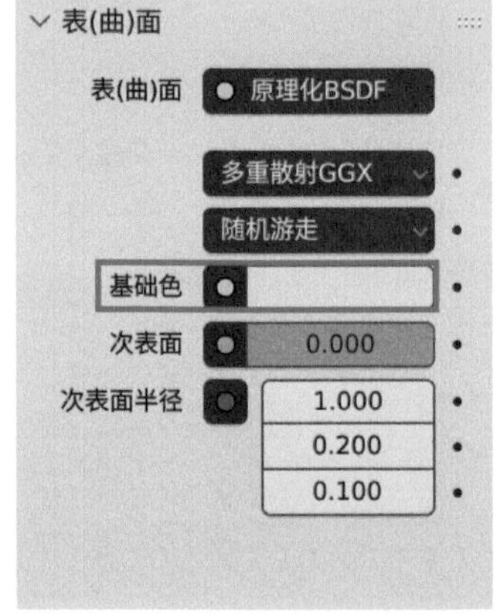

图 9-92

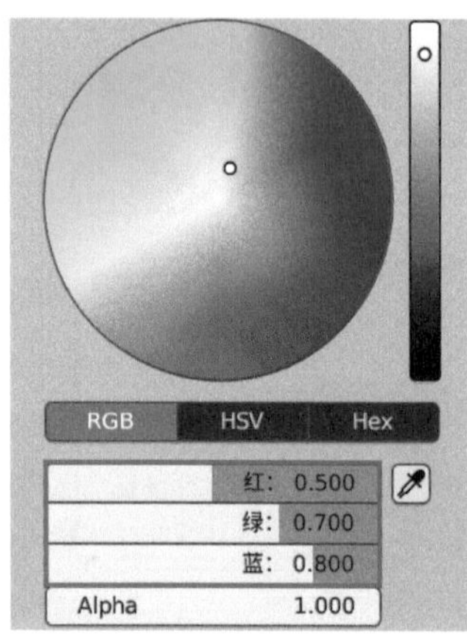

图 9-93

04 设置完成后，积雪材质的预览效果如图9-94所示。

图 9-94

> **技巧与提示**
>
> 本例中的积雪距离摄像机较远，故无须为其添加凹凸效果，只需设置好颜色即可。

9.2.6 制作灯光照明效果

01 在“世界环境”面板中，单击“颜色”后面的黄色圆点，如图9-95所示。

02 在弹出的菜单中执行“天空纹理”命令，如图9-96所示。

03 在“表（曲）面”卷展栏中，设置“太阳尺寸”为3°，“太阳旋转”为96°，“海拔”为10000m，“空气”为10，“灰尘”为1，“臭氧”为10，如图9-97所示。

图 9-95

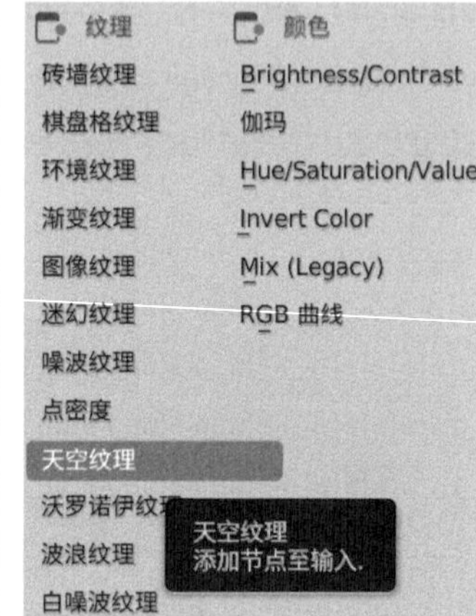

图 9-96

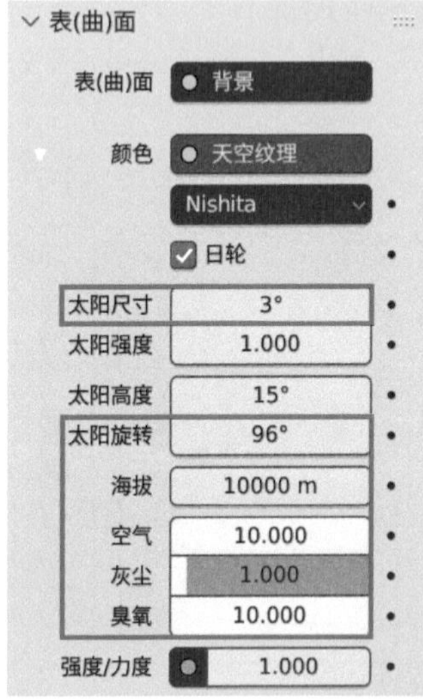

图 9-97

04 设置完成后，渲染预览显示效果如图9-98所示。

图 9-98

9.2.7 渲染设置

01 在“渲染”面板中，设置“渲染引擎”为Cycles，“渲染”的“最大采样”为2048，如图9-99所示。

02 在“输出”面板中，设置“分辨率X”为1300px，“分辨率Y”为800px，如图9-100所示。

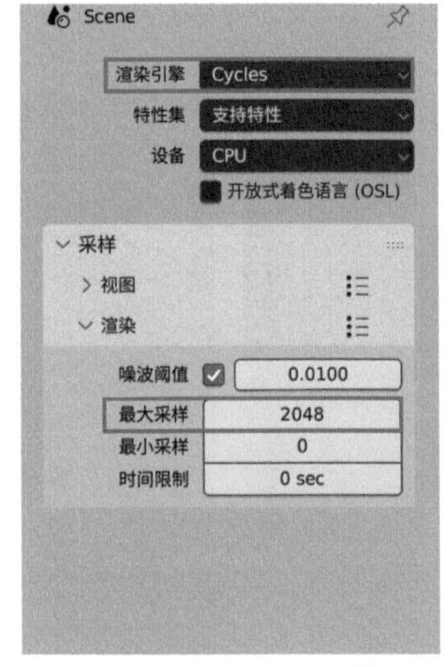

图 9-99

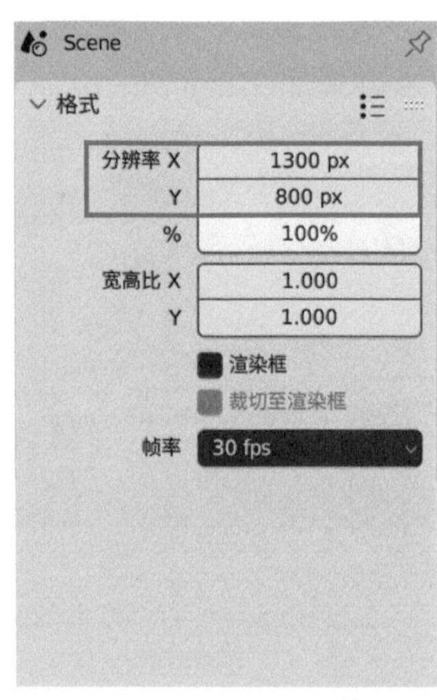

图 9-100

03 设置完成后，渲染场景，渲染结果如图9-101所示。

图 9-101

9.3 二维表现案例

效果文件	花瓶 – 完成 .blend
素材文件	花瓶 .blend
视频名称	二维表现案例 .mp4

使用Blender自带的Eevee渲染引擎可以渲染出有趣的风格化作品，如二维卡通风格、水彩画风格、水墨画风格、油画风格等。本例以一个花瓶静物为例，来为读者讲解一下二维效果的制作方法。

9.3.1 效果展示

本例通过一个简单的静物动画场景来为读者详细讲解Blender制作二维材质的操作技巧，最终渲染结果如图9-102和图9-103所示。

图 9-102

图 9-103

启动Blender，打开本书的配套场景资源文件"花瓶.blend"，如图9-104所示。

图 9-104

9.3.2 制作花瓣材质

本例中的花瓣材质渲染结果如图9-105所示，具体制作步骤如下。

01 在场景中选择花瓣模型，如图9-106所示。

图 9-105

图 9-106

02 在"材质"面板中，单击"新建"按钮，如图9-107所示，为其添加一个新的材质。

03 在“表（曲）面”卷展栏中，设置“表（曲）面”为“漫射BSDF”，如图9-108所示。

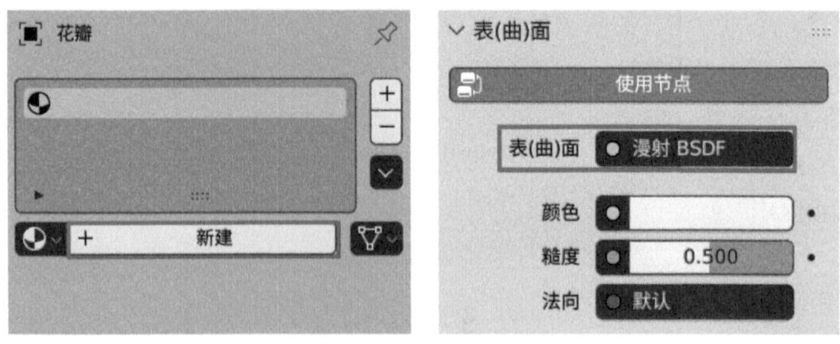

图 9-107　　图 9-108

04 设置完成后，打开“着色器编辑器”面板，花瓣材质的节点连接效果如图9-109所示。

05 将视图切换至“材质预览”，花瓣模型的材质预览结果如图9-110所示。

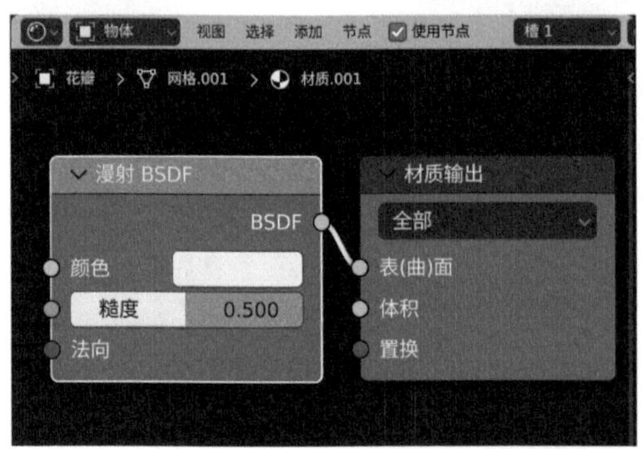

图 9-109

图 9-110

06 在“着色器编辑器”面板中，执行“添加>输入>层权重”命令，添加一个“层权重”节点，并将其“菲涅尔”属性连接至“漫射BSDF”节点中的“法向”属性上，如图9-111所示。

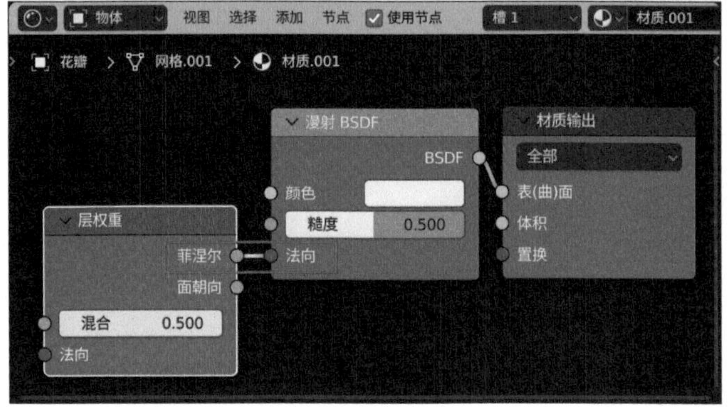

图 9-111

07 设置完成后，花瓣模型的材质预览结果如图9-112所示。

08 在“着色器编辑器”面板中，执行“添加>转换器>颜色渐变”命令，添加一个“颜色渐变”节点，并将其“颜色”属性连接至“漫射BSDF”节点中的“颜色”属性上，如图9-113所示。

09 将“层权重”节点选中并复制一个新的“层权重”节点，将其“菲涅尔”属性连接至“颜色渐变”节点中的“系数”上，并调整“颜色渐变”节点的颜色，如图9-114所示。

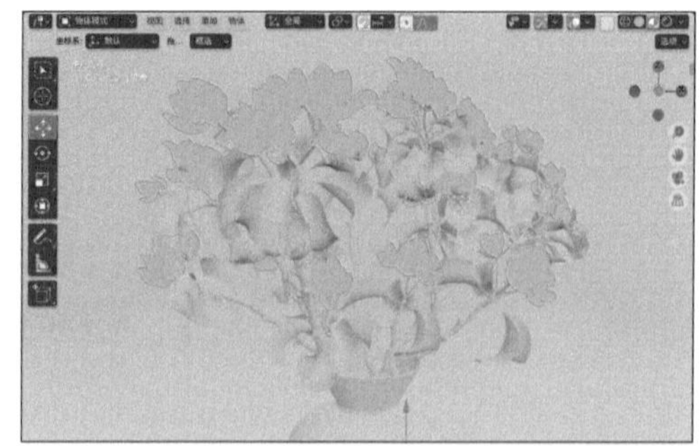

图 9-112

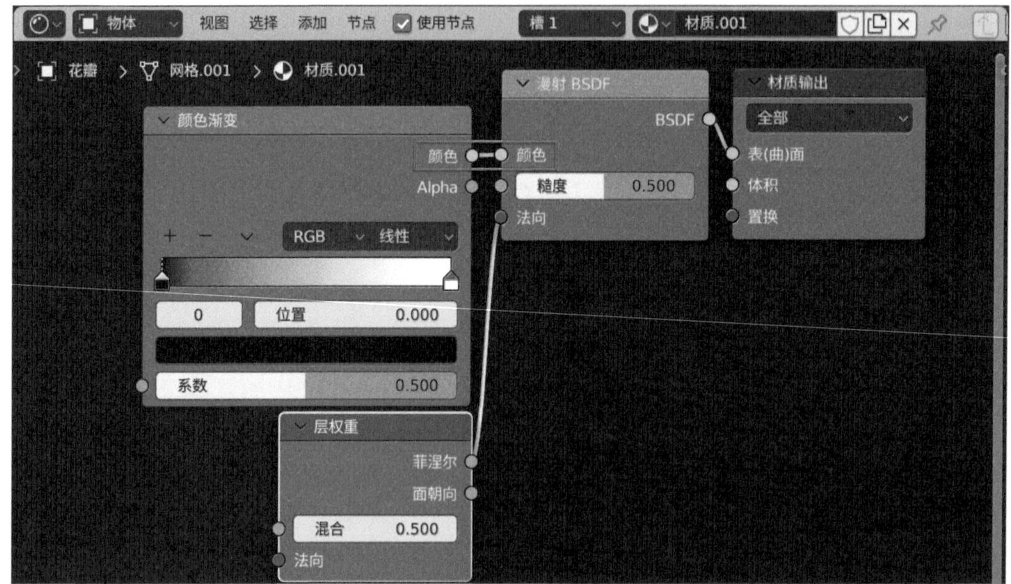

图 9-113

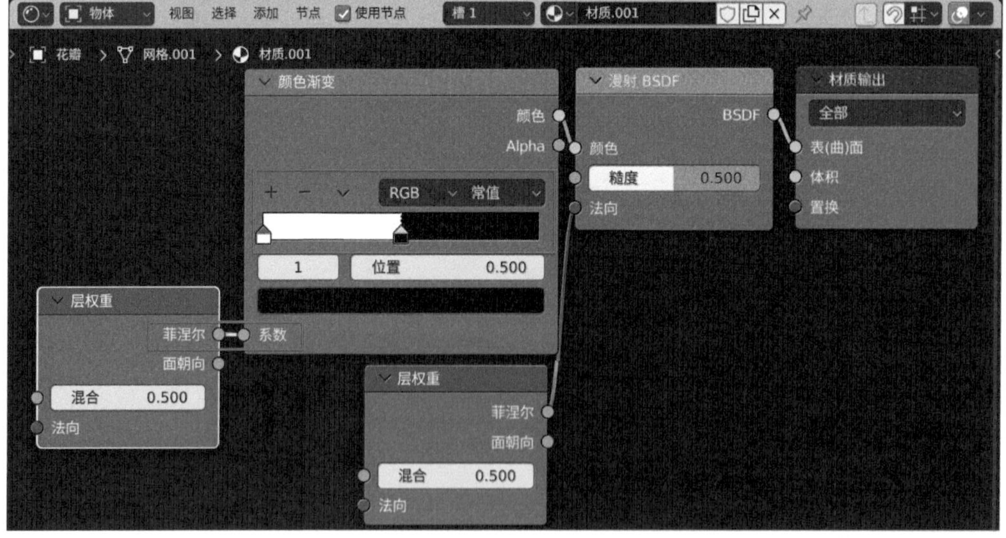

图 9-114

10 设置完成后，花瓣模型的材质预览结果如图9-115所示。

11 在“着色器编辑器”面板中，执行“添加>转换器>颜色渐变”命令，添加一个“颜色渐变”节点，并将其“颜色”属性连接至“漫射BSDF”节点中的“颜色”属性上，将“系数”连接至上一个“颜色渐变”节点的“颜色”属性上，如图9-116所示。

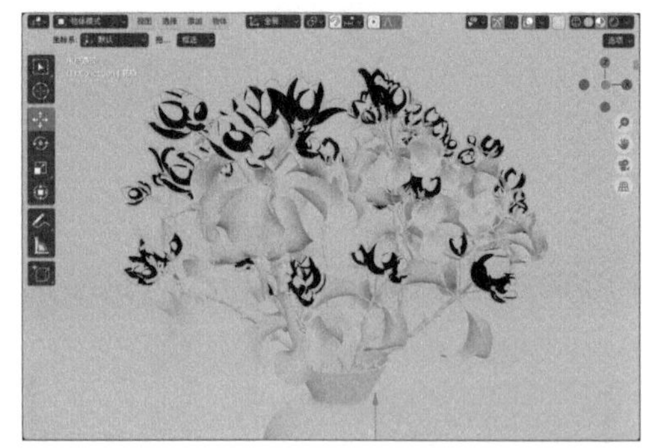

图 9-115

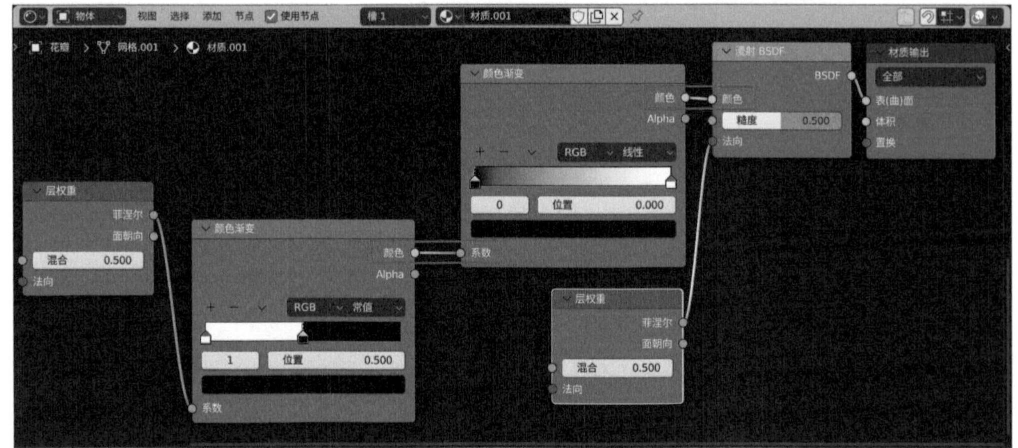

图 9-116

12 调整“颜色渐变”节点的渐变色，如图9-117所示。其中，颜色的参数设置如图9-118和图9-119所示。

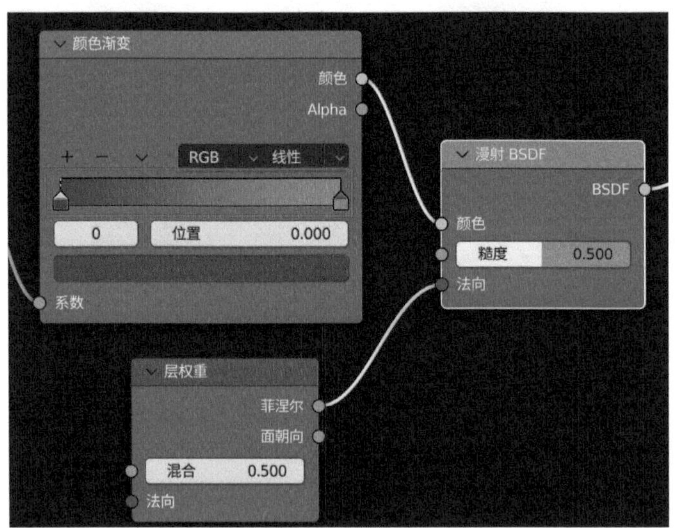

图 9-117

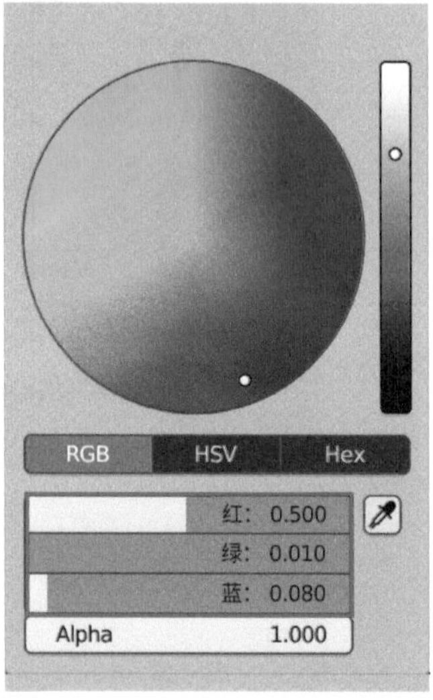

图 9-118

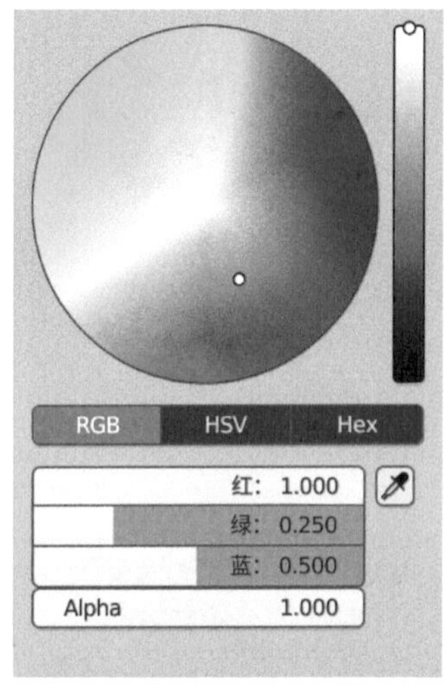

图 9-119

13 设置完成后，花瓣模型的材质预览结果如图9-120所示。

图 9-120

14 在“着色器编辑器”面板中，执行“添加>颜色>混合颜色”命令，添加一个“混合颜色”节点，并将其“结果”属性连接至“颜色渐变”节点中的“系数”属性上，将“B”连接至上一个“颜色渐变”节点的“颜色”属性上，如图9-121所示。

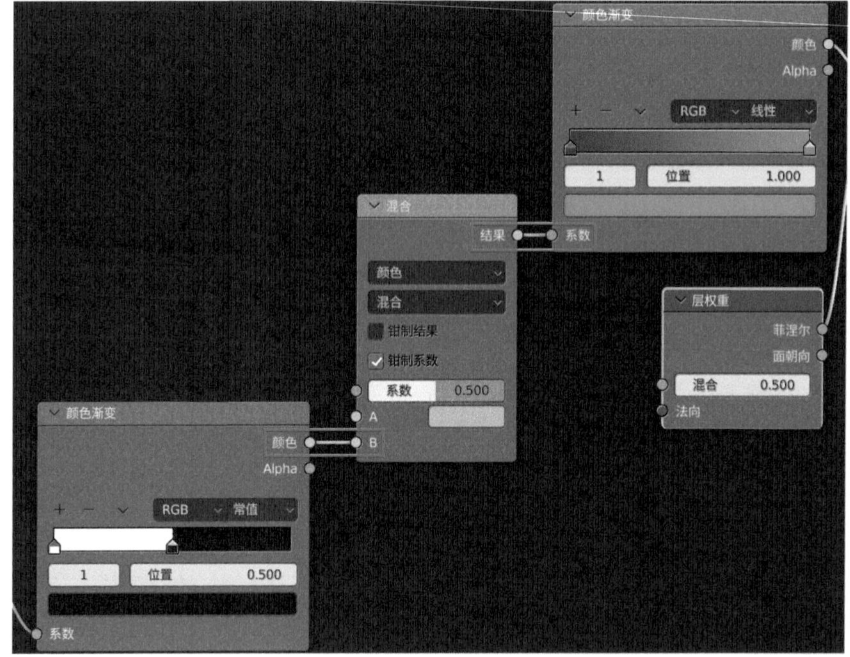

图 9-121

技巧与提示

“混合颜色”节点添加完成后，在“着色器编辑器”面板中显示的名称为“混合”。

15 在“着色器编辑器”面板中，执行“添加>转换器>颜色渐变”命令，添加一个“颜色渐变”节点，并将其“颜色”属性连接至“混合”节点中的“A”属性上，并调整其渐变色，如图9-122所示。

16 在“着色器编辑器”面板中，执行“添加>纹理>图像纹理”命令，添加一个“图像纹理”节点，并将其“颜色”属性连接至“颜色渐变”节点中的“系数”属性上，并为其添加“花瓣.png”贴图文件，如图9-123所示。

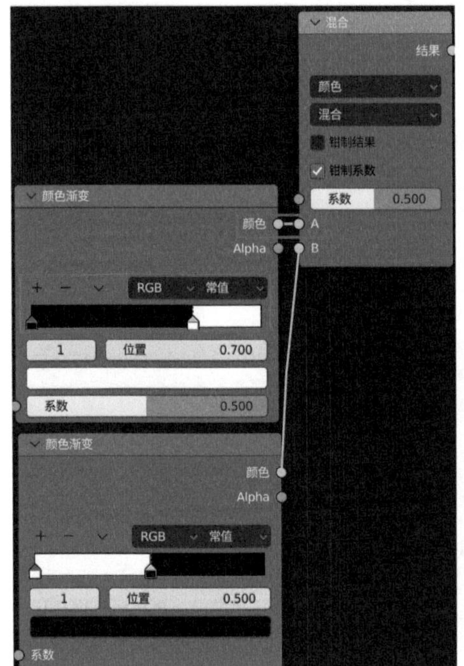

图 9-122

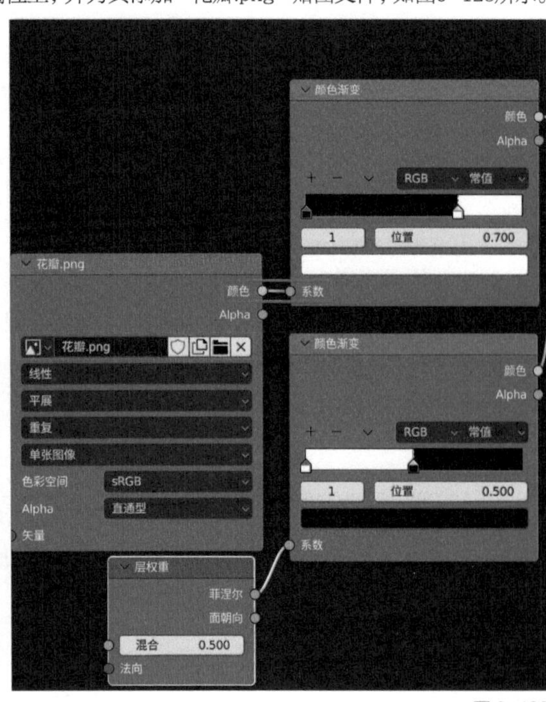

图 9-123

技巧与提示

“图像纹理”节点添加完成后，其名称显示为所添加贴图文件的名称。

17 设置完成后，花瓣材质的全部节点连接情况如图9-124所示。

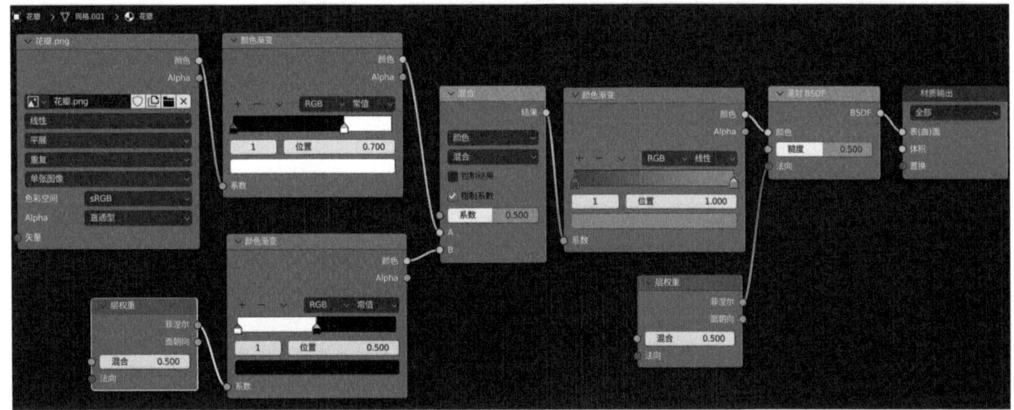

图 9-124

18 花瓣模型的材质预览结果如图9-125所示。

图 9-125

> 技巧与提示
>
> 花瓣材质的制作相对有些复杂，建议读者观看教学视频进行学习。

9.3.3 制作叶片材质

本例中的叶片材质渲染结果如图9-126所示，具体制作步骤如下。

图 9-126

> 技巧与提示
>
> 叶片材质与花瓣材质的制作方法非常接近，所以使用花瓣材质来进行更改会更加便捷。

01 在“着色器编辑器”面板中，单击“新材质”按钮，如图9-127所示。将刚刚制作好的花瓣材质复制，用于制作叶片材质。

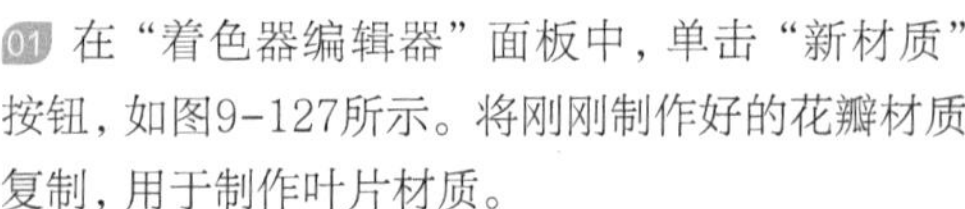

图 9-127

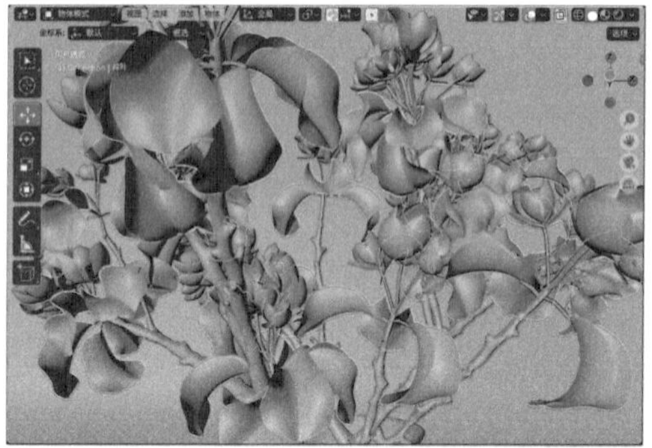

图 9-128

02 在场景中选择叶片模型，如图9-128所示。

03 将刚刚复制好的花瓣材质重新命名为“叶片”，并指定给叶片模型，如图9-129所示。

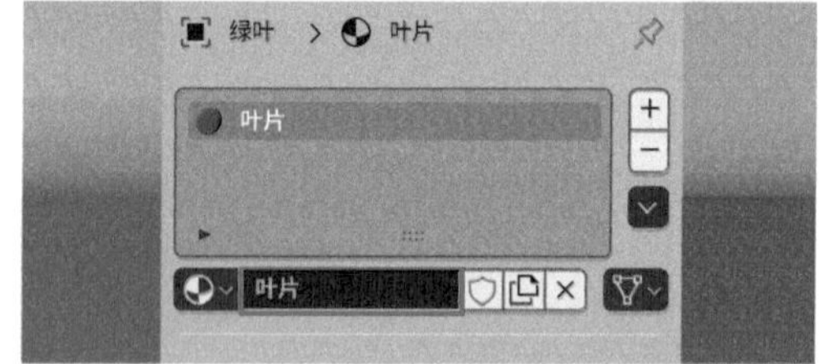

图 9-129

04 在"着色器编辑器"面板中，设置"颜色渐变"节点中的渐变色，如图9-130所示。其中，颜色的参数设置如图9-131和图9-132所示。

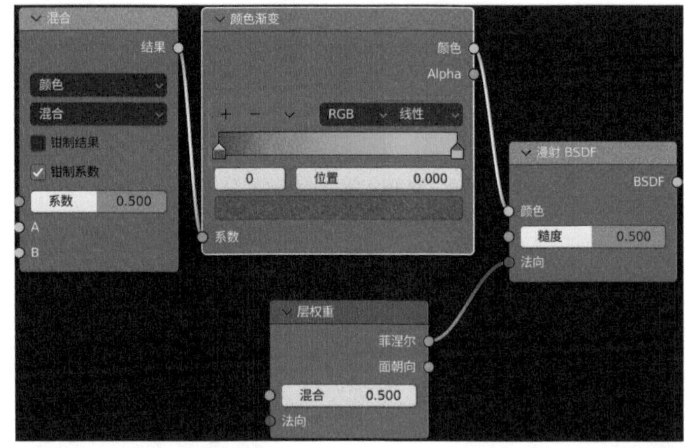

图 9-130

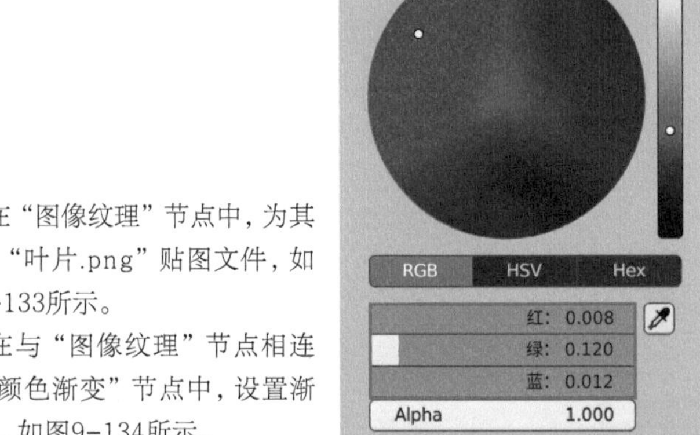

图 9-131

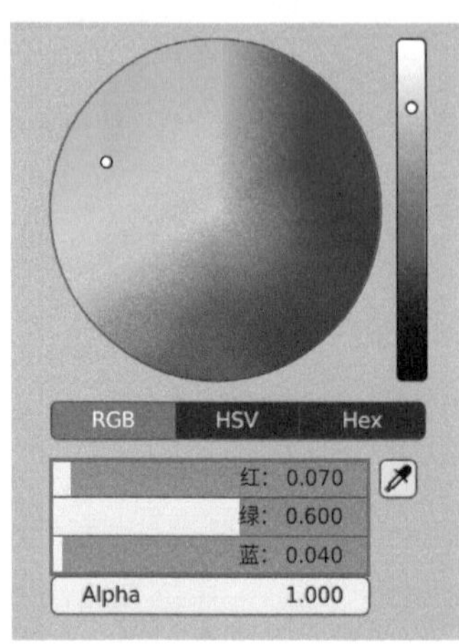

图 9-132

05 在"图像纹理"节点中，为其添加"叶片.png"贴图文件，如图9-133所示。

06 在与"图像纹理"节点相连的"颜色渐变"节点中，设置渐变色，如图9-134所示。

图 9-133

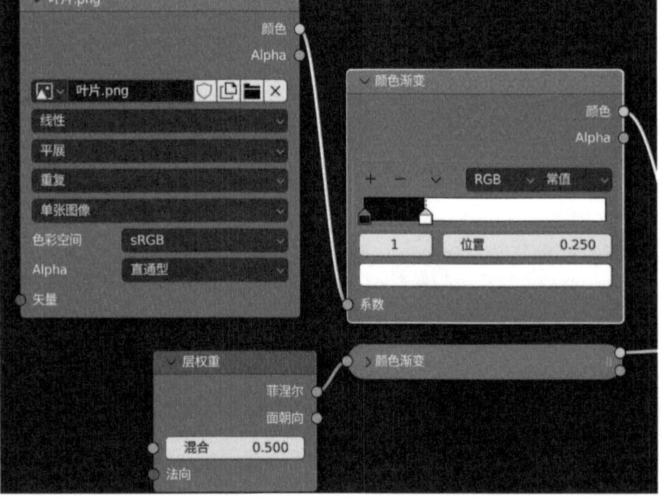

图 9-134

07 设置完成后，叶片材质的全部节点连接情况如图9-135所示。

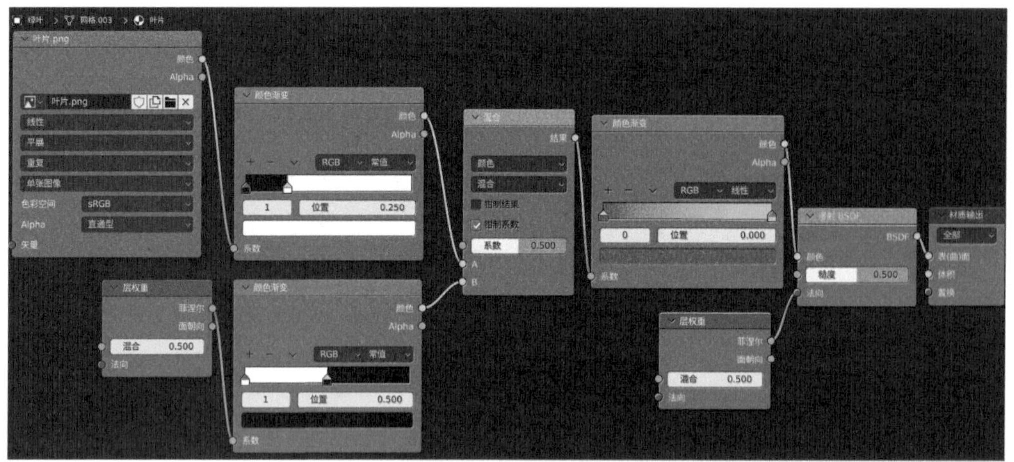

图 9-135

08 叶片模型的渲染预览结果如图9-136所示。

图 9-136

9.3.4 制作花枝材质

本例中的花枝材质渲染结果如图9-137所示，具体制作步骤如下。

01 在场景中选择花枝模型，如图9-138所示。

图 9-137

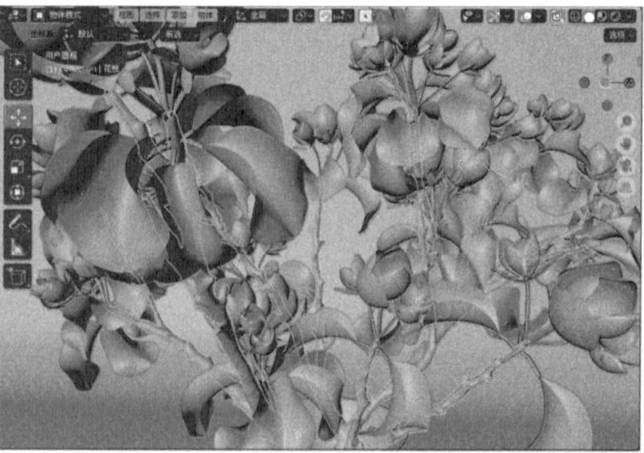

图 9-138

02 将之前制作好的花瓣材质，再次复制一份，并命名为“花枝”，将其指定给花枝模型，如图9-139所示。

03 在“着色器编辑器”面板中，设置“颜色渐变”节点中的渐变色，如图9-140所示。其中，颜色的参数设置如图9-141和图9-142所示。

图 9-139

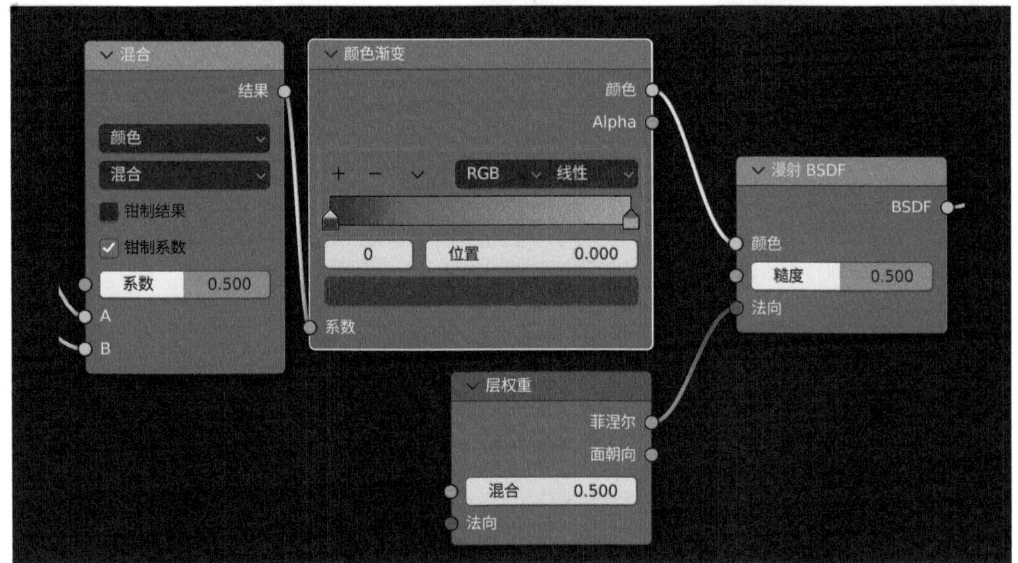

图 9-140

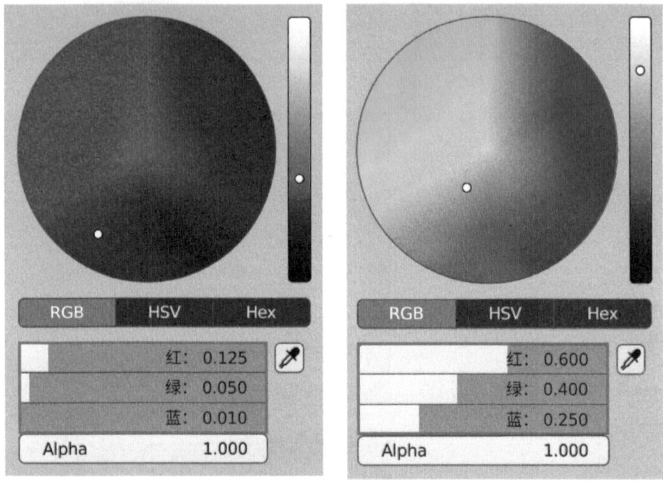

图 9-141

图 9-142

04 在与“混合”节点B属性相连的“颜色渐变”节点中，设置渐变色，如图9-143所示。

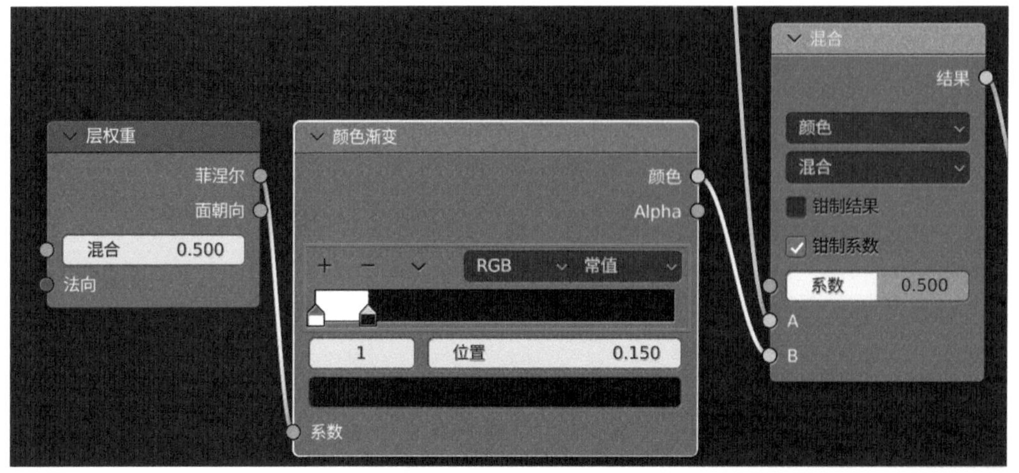

图 9-143

05 将与“混合”节点A属性相连的节点断开，并删除被断开的节点，如图9-144所示。

06 设置完成后，花枝模型的渲染预览结果如图9-145所示。

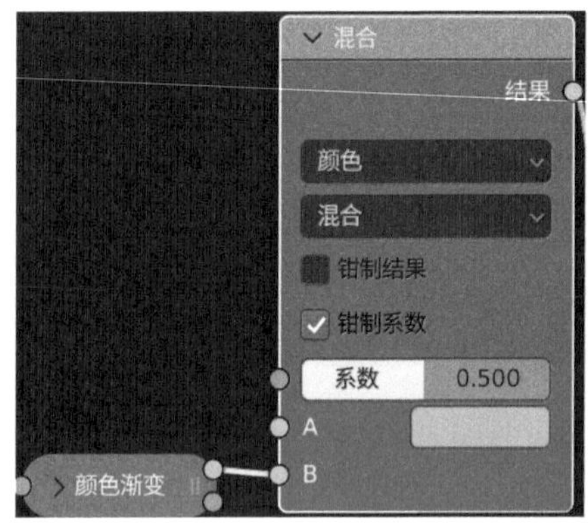

图 9-144

图 9-145

07 在“着色器编辑器”面板中，执行“添加>转换器>颜色渐变”命令，添加一个“颜色渐变”节点，并将其“颜色”属性连接至“混合”节点中的A属性上，并调整其渐变色，如图9-146所示。

08 在“着色器编辑器”面板中，执行“添加>纹理>噪波纹理”命令，添加一个“噪波纹理”节点，并将其“颜色”属性连接至“颜色渐变”节点中的“系数”属性上，并调整“缩放”为60，“细节”为11，“糙度”为0.5，“间隙度”为3，如图9-147所示。

09 设置完成后，花枝材质的全部节点连接情况如图9-148所示。

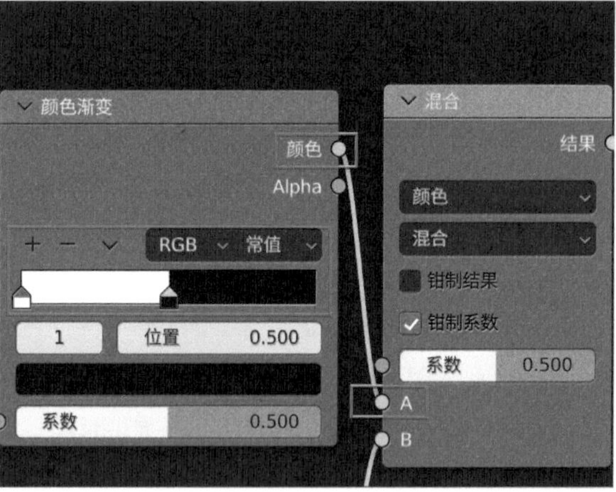

图 9-146

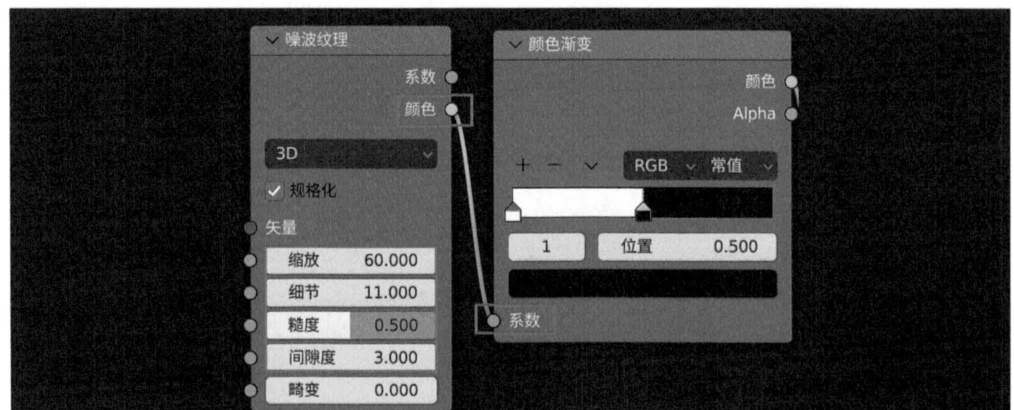

图 9-147

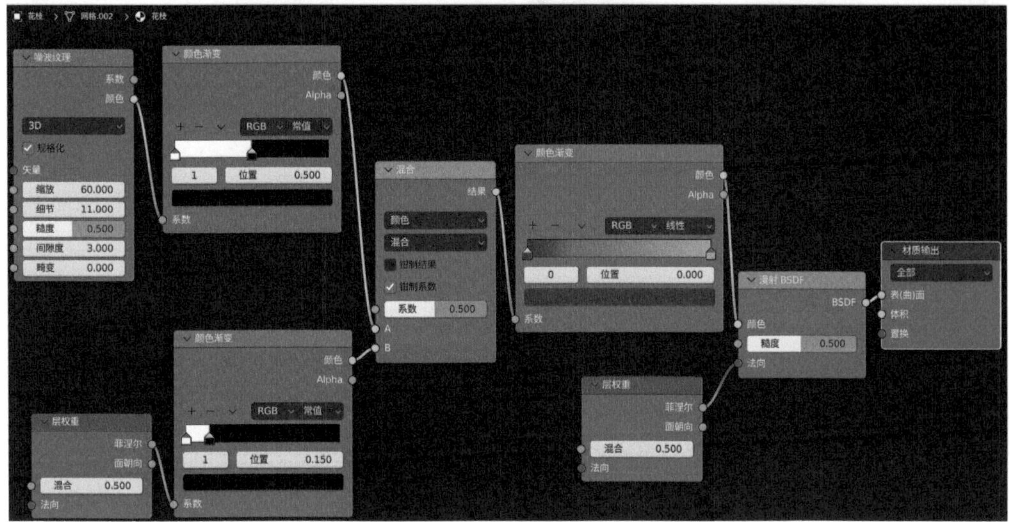

图 9-148

10 花枝模型的材质预览结果如图9-149所示。

图 9-149

9.3.5 制作花梗材质

本例中的花梗材质渲染结果如图9-150所示，具体制作步骤如下。

01 在场景中选择花梗模型，如图9-151所示。

图 9-150

图 9-151

02 将9.3.4小节制作好的花枝材质复制一份，并命名为“花梗”，将其指定给花梗模型，如图9-152所示。

03 在“着色器编辑器”面板中，设置与“漫射BSDF”节点相连的“颜色渐变”节点中的渐变色，如图9-153所示。其中，颜色的参数设置如图9-154和图9-155所示。

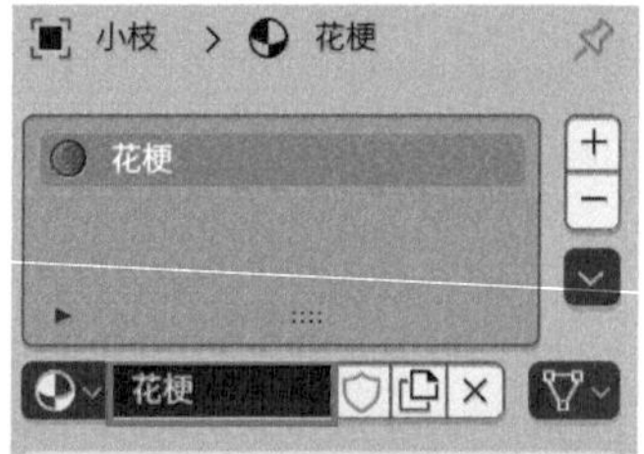

图 9-152

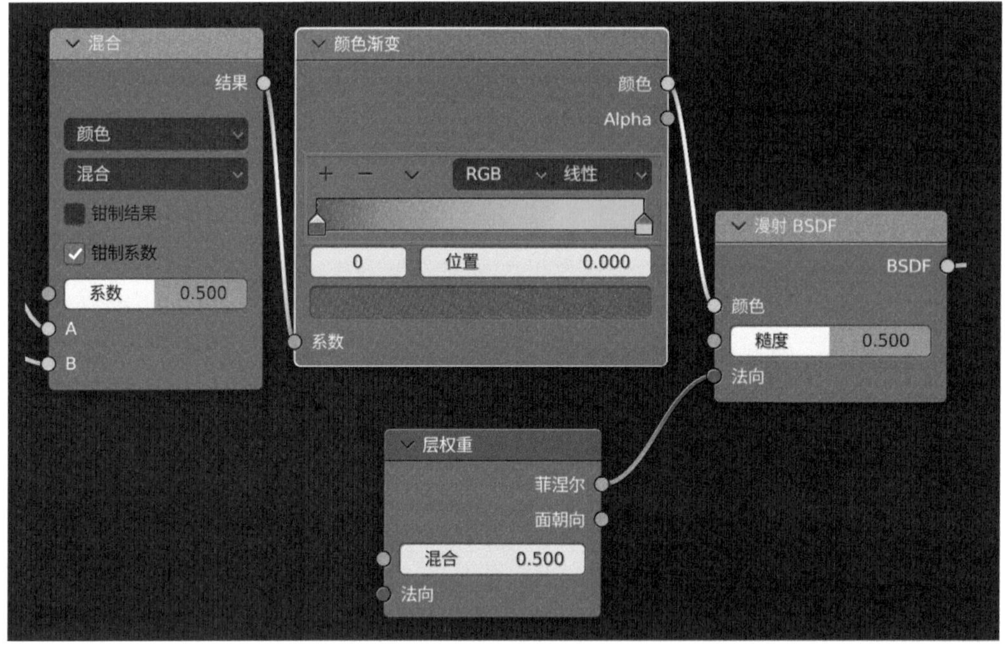

图 9-153

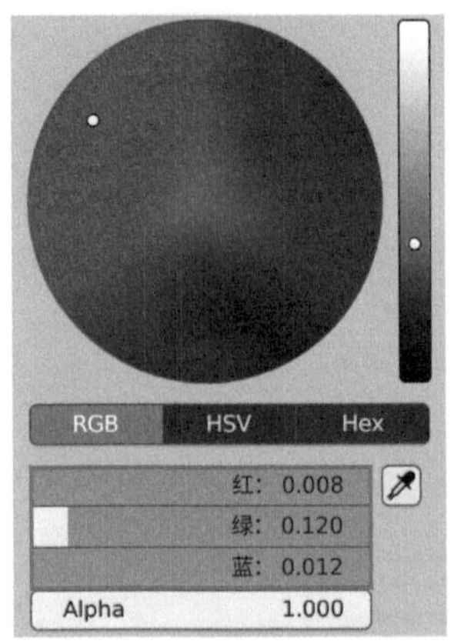

图 9-154

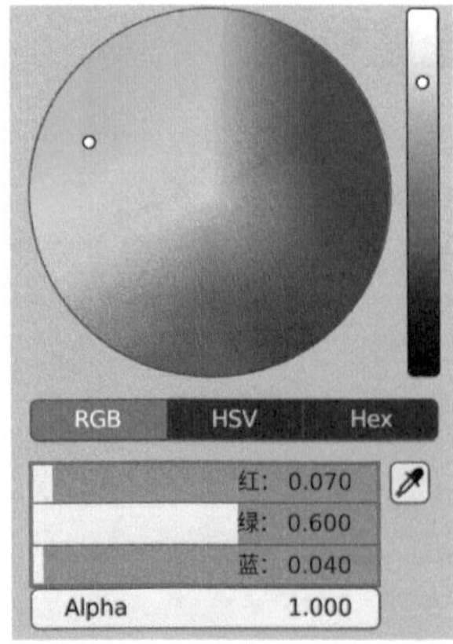

图 9-155

04 设置完成后，花梗材质的全部节点连接情况如图9-156所示。

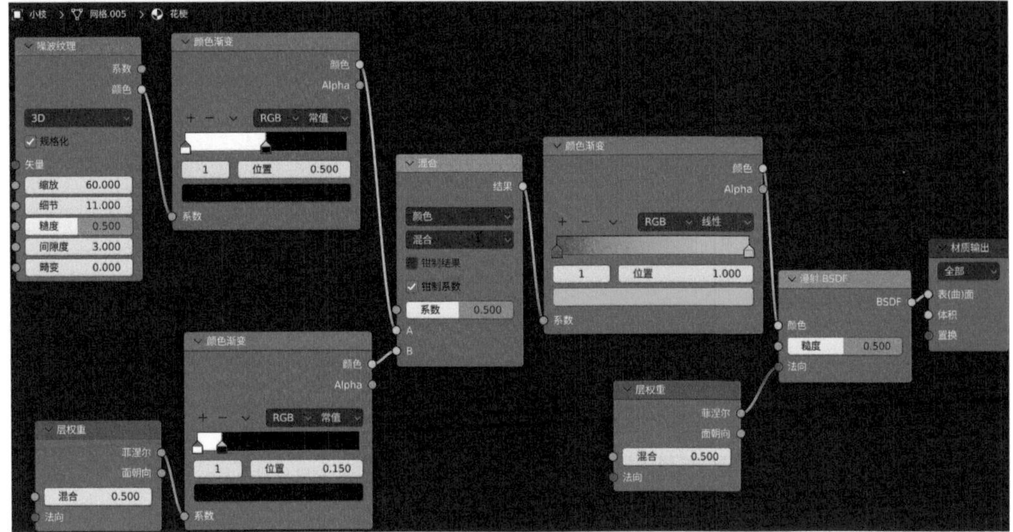

图 9-156

05 花梗模型的渲染预览结果如图9-157所示。

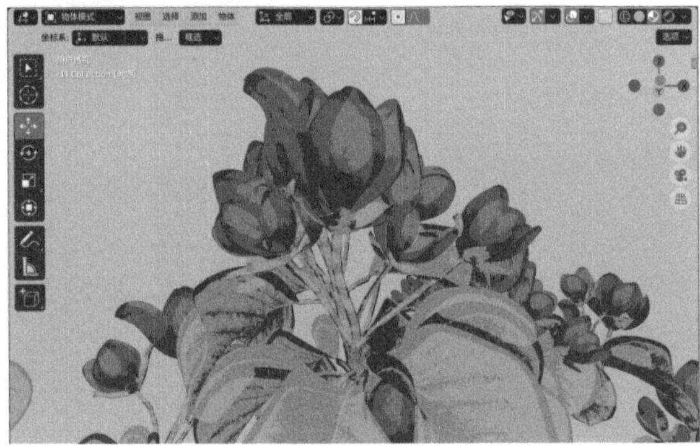

图 9-157

9.3.6 制作花瓶材质

本例中的花瓶材质渲染结果如图9-158所示，具体制作步骤如下。

01 在场景中选择花瓶模型，如图9-159所示。

图 9-158

图 9-159

02 将之前制作好的花瓣材质复制一份，并命名为“花瓶”，将其指定给花瓶模型，如图9-160所示。

03 在“着色器编辑器”面板中，设置与“漫射BSDF”节点相连的“颜色渐变”节点中的渐变色，如图9-161所示。其中，颜色的参数设置如图9-162～图9-165所示。

04 在与“混合”节点B属性相连的“颜色渐变”节点中，设置渐变色，如图9-166所示。

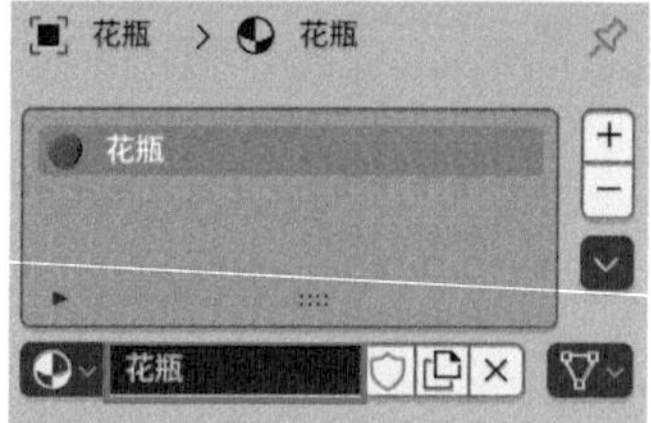

图 9-160

05 将与“混合”节点A属性相连的节点断开，并删除被断开的节点，如图9-167所示。

06 在“着色器编辑器”面板中，执行“添加>纹理>沃罗诺伊纹理”命令，添加一个“沃罗诺伊纹理”节点，并将其“颜色”属性连接至“混合”节点中的A属性上。在“沃罗诺伊纹理”节点中，调整“缩放”为12，“细节”为0.5，“糙度”为0.7，“间隙度”为3，如图9-168所示。

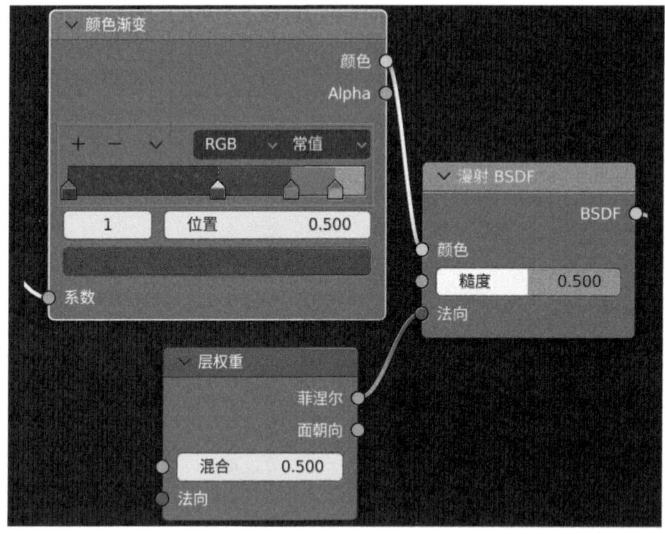

图 9-161

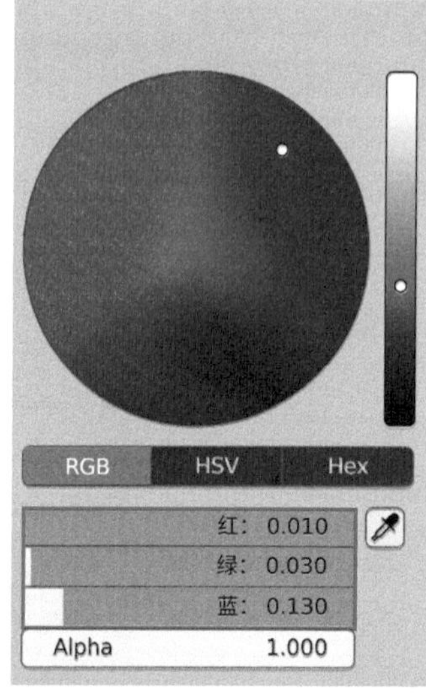

图 9-162

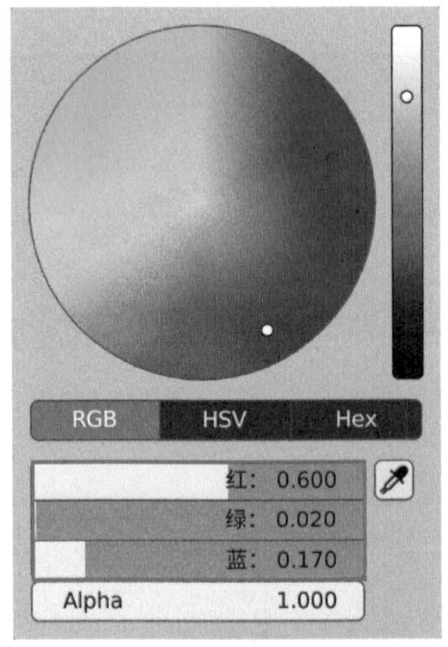

图 9-163

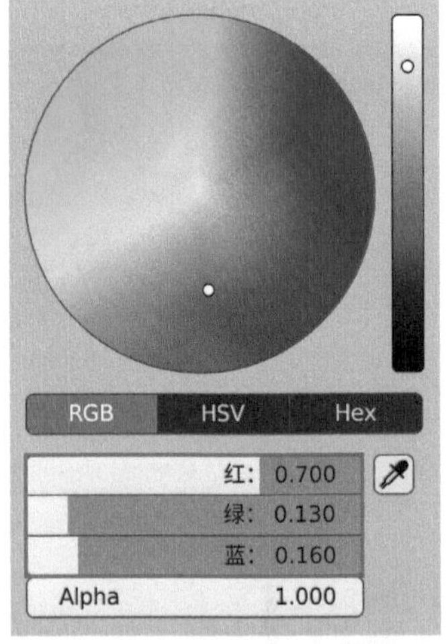

图 9-164

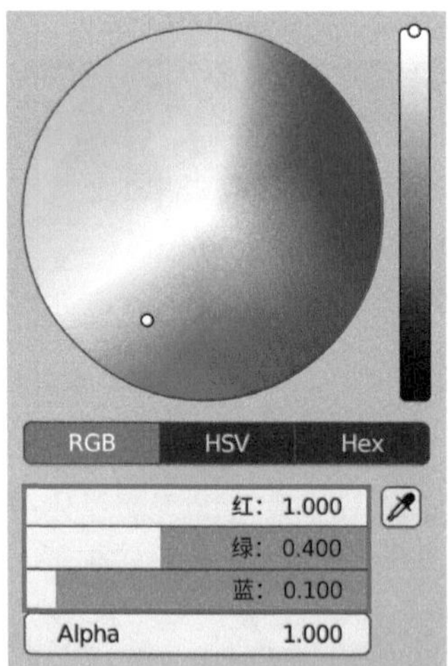

图 9-165

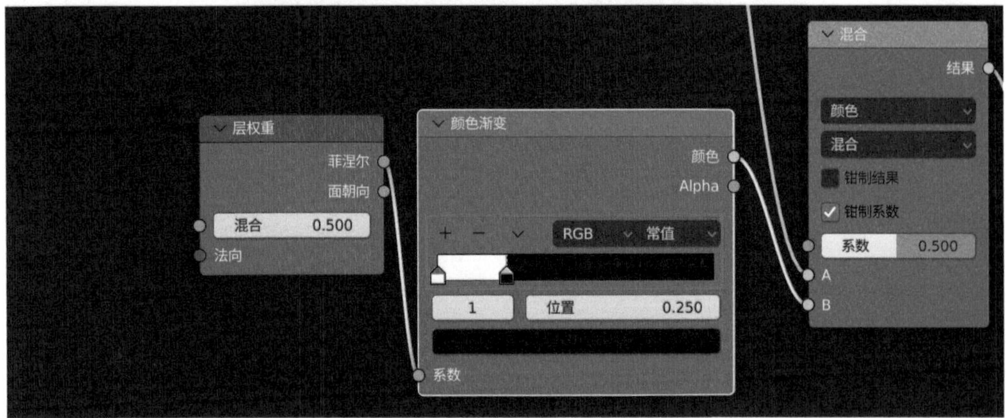

图 9-166

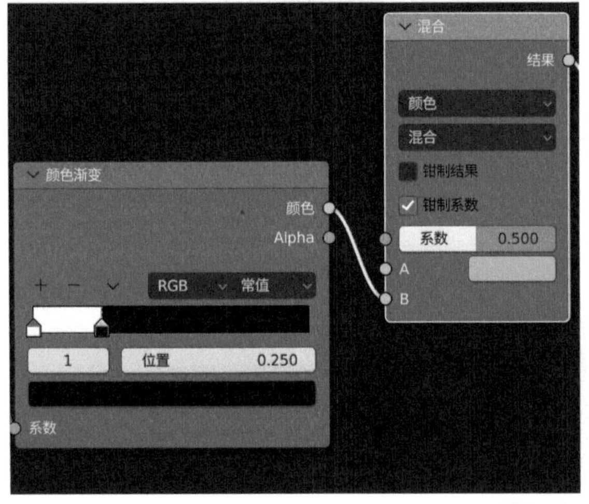

图 9-167

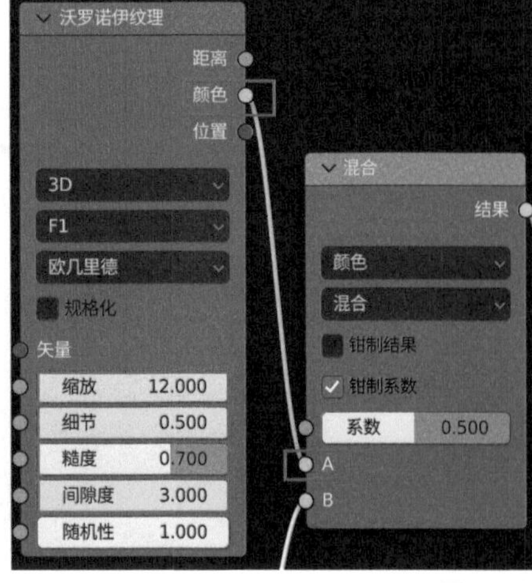

图 9-168

07 设置完成后，花瓶材质的全部节点连接情况如图9-169所示。

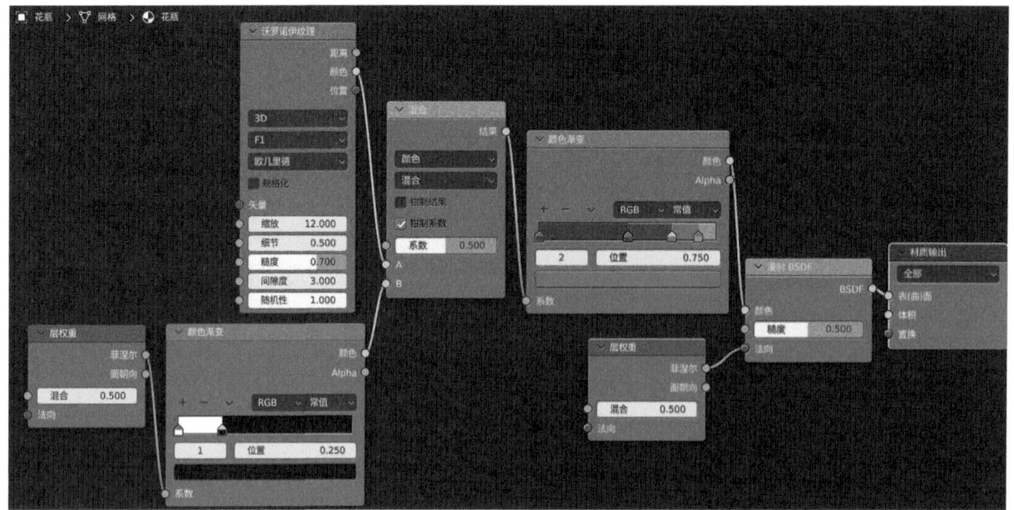

图 9-169

08 花瓶模型的材质预览结果如图9-170所示。

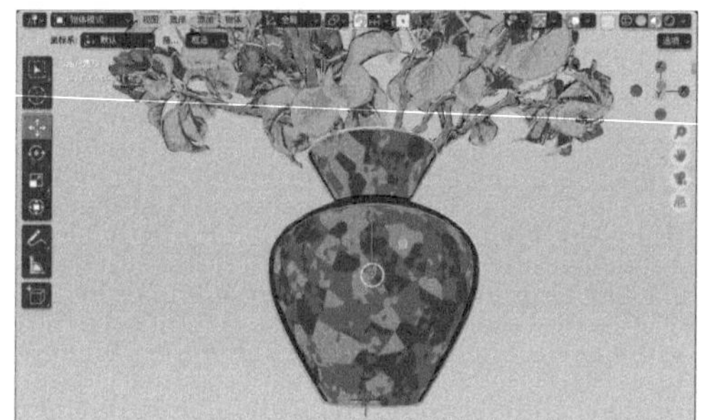

图 9-170

9.3.7 制作背景材质

本例中的背景材质渲染结果如图9-171所示，具体制作步骤如下。

01 在场景中选择背景模型，如图9-172所示。

图 9-171

图 9-172

02 在“材质”面板中，单击“新建”按钮，如图9-173所示，为其添加一个新的材质。

03 在“表（曲）面”卷展栏中，设置“表（曲）面”为“漫射BSDF”，“颜色”为蓝色，如图9-174所示。其中，颜色的参数设置如图9-175所示。

图 9-173

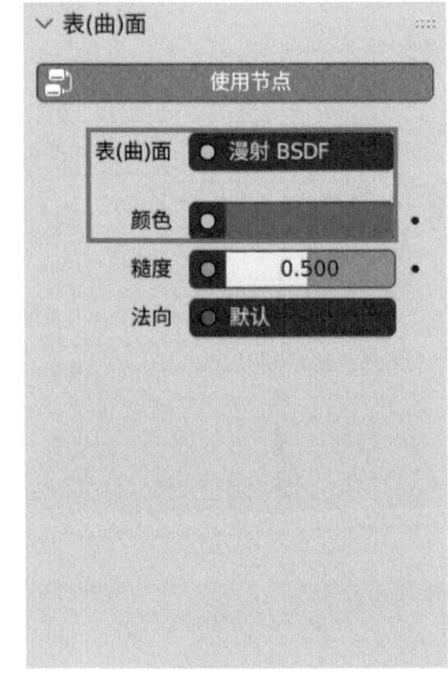

图 9-174

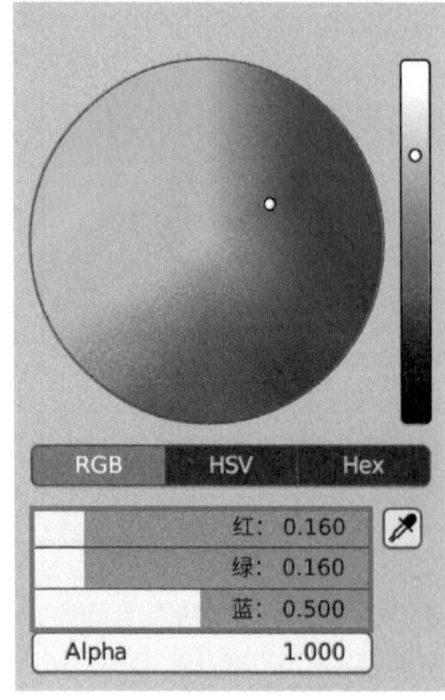

图 9-175

04 设置完成后，打开“着色器编辑器”面板，背景材质的节点连接效果如图9-176所示。

05 在“着色器编辑器”面板中，执行“添加>输入>层权重”命令，添加一个“层权重”节点，并将其“菲涅尔”属性连接至“漫射BSDF”节点中的“法向”属性上，如图9-177所示。

图 9-176

图 9-177

06 背景模型的材质预览结果如图9-178所示。

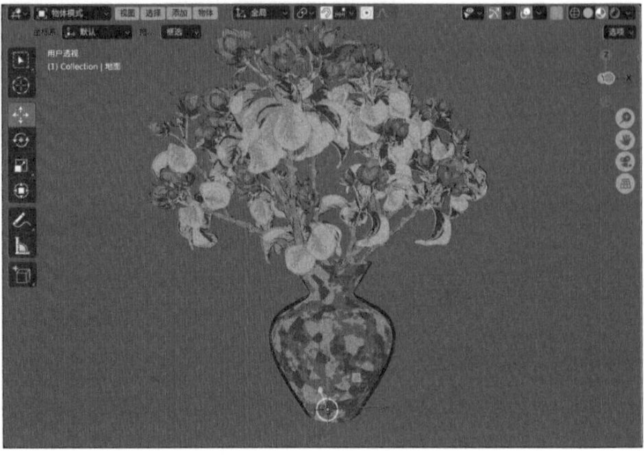

图 9-178

9.3.8 制作灯光照明效果

01 执行菜单栏中的“添加>灯光>面光”命令，在场景中创建一个面光，并在“正交前视图”中调整其至图9-179所示位置。

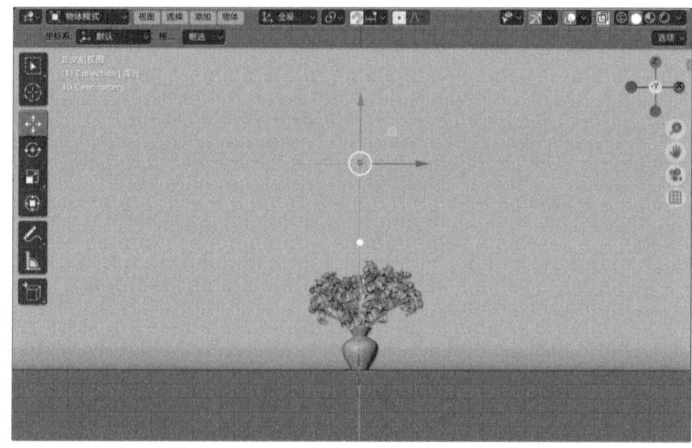

图 9-179

02 在“正交顶视图”中调整其至图9-180所示位置。

03 在“灯光”卷展栏中，设置“能量”为50 W，如图9-181所示。

04 执行菜单栏中的“添加>灯光>面光”命令，在场景中创建第二个面光，并在“正交前视图”中调整其位置和角度，如图9-182所示。

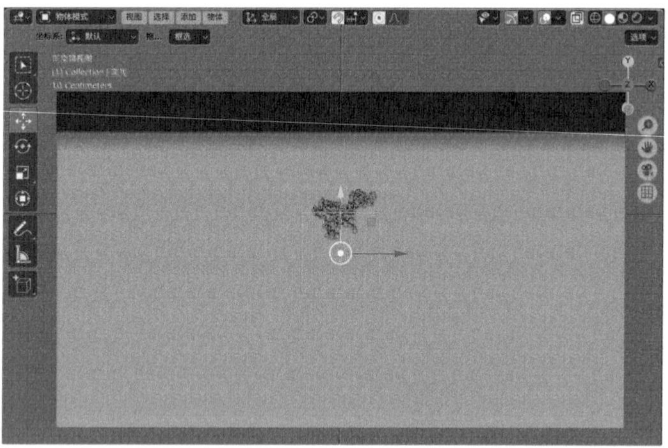

图 9-180

图 9-181

图 9-182

05 在“正交顶视图”中调整其至图9-183所示位置。

06 在“灯光”卷展栏中，设置“能量”为200W，“尺寸”为3m，如图9-184所示。

07 设置完成后，渲染结果如图9-185所示。

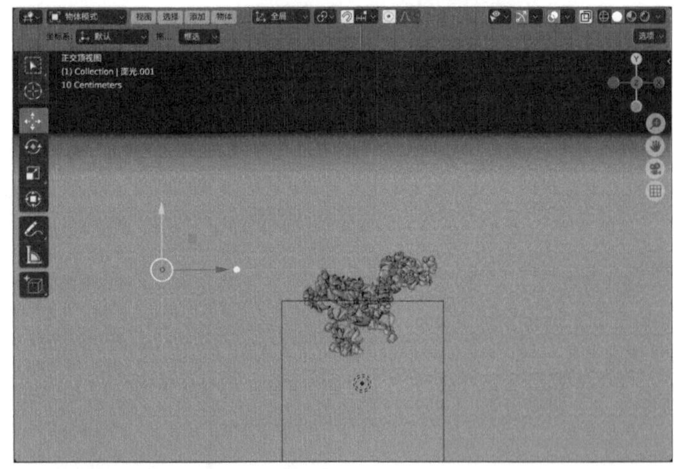

图 9-183

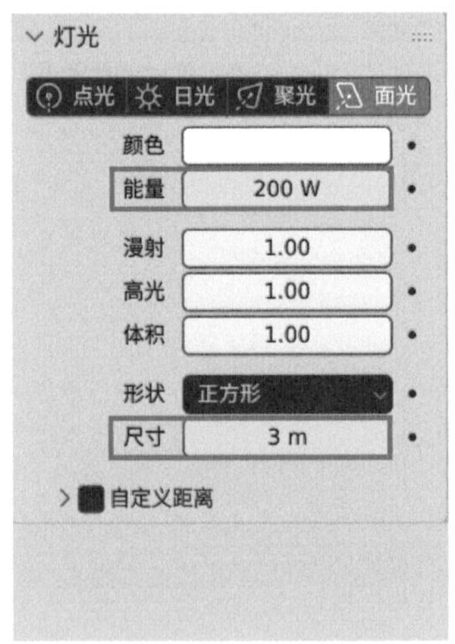

图 9-184

图 9-185

9.3.9 渲染设置

01 在“渲染”面板中，设置“渲染引擎”为Eevee，“渲染”为256，如图9-186所示。

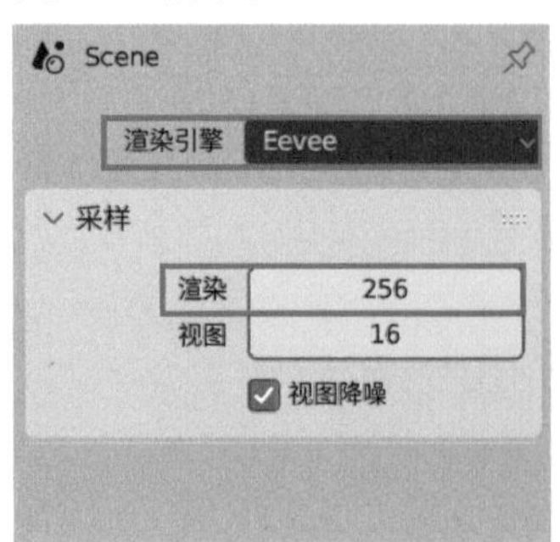

图 9-186

02 在“输出”面板中，设置“分辨率X”为1300px，“分辨率Y”为800px，如图9-187所示。

03 设置完成后，渲染场景，渲染结果如图9-188所示。

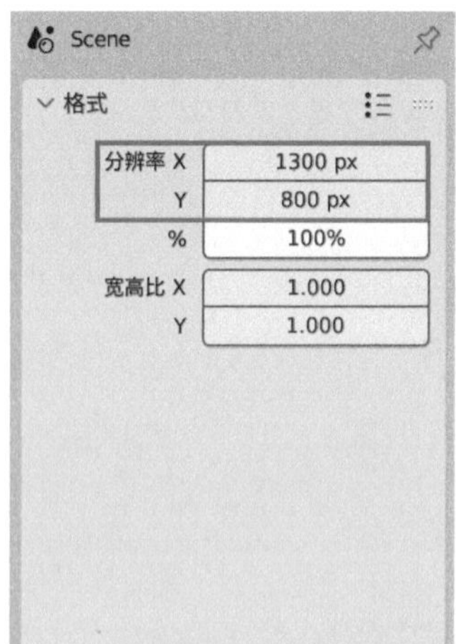

图 9-187

图 9-188